Children's Peer Interaction and
Theory of Mind

儿童同伴交往与心理理论

"十三五"国家重点图书

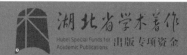

湖北省学术著作
Hubei Special Funds for
Academic Publications 出版专项资金

孙晓军 ◎ 著

长江少年儿童出版社
华中师范大学出版社

图书在版编目（CIP）数据

儿童同伴交往与心理理论 / 孙晓军著；周宗奎主编 .
— 武汉：长江少年儿童出版社：华中师范大学出版
社，2022.10
（网络时代儿童青少年社会性发展）
ISBN 978-7-5721-1239-3

Ⅰ．①儿⋯　Ⅱ．①孙⋯　②周⋯　Ⅲ．①儿童心理学—
研究　Ⅳ．① B844.1

中国版本图书馆 CIP 数据核字（2021）第 027503 号

儿童同伴交往与心理理论
ERTONG TONGBANJIAOWANG YU XINLILILUN

责任编辑： 赵佳慧
美术编辑： 王　贝
责任校对： 莫大伟
出版发行： 长江少年儿童出版社
业务电话：（027）87679174　（027）87679195
网　　址： http://www.cjcpg.com
电子邮箱： cjcpg_cp@163.com
承 印 厂： 湖北恒泰印务有限公司
经　　销： 新华书店湖北发行所
印　　张： 18.25
字　　数： 289 千字
印　　次： 2022 年 10 月第 1 版　2022 年 10 月第 1 次印刷
规　　格： 720 毫米 ×1000 毫米
开　　本： 16 开
书　　号： ISBN 978-7-5721-1239-3
定　　价： 38.00 元

本书如有印装质量问题 可向承印厂调换

总　序

　　在现代信息社会，互联网早已渗透到日常生活的各个领域。而作为数字时代的原住民，儿童青少年深受网络时代大潮的影响。各种数字化的生活方式和环境，也在广泛地改造着家庭教育和学校教育的环境。在这种背景下，人们越来越关注网络空间和数字化环境中儿童青少年的发展特点，重视数字技术对儿童青少年发展的影响。手机、网络游戏、线上教学、触屏终端等数字化因素已成为影响儿童青少年发展和适应的重要环境变量或过程变量，其成长发展也必然出现一些新的特点。

　　传统的发展心理学研究内容大多以西方文化背景下的儿童青少年为研究对象，由此归纳和总结的相关发展特点难免存在某些文化特异性的印记。近些年来，发展心理学家们对中国文化背景下的儿童青少年的发展特点进行了大量的探索，验证或揭示了一些具有鲜明中国文化特点的儿童青少年发展规律。例如关于羞怯的研究发现，羞怯不利于西方文化背景下儿童青少年的社会适应，但是对中国文化背景下的儿童青少年具有积极的效应。由此可见，探索网络时代背景下，中国儿童青少年社会性和人格相关变量的发展变化特点，以及这些发展特点对社会适应的影响显得尤为重要。

　　在网络时代和中国文化背景下，本丛书围绕中国儿童青少年社会性和人格发展这一主题，依托国家社科基金重大项目"我国儿童青少年人格发展基础性数据库构建研究"，基于长期追踪研究数据库，深入探索了同伴交往情境中的儿童心理理论、社交自我知觉、创造性和同伴乐观等社会性和人格相关变量的发展特点及其对社会适应的影响机制等重要的理论和现实问题。在毕生发展观的指导下，研究者通过一系列的实验研究设计和追踪研究设计，深入分析了同伴交往变量与心理理论、社交自我知觉、创造性和同伴乐观之间可能存在的复杂联系。同时，采用多层线性模型、潜变量增长模型、潜变量混合增长模型、社会网络分析等统计分析与研究方法，深入考察这些核心变量对儿童青少年社会适应的影响机制。

丛书由四部专著组成，主题集中在儿童青少年的社会性发展领域。作者分别对同伴交往、社交自我知觉、创造性的发展与培养、朋友网络中的同伴乐观等问题进行了深入的实验研究和调查分析。基于这些研究而形成的丛书，一方面探索了网络时代背景下中国儿童青少年社会性和人格相关变量的发展变化特点，有助于我们更好地了解当前中国儿童青少年人格发展的普遍规律；另一方面，通过对相关变量及其对社会适应影响机制的深入探讨，有助于我们发现提升儿童青少年社会适应能力的方法，从而为促进儿童青少年的社会适应能力的发展提供实践中的"抓手"，对于促进人的心理健康发展途径的探索具有重要的理论和现实意义。

本丛书的作者均为经过系统训练的心理学博士，目前均在高校心理学和相关专业从事教学和科研工作。他们在儿童青少年发展研究领域进行了长期的探索，这些成果是他们艰苦探索的心血和结晶。丛书介绍的具体研究，均是基于儿童青少年人格特征追踪研究数据库的成果。丛书的出版，一方面是总结过去研究成果，试图探索我国儿童青少年社会性和人格发展的规律，另一方面是为了探索促进儿童青少年人格健康发展的干预方向和措施，回应教育和社会发展的需求，体现心理学研究的应用价值。

作为学术性系列著作，本丛书在追求专业性、科学性、前沿性和创新性的基础上，试图更为系统地阐述和归纳网络时代背景下，中国儿童青少年社会性和人格相关变量的一般发展规律及其对社会适应的影响，较为深入地揭示网络时代信息技术和社会文化多元格局对儿童青少年发展的影响，从而为推动相关理论的探讨做出有时代色彩的贡献。

儿童青少年社会性与人格发展是一个具有深远意义的研究主题。本丛书所涉及的研究内容仅仅是诸多变量中的一小部分，疏漏之处，敬请同行批评指正。随着社会的发展、时代的变迁、文化的演变，儿童青少年的社会性与人格发展特点也将发生相应的改变，因此需要更多致力于儿童青少年发展的研究者持续的关注和共同努力。

周宗奎
2021 年元月

序

　　如果说亲子互动是儿童社会性发展的起点，同伴交往就是儿童社会性发展的主旋律。尤其是进入学龄阶段，同伴交往在儿童的社会性发展中扮演的角色越来越重要。我们会看到许多孩子因为建立了良好的同伴关系而对校园生活充满向往，也会发现一些孩子因为被同伴孤立而讨厌上学。有时候，甚至是同伴的一句话都可能成为孩子快乐的源泉，同样，同伴的一句话也会使孩子陷入消极情绪的深渊。似乎，整个童年期，在每个孩子眼中，同伴对他们的一个眼神和一句评价都是大事。为了和同学建立良好的同伴关系，孩子可能会和同学穿同样的衣服，玩同样的游戏，做同样的事情，持有同样的观点，即便这些行为或思想不符合社会规范。正因如此，孩子的同伴交往情况及其对孩子身心发展的影响一直是教育工作者和家长关注的焦点。

　　最近，和一个朋友聊起孩子，他讲了这样一件事情。有一天放学，他发现孩子闷闷不乐，问起原因，孩子告诉他，在心理健康课上，老师让大家写下和自己关系最好的小伙伴的名字，他写了和他一起玩得最多的小伙伴，小明。原本他认为小明应该写自己的名字，但小明写的是其他人，这令他感到失望、难过。孩子在和同伴的互动中会对同伴的心理状态和行为持有一定的信念，并基于这一信念对同伴的行为和心理状态进行归因（此即心理理论）。这位朋友的孩子以为小明是和他关系最好的小伙伴，并认为小明心中关系最好的小伙伴也应该是他。当他发现小明写的并不是他时，他的这种信念便受到了挑战。在同伴交往的过程中，我们对同伴的心理状态和行为的理解可能存在偏差。

作为心理学工作者，我很容易理解儿童在同伴交往中遇到的类似问题是什么原因导致的，也知道如何引导孩子处理类似的社交问题并从中获得成长。但对于普通家长来说，这也许是一个令其苦恼的问题。作为心理学工作者，我们有责任进一步深入探讨儿童同伴交往与心理理论的关系，并基于研究成果对改善儿童的同伴交往、促进儿童心理理论的发展提出切实可行的干预策略。

本书详细阐述了儿童同伴交往及心理理论的概念及国内外研究现状，并通过横断研究、纵向研究以及跨文化研究，从不同视角揭示了当代儿童同伴交往的发展特点。本书还聚焦于儿童心理理论的发展，通过纵向研究，深入探讨了儿童同伴交往与其心理理论发展之间的因果关系。基于系统的研究结果，本书提出了改善儿童同伴交往、促进儿童心理理论的发展的干预方法。

本书尝试在整合儿童同伴交往与心理理论关系的主要理论和研究成果的基础上，进一步深化该领域的研究，并尽可能使用简洁流畅的语言，以提升本书可读性。同伴交往是儿童人际互动的重要组成部分，也是儿童社会性发展的重要内容，它不仅为儿童心理理论的发展提供了"社会性土壤"，也受到了儿童心理理论发展水平的深刻影响。儿童期是个体同伴交往及心理理论发展的关键时期，探讨这一时期儿童同伴交往与心理理论发展之间的关系，不仅有助于了解人际世界对人类心理品质发展的意义，而且有助于揭示人类心理品质的发展水平是如何塑造我们所处的人际世界的。人际互动与心理发展的关系一直是心理学关注的核心问题，也是人类认识人际世界和精神世界的重要内容。本书尝试从双向互动的视角，为我们理解这一问题提供一种新的方式，以一种认真、严谨的态度引领读者探索人类社会性及心理发展的奥秘。

值此书稿出版之际，感谢各位同仁、出版社领导、文献资料的作者以及项目经费资助人对本书撰稿、整理和出版等工作的大力支持！限于个人水平，书稿难免存在不足之处，恳请读者批评指正。愿本书的出版能吸引更多读者关注我国儿童同伴交往与心理理论的发展特点及关系机制。让我们携手努力，为揭示人类心理发展的奥秘贡献绵薄之力！

孙晓军

2021 年 1 月于桂子山

目　录

\ 第一章 \ 儿童同伴交往与心理理论研究概述

1.1 儿童同伴交往研究的回顾与展望

1.1.1 同伴交往的概念界定

同伴交往包含同伴和交往两个层面，同伴指的是与儿童相处的、与之具有相同或相近社会认知能力的人（张文新，1999），交往则指个体与个体之间积极主动地相互沟通、交流、表达情感等。同伴交往指具有相同或相近社会认知能力的个体之间积极主动地沟通、交流及表达思想和情感的过程。对于这一定义，有以下几点需要说明：

（1）同伴交往是一种平行的关系，交往双方是平等、互惠的，这不同于个体与家长或年长者间的垂直交往。

（2）同伴交往的双方一般都具有共同目的或共同利益，因存在共同目的或共同利益，个体之间更乐于相互沟通。

（3）同伴交往不仅有助于儿童心理理论的发展，而且有利于个体认识社会规则、学习社交技能和策略，对个体的社会性与人格发展、心理社会适应能力的发展及心理健康发展具有重要的意义。

欣德（Hinde，1987）提出，儿童同伴交往的研究可以从以下四个不同的层次展开：个体特征水平、人际交互水平、双向关系水平和群体水平。这四个层次分别代表了社交复杂性的不同程度，且彼此互相联系、互相影响。

　　个体特征水平上的同伴交往研究主要关注的是影响同伴交往质量的气质类型、性格特点及社会认知水平、社交技能和策略等因素，诸如外倾性、宜人性、责任心、心理理论、社会技能、社交自我知觉（自我概念）等变量都隶属于这一水平。例如，研究表明，儿童对同伴的尊重观念与其同伴关系、友谊质量密切相关，他人取向的尊重观念不仅有助于儿童与同伴顺利交往，而且有助于提高其友谊质量（周宗奎，张春妹，& Yeh Hsueh，2006）。游志麒、周然和周宗奎（2013）研究也发现，个体对同伴接纳的知觉准确性越低，越容易在同伴交往过程中表现出社交退缩行为，这一结果表明儿童的社会自我知觉是影响其同伴交往的重要因素。

　　人际交互水平的同伴交往是一种双向的行为，个体相互实施简单的行为不能称为交往，因为在互动过程中参与者的行为是彼此依赖的，一方的行为既是对另一方行为的反应，又是另一方继续行动的刺激或线索（Rubin，Bukowski，& Parker，1998）。在实际研究中，攻击行为、退缩行为、亲社会行为、领导行为等一系列社会行为变量都属于这一水平。例如，孙晓军、张永欣和周宗奎（2013）研究发现，儿童的攻击行为能够预测其受欺负的可能性，这表明在同伴交往过程中，儿童可能会通过欺负来惩罚具有攻击性行为的儿童，以实现同伴交往的平等和互惠，促进同伴关系的正常发展。

　　双向关系水平的同伴交往则建立在互相熟识的基础上，因此，个体间以往的互动经验及其对互动的期望等都会影响到互动的实质和过程。这一水平的同伴交往是一种双向的关系，反映了个体间的情感联系。友谊是这一水平的典型变量。赵冬梅、周宗奎、孙晓军等（2008）的纵向研究发现，儿童的互选友谊数量会随着年龄的增长呈显著增加趋势，且攻击行为会对儿童的互选友谊数量产生消极影响，这一研究结果表明同伴交往是交往双方相互作用的过程，个体在交往过程中的行为和期望均能够影响其同伴交往质量。

　　群体水平的同伴交往是指出于共同兴趣或处于相同环境下自发形成的或正式形成的群体中个体间的相互交往，群体中每一名成员都会与他人产生相互影响。群体是在一群儿童相互交往和形成关系之后出现的（Hinde，1979），学龄儿童的同伴群体主要是班集体，在实证研究中，研究者也多使用个体在班级中的同伴接纳／拒绝这一指标衡量其群体水平的同伴交往。研究发现，群体水平的同伴交往（同伴接纳）会受到个体特征水平同伴交往（如情绪理解能力）、人际交互水平同伴交往（如亲社会行为）和双向关系水平同伴交往（如同伴信任、友谊质量）的影响（李庆功，吴素芳，傅根跃，2015；刘俊升，丁雪辰，2012；潘苗苗，苏彦捷，2007；赵景欣，张文新，纪林芹，2005；邹泓，周晖，周燕，1998）。

本研究将选取人际交互、双向关系和群体水平这三个层次考察同伴交往，并从这三个层次展开相关论述。同时，以往研究的同伴关系一般特指友谊与同伴接纳，本研究的同伴关系所指与此一致。

1.1.2　同伴交往的测量

同伴交往主要从社会行为、友谊质量，以及同伴接纳三个方面进行测量。

1.1.2.1　社会行为的测量

对儿童的社会行为进行测评的方法较多，且应用条件不尽相同。以往的研究绝大部分是在学校情境下运用社会测量法和行为评价法进行测评。

研究者一般采用同伴评定的方式进行社会测量。同伴评定中最常用的是同伴行为描述法，如班级戏剧量表，该量表由学者马斯滕于1985年编制，主要测量儿童在同伴交往过程中所表现出来的社会行为特点，主要包含六个因素：关系攻击（relational aggression）、外部攻击（covert aggression）、社交／领导性（sociability／leadership）、被排斥（exclusion）、消极／孤立（passive/solitary），以及受欺侮（victimization）。关系攻击是指故意操纵或破坏他人同伴关系的一种间接的伤害性行为；外部攻击是指以身体攻击和言语攻击为主的直接的伤害性行为；社交／领导性，在一些研究中也被称为亲社会行为，主要指儿童在同伴交往过程中表现出来的有利于同伴关系顺利发展的积极行为；被排斥、消极／孤立，以及受欺侮分别是指儿童在同伴交往过程中被其他个体拒绝、孤立、欺凌等消极经历或体验。班级戏剧量表的施测过程如下：为儿童提供全班同学的花名册，儿童想象自己是一名戏剧导演，将花名册上的同班同学分派到一系列的行为角色中去，如"他/她总是取笑别人"等。由此，每名儿童将获得三个分数：影响力分数、积极分数和消极分数。个体的影响力分数越高，表明个体在班集体中的影响力越高；个体的积极分数越高，表明个体在同伴交往过程中表现出的积极行为越多；个体消极分数越高，表明个体在同伴交往过程中表现出的消极行为越多。

在工具的信度方面，班级戏剧量表表现出了良好的短期稳定性。改进后的工具包括以下因素：社交力-领导、攻击-捣乱、敏感-孤立。它们在6个月和17个月的间隔重测中表现了较好的内部一致性（Masten，Morison，& Pelligrini，1985）；一项五年期的纵向研究也表明，班级戏剧量表表现出了中等程度的稳定性（Coie & Dodge，1983）。

在工具的效度方面，研究表明，班级戏剧量表的得分是后期情绪困难的最好预测者（Cowen，Pederson，Babigian，et al.，1973）。大量研究表明，班级戏剧量表具有较高的内容效度（孙晓军，周宗奎，2005）和同时性效度（Lambert，1972；Dodge et al.，1982；Steinberg & Dodge，1983）。

行为评价法是一种由他人或本人对个体在社会交往中的行为表现做出评价，从而确定个体社会行为特点的方法，主要包括等级评定法、直接观察法和行为角色扮演法等。

等级评定法是指由他人对儿童的某些社会行为填写行为核查表或直接评定等级的方法。他人对儿童社会行为的知觉可由提名、排序、核查表、等级量表等多种形式获得。其中，行为核查表要求报告人就儿童是否表现了某种行为或特点做出二择一的判断，它能够在一定程度上控制社会赞许效应，提高数据的真实性和有效性；而等级评定则要求明确指出儿童某种行为或特点的具体程度，分级计分（如1分最低，4分最高）。

等级评定法具有一定的优越性，如经济、易于施测、易于评分；有利于对儿童的行为特征进行定量描述，便于横向比较不同个体；具有良好的重测信度和效度等。此外，多人评定也有助于评定环境对儿童行为的影响、儿童对社会动因（父母和教师）的影响，以及这种影响机制的跨情境一致性。例如，研究者可以让多名教师及多名家长同时对儿童的社会行为进行评定,这不仅有利于研究儿童社会行为在学校的行为一致性以及在家庭的行为一致性,而且有助于研究儿童社会行为的跨情境(学校和家庭)一致性,有助于控制环境差异和评价标准差异带来的测量误差。

直接观察法是指观察者通过操作性定义来记录观察对象外显的动作和言语行为过程的方法。直接观察法可以采取不同的策略,如时间取样策略、事件取样策略和参与观察策略等。时间取样策略是指在对欲观察的行为分类并定义明确的基础上,研究者对特定时间内儿童的行为表现进行观察,以确定目标行为是否存在。它适用于观察发生频率较高的行为,有利于研究者在短时间内获得大量数据,但是不能获得影响幼儿行为的原因及过程。事件取样策略是指在对欲观察行为界定清晰的基础上,对目标行为(事件)的发生、发展、中止进行观察记录,以获得目标行为(事件)本身的特征。参与观察策略是指研究者在被观察对象不知情的情况下,参与到被观察对象的日常活动中去,并对被观察对象的行为进行观察。直接观察法既可在自然情境中进行,也可在人工限定的情境中进行。由于自然情境观察法不允许研究者对目标行为产生和发展的情境进行人为操纵,研究者无法知晓目标行为何时产生,这使得自然情境观察法的效率大大降低。因此,在实际研究工作中,研究者常采用人工限定情境观察法。人工限定情境观察法是一种经济、可行的方法,它能尽量标准化观察程序,所得结果也更多反映儿童本身的差异而不是环境差异,但人工限定情境往往会导致观察结果的外部效度降低,因此研究者在采用人工限定情境观察法收集数据时往往需要在情境限定程度和观察结果的外部效度之间做权衡。

直接观察法在儿童社会行为研究中的优缺点都非常突出。其优点主要表现为:所得资料明确,对观察结果做解释时无须更多的推测;可重复、连续使用,能满足连续性实验的要求;能同时确定目标行为和主要的背景变量两方面的信息,其结果既可用于分析个体的行为,也可用于分析环境与行为的关系;对确定干预和训练措施的效果很敏感(Bierman & Furman,1984);直接观察能记录连续性的社会行为,从而能对行为困难做出更准确的定义;

直接观察还可以了解与儿童自身相关联的行为（Kazdin，1985），有助于弄清哪些行为会共同变化；由受过训练的观察者得到的观察资料信度很高，不受等级评定中偏差因素的影响。其缺点主要表现为：受观察环境的局限较大，绝大多数直接观察只能在学校内进行，但很多重要的同伴交往并不发生在校内；不同种类的社会行为发生频率相差很大（如形成和维持友谊的交往行为发生频率可能很低），对发生频率很低的行为难以做出可靠的观察和判断；对社会行为做出的可能是定量评价而不是定性评价；耗时、耗力，经济性不强。

行为角色扮演法可以说是直接观察法的一种变式，它采用了更多的结构化或标准化要素限制儿童行为情境。如前所述，直接观察法对发生频率较低的行为难以做出可靠的判断，而角色扮演测验向儿童呈现一组标准化的场景或情境，要求儿童面对场景做出反应。通过选择不同场景，研究者可在较短时间内观察到在自然情境中可能要很长时间才能观察到的社会行为，这在一定程度上提高了数据收取的效率，对扩大被试范围、提高研究结果的外部效度具有重要意义。角色扮演对行为干预训练的效果比较敏感（Berler et al.，1982），但还没有研究证据表明，若儿童在角色扮演中行为得到改善，则这一行为能够迁移到儿童的日常社会交往生活中去，或是能够改善儿童与同伴、教师进行社会交往的质量。绝大部分研究都表明，儿童的角色扮演行为与其自然交往、诊断分类、同伴接纳，以及教师评定等效标的关联效度不高（Beck et al.，1982）。

1.1.2.2　友谊关系的测量

友谊关系往往包含有多种因素，如友谊的范围、质量，朋友的社会支持、陪伴、冲突，友谊的积极属性和消极属性等。因此，对于友谊关系的测量和评价，研究者也提出了许多不同的维度。有研究者（Bukowski & Hoza，1989）认为，友谊关系中有两个维度：一是友谊的范围，即儿童拥有的相互认可的朋友的数量；二是友谊的质量，如朋友之间提供的支持、陪伴或冲突水平。此外，有研究者（Berndt & Perry，1986）则认为可以从积极属性（如亲社会行为、亲密、信任、忠诚）和消极属性（如竞争、冲突），以及交往频率等方面评定友谊的质量。

（1）朋友数量的测量。

朋友数量的测量一般是用最好朋友限定提名法，即让被试根据亲密关系的程度，按顺序写出三个最好朋友的名字，不足三个或没有朋友的按实际情况填写。研究者将互选为第一最好朋友的两个儿童视为首互选友谊。也有一些研究将在三个提名中相互选择的两个儿童视为互选最好的朋友。此外，也可采用非限定提名法，即给儿童提供一份班级名单表，要求他们根据自己的实际情况，将朋友的编号填写在问卷上，有几个写几个，然后计算每个被试的互选朋友数。

虽然研究者普遍使用限定提名法确定儿童的朋友数量，但这一方法也存在诸多局限，具体表现为：

第一，友谊不一定表现为互选朋友。儿童提名的朋友既包括自己真正的朋友，也包括他们希望成为自己朋友的同伴（往往是班里受欢迎的同伴），后者虽然通常导致非互选的结果，但在提名者眼里却是真正的友谊。因此采用互选友谊的方法确定儿童的朋友数量往往会低估儿童的"心理朋友数量"，这会对研究结果产生重要影响。一些研究也表明，虽然单向或非互选朋友似乎不等同于互选友谊，但非互选朋友间的互动却明显不同于非朋友间的互动（Furman，1998），例如，有研究发现非互选朋友间解决问题的策略与非朋友更相似，但问题解决的结果却与互选朋友更相似（Hartup et al.，1988）。因此，在实际研究中应细化朋友数量这一指标，考察非互选朋友对个体友谊关系发展及心理社会适应的影响。

第二，提名范围的限定和提名数的限定导致结果的偏差。具体而言，限制提名范围为班级内，既忽略了儿童在其他班级的朋友，也忽略了儿童在校外生活中认识的朋友；而提名数的限定则既可能高估也可能低估儿童的朋友数（Rubin et al.，1998）。因此，在实际研究工作中应恰当设置同伴提名的范围及数量，必要时进行预调查，对调查结果进行描述性分析，以确定正式调查研究中同伴提名的范围及数量限定，最大限度地避免由提名范围及数量限定带来的结果偏差。

第三，将友谊两分化（朋友或非朋友）的处理不妥。有研究者（Hartup，1996）提出，友谊关系可能是从萍水相逢的朋友或较普通的朋友，到好朋友，再到最好朋友，它是连续变化的量，而不是简单的两分变量。人际交往的社会渗透理论（social penetration theory）也指出人际交往分为广度和深度两个维度，前者指人际交往的范围，后者指人际交往的亲密水平。个体与他人之间的交往是从表面化沟通到亲密沟通的过程，即人际关系的发展是由较窄范围的表层交往，向较广范围的密切交往发展（Altman & Taylor，1973）。因此，在对儿童的朋友数量进行评估时，应在友谊质量上细化分类（例如，非常亲密、比较亲密、一般等），考察不同友谊质量等级上的朋友数量对儿童心理社会适应及心理健康的具体作用。

（2）友谊质量的测量。

对友谊质量的评价多采用问卷法。研究者们基于自己对友谊质量的理解，从不同的维度对友谊质量进行评价。

弗曼等人（Furman & Bierman，1984）编制的友谊关系问卷评价了友谊的特点，它包含3个因素：热情/亲密，由友爱、亲密、亲社会行为、接纳、忠诚、相似、相互欣赏等7个分量表构成；冲突，由争吵、对手、竞争等3个分量表构成；关系的排他性，由被试和其朋友在多大程度上只愿和对方做朋友这2个分量表构成。

伯恩特（Berndt，1996）编制的友谊特征评价问卷包含了3个积极特征（亲密的自我袒露、亲社会行为、自尊肯定）和1个消极特征（冲突和竞争）。

帕克等人（Parker & Asher，1993）在布科夫斯基等人（Bukowski & Hoza，1989）问卷的基础上编制的友谊质量问卷包含6个维度：肯定与关心、帮助与指导、陪伴和娱乐、亲密袒露和交流、冲突和背叛、冲突的解决。

有研究者（Grotpeter & Crick，1996）分析了以往的研究，他们发现积极友谊特征的存在并不等于消极特征的消失，应该进一步研究朋友之间的冲突特征，特别是具有攻击性行为的儿童的相关特征。他们扩展了友谊质量问卷的维度，编制了友谊质量测量问卷，该问卷包括12个维度：有效性和关心、冲突、交往和娱乐、帮助和指导、被试发起的亲密交流、朋友发起的亲密交流、冲突解决、对朋友的口头攻击、对朋友的公开攻击、对他人的口头攻击、对他人的公开攻击，以及排他性。

已有的测量工具的编制者都或多或少考虑到友谊的心理功能涉及积极属性和消极属性两个方面。在各种测量工具中，友谊质量问卷是比较被认可的工具（廖红，张素艳，2002）。国内研究者也在国外研究的基础上探讨了我国儿童友谊质量的结构（李淑湘，陈会昌，陈英和，1997），李淑湘等人的研究表明我国儿童友谊质量的认知结构与国外儿童友谊质量的认知结构存在差异，我国儿童的友谊质量认知结构主要有 5 个维度：个人交流和冲突解决，榜样和竞争，互相欣赏，共同活动和互相帮助，亲密交流。其中，榜样和竞争是我国儿童友谊质量认知结构中特有的维度，这充分体现了我国文化背景及社会准则的特点。

1.1.2.3　同伴接纳的测量

在同伴群体中，儿童的社交地位具有很大的个体差异：有的十分受欢迎，有的不受欢迎，有的被忽视。研究者普遍采用社会测量法对儿童的社交地位进行测量。社会测量法是测量同伴接纳最典型的方法，主要包括同伴提名和同伴评定两种方法。

同伴提名法是指在一个同伴群体中，让每名儿童根据给定的名单限定提名（通常是 3 名）出他最喜欢的同伴和最不喜欢的同伴。每名儿童获得的最喜欢提名的总分为其积极提名分，其获得的最不喜欢提名总分为其消极提名分。同伴提名法操作简单，能够快速高效地测量到儿童的同伴接纳水平。但是，同伴提名法往往不能给出那些处于"最喜欢"和"最不喜欢"之间的中间段的儿童的信息（Durkin，1997），这会在一定程度上低估儿童的同伴接纳水平，进而导致研究结果偏差。同时，如前所述，提名法的某些缺陷也存在于这种测量中，因此，有些研究者主张用同伴评定法来评定儿童的同伴接纳水平（Bukowski & Hoza，1989）。

同伴评定法要求儿童根据具体化的量表对同伴群体内所有成员进行评分。如为了考察儿童的受欢迎性，让儿童在 6 点量表上对班上其他同学进行评分（分数从 1 到 6，表示从"非常不喜欢"到"非常喜欢"）。每名儿童获得的全班其他儿童所给予的评分的平均分就是同伴评定分,分数越高表明儿童的同伴接纳水平越高。由于同伴评定法允许儿童对班内所有同伴进行评价,且评价的是喜欢或不喜欢的程度,因此同伴评定法为研究者测量同伴接纳水平提供了更详细的资料和更有效的测量(Maassen et al.,2010),这在一定程度上弥补了同伴提名法的不足,对准确估计儿童的同伴接纳水平、提高研究效度具有重要意义。

此外,通过社会测量法获得儿童同伴接纳数据后,为进一步对儿童的同伴接纳情况进行分类,研究者通常根据科伊等人(Coie & Dodge,1983)提出的儿童同伴接纳的分类标准模型对儿童进行分类。该模型将同伴提名的结果按两个维度进行划分:社会喜好(social preference,SP)和社会影响(social impact,SI)。其中,社会喜好=积极提名分-消极提名分,社会影响=积极提名分+消极提名分。社会喜好反映了一个学生被同伴喜欢的程度,社会影响则反映了一个学生在同伴中的影响力。每一名儿童的社交地位可以按以下标准予以划分(Z_p,Z_n分别为积极提名和消极提名的标准分数):

受欢迎型(popular):SP > 1.0,Z_p > 0,Z_n < 0;

被拒绝型(rejected):SP < -1.0,Z_p < 0,Z_n > 0;

被忽视型(neglected):SI < -1.0,Z_p < 0,Z_n < 0;

矛盾型(controversial):SI > 1.0,Z_p > 0,Z_n > 0;

普通型(average):除了上述四种类型以外的其他学生。

在评定儿童的社交地位上社会测量法具有较高的信度和效度(Shaffer,2002),同时,由于使用同伴评定法得到的同伴接纳分数与使用同伴提名法识别的友谊重叠较少,因此可以更确切、有效地考察同伴接纳水平和友谊这两种不同的同伴关系结构(Gifford-Smith,2003)。

1.1.3 同伴交往的相关理论

1.1.3.1 精神分析学派的相关观点

精神分析学家和新精神分析学家一般并不认为儿童的同伴交往在个体发展过程中起着重要的作用,他们认为同伴交往或同伴关系只是亲子关系的一种扩展，是心理性驱力或攻击性驱力施展的平台，是儿童社会化过程中适应良好或不良的一个标志。例如，弗洛伊德（Freud，1949）将同伴关系的良性发展看作是儿童心理健康的一个指标。

布洛斯（Blos，1967）提出并论述了儿童同伴关系的发展意义，他认为，青少年成长的关键是个体化，青少年在个体化的过程中重构他们早期形成的与父母的关系，并逐渐建立起一种与亲子关系有本质区别的与同伴的联系。个体化包括逐渐增强责任感，不再期望别人对自己负责，逐渐认识到自己能成为有用的人。他们受性驱力的驱使，重新探索与父母的关系（摆脱对父母的依赖，获得自主性），同时转向同伴群体作为性释放的途径和亲密情感的对象（以前他们只能从父母那获得亲密感）。

个体化要求青少年重新看待自己并以成人的方式行事，这是一个充满压力的过程，青少年往往会产生烦乱和焦虑的情绪。布洛斯认为，青少年应对这些感受的能力取决于他们能否与同伴建立起支持性的关系。在达到个人自主状态前，同伴群体是青少年寻求刺激、归属、忠诚、奉献、移情和共鸣的避风港。但个体化的过程也可能导致极端现象的出现，即青少年在寻求自主性的过程中过度依赖同伴，从而阻碍了其独立性和自主性的发展。

综上所述，布洛斯认为同伴群体是青少年达成自主感并独立于家庭的主要影响因素。

作为一位临床心理学家，沙利文（H.S.Sullivan）从临床实践中发现了弗洛伊德忽视人际关系重要性的问题，把精神分析的焦点从个体内转向了个体间。他把社会环境、文化这些重要的变量纳入影响人格发展的因素中，极大推动了心理学的研究。

他特别强调人际关系在人格形成和发展中的重要性，他认为人生存在复杂的人际关系之中，人格从来不能独立于人际关系之外。沙利文认为人格是重复的人际情境的相对持久的模式，重复的人际情境是一个人生活的特性（Sullivan，1953）。

沙利文特别强调两人小组的人际互动。作为一种平起平坐的关系，两人小组的关系不同于儿童早期与父母的垂直关系，这种亲密关系是儿童的第一种真正意义上的以相互性为基础的人际经验。正是在两人小组的亲密关系中，儿童第一次体验到了自我稳固感（a sense of self-validation）。沙利文认为，这种基本的人际关系构成了人际群体，构成了社会。他在心理治疗中也采用了治疗者-患者的两人小组形式（Sullivan，1953）。显然，沙利文的人际关系的范围失之狭小。大量同伴关系的研究证明，不同形式的同伴团体对儿童有着巨大的吸引力，团体中的规则和压力在很大程度上控制着儿童的行为和态度。

早在19世纪，威廉·詹姆斯就强调了社会关系的重要性（James，1890）。他认为，个体具有一种让自己得到同类赞赏的内在倾向。当没有受到他人太多关注时，个体可能会对自己的价值产生疑问。与此一致，作为符号互动理论的主要代表人物，库利（C.H.Cooley）和米德（G.H.Mead）也认为，个体是根据自己所感知的如何被别人知觉来定义自己的（Damon，2007）。符号互动理论将儿童的同伴群体视为儿童早期主要的社会关系，认为同伴交往有助于儿童自我概念的发展。

米德的社会行为理论强调社会相互作用与个人行为的关系，他把社会相互作用视为联结个人与社会的媒介过程，认为这种相互作用是人格形成的外部条件。米德的相互作用观体现在他的自我论上：人的特点是有自我，人在客观地对待社会环境的同时，也客观地对待自己，把自己置于环境中某一确定的位置上加以客观化。米德认为，自我反省、将自我放在与他人的关系中考虑，以及理解他人观点的能力都与同伴交往有关，同伴交往，不论是合作式的还是竞争式的、冲突的还是友好的，都能让儿童有机会将自己既作为主体又作为客体来理解。个体通过他人的视角，把他人对自己的态度予以组织化，并内化，从而产生"客我"。客我是在与他人交互作用的过程中把自己对象化，并加以主观规定的产物。在这一过程中，个体逐渐发展并形成了"概化的他人"的概念，当其内化成熟时，自我即产生了（Mead，1934）。

1.1.3.2 皮亚杰学派的相关观点

皮亚杰学派的认知发展观关注社会认知发展与同伴交往的关系。研究者基于皮亚杰的角色扮演能力理论，假设在社会交往中要获得成功，儿童必须知道他人的观点并能理解他人的观点和思想（Rubin，1972；Marcus，1980）。例如，有研究验证了儿童观点采择能力与同伴交往的"门槛假设"（threshold hypothesis），即观点采择需要一个最小量的交往经验为前提条件，这个最小量的同伴交往经验是儿童通向观点采择的"门槛"（Hollos & Cowan，1973；West，1974）。

皮亚杰在论述个体的同伴交往经验与其认知发展的关系时指出，儿童同伴关系的形式和功能都可以从他们与成人的关系中演进而来（Piaget，1932）。儿童与成人的关系常常被看作是互补的、不对称的垂直关系，成人具有支配性、权威性（Hartup，1989）。因此，在与成人的交往中，儿童开放性和自主性较少。而儿童与同伴之间的关系是一种水平关系，这种关系具有平等、互惠、开放的特征。正是在同伴交往中，儿童才有机会体验观点的冲突和解释，协商和讨论不同观点，决定赞同或拒绝同伴的观点。这类同伴互动的体验能给儿童带来积极的适应性的发展结果，如理解他人和自己的思维、情绪，以及意图的能力等（Rubin et al.，1998）。

皮亚杰学派的认知发展观强调了同伴交往是发展社会能力的重要背景，是满足社交需要、获得社交技能和安全感的重要源泉。例如，有研究者（Hartup，1977）提出，没有与同伴平等的交往机会，既不利于儿童学习有效的交往技能，获得控制攻击行为所需要的能力，也不利于儿童性别社会化和形成道德价值。

有研究者提出，同伴互动的关系质量可能会影响双方的认知和社会认知的发展。例如，由于朋友间比非朋友间对彼此的需求更敏感、对彼此的想法和状态能更好地支持，朋友之间很可能有更多开诚布公的交谈，更可能对彼此的言行提出不同的意见（Azmitia & Montgomery，1993）。这说明朋友间的交流可能比非朋友间的交流更能促进个体的认知和社会认知的发展。

1.1.3.3　生态学的相关观点

布朗芬布伦纳提出的生态系统理论（ecological system theory）是当代儿童发展研究中最前沿的理论之一。在其人类发展生态学模型中，布朗芬布伦纳用行为系统（behavior systems）意指个体生活于其中并与之相互作用的不断变化着的环境，他将之分为四个层次，由小到大（也是由内到外）分别是：微系统、中系统、外系统及宏系统。这四个层次是以对儿童发展影响的直接程度划分的。

微系统（microsystem）　它是与个体发展直接相关的环境，是布朗芬布伦纳生态学模型中最内层的环境系统。对儿童青少年而言，微系统更多地指家庭和学校环境。大部分心理学研究是在微系统的水平上进行的。微系统是真正的动力环境，在微系统中，个体影响系统中其他个体的同时又受其他个体影响（Shaffer，2000）。

中系统（mesosystem）　微系统之间的相互联系与相互影响。儿童早期在家庭环境下的亲子关系与其后期在学校环境下的同伴关系间就存在密切的联系。微系统间不存在支持性的联结时可能会对个体的发展造成一系列问题（Steinberg，Dornbusch & Brown，1992）。

外系统（exosystem）　个体并未直接参与但对其发展产生影响的环境，如父母的教育程度或家庭社会经济地位。

宏系统（macrosystem）　嵌套于微系统、中系统和外系统中的文化、亚文化或社会阶层。微系统、中系统和外系统对个体发展的影响会因其所处宏系统的不同而不同。

布朗芬布伦纳认为，环境对身处其间的个体而言不是固定不变的，而是随着个体对它的态度和探索方法的不同而不同，发展着的人不能被看作任环境施加影响的一块白板，而是一个不断成长并时刻重新构建其所处环境的动态实体（Bronfenbrenner，1979）。

如前所述，在人类发展的生态学模型中，各层次生态系统对儿童发展的影响由直接过渡到间接；同时，随着个体的不断发展，影响个体发展的环境因素也在发生复杂的变化，直接影响者从最初的家庭成员，逐渐过渡到同伴和老师，且随着年龄的增长，同伴和老师的影响作用力不断增加，而父母的影响力不断下降。

除上述理论的相关观点外，同伴交往的相关理论还包括：首属群体理论、重要他人理论和群体社会化理论等。

首属群体理论：首属群体是个人直接生活于其中，并与群体成员有充分的直接交往和亲密的人际关系的群体，如家庭、邻里、同伴群体等；首属群体的运转依靠个体间的情感联系，它是个体最直接的社会现实，也是其社会影响最直接的来源，对儿童青少年的社会化进程起重要作用（Cooley，1910）。

重要他人理论：重要他人指对个体的社会化进程具有重要影响的人物，主要包括家长、教师和同辈伙伴等；伴随个体的成长，其主导类型大体沿着家长-教师-同辈伙伴-非现实存在的重要他人这一演变趋向变化，即随着个体年龄的增长，父母的作用在减弱，而同伴的影响则逐步增长（Mills & Clark，1982）。

群体社会化理论：该理论认为，社会化具有情境特异性（context specific），家庭环境对儿童的心理特征没有长期影响，对儿童个性产生明显长远影响的环境是他们与同伴的共享环境；儿童在家庭中习得的行为并不总能迁移到家庭之外的环境中去，儿童是独立习得家庭内行为和家庭外行为的，儿童参加并认同某一社会群体，以此学习如何在家庭外行事，社会文化的传递主要通过群体实现。该理论强调，对儿童有重要而深远影响的环境因素不是父母对待儿童的方式，而是儿童的同伴群体（Harris，1995）。

1.1.4　儿童同伴交往的研究现状

1.1.4.1　同伴交往的互动水平：社会行为

社会行为是指个体在人际交往中所表现出来的对人、事、物的一系列态度和行为反应，根据其性质可分为两大类：积极行为和消极行为。积极行为主要指对他人或集体有利的、建设性的行为，如帮助、分享、谦让、关心、安慰和合作等；消极行为是指对他人或集体具有侵犯性、破坏性的行为，如推打、抢夺、骂人、招惹、嘲讽、威胁等。

近年来，国内外的研究者对儿童社会行为发展的特点进行了广泛而深入的研究。已有的研究结果主要包括以下几方面：

在学前期，儿童的各类积极行为和消极行为都开始出现并逐渐发展，但发展状况存在一定差异。助人行为是儿童期望参加社会互动的结果，助人行为随着年龄的变化表现出不同的发展趋势：从幼儿到小学中期，儿童的助人行为呈增长趋势且逐渐达到最高峰；到了青少年早期，则呈下降趋势；到成年早期开始又有所增加（寇彧，赵章留，2004）。合作行为的发展特点则主要表现为：儿童在出生后第二年，交往的同伴开始能够围绕共同的主题进行角色转换并能轮流扮演角色，绝大多数18~24个月的儿童可进行合作游戏，同时，他们也表现出更多的与成人合作的倾向。随着年龄的增长，交往经验的增多，儿童间合作的目的性、稳定性逐渐增强，他们能够为实现共同目标而努力。另外，他们的合作范围不断扩大，逐渐由两人间的合作发展到三四人之间乃至更多的人之间的合作（陈琴，2004）。合作行为及合作解决问题的策略随年龄不断提高，并且日趋多样性、复杂性和有效性，小学五年级是合作策略发生转折的关键期（庞维国，程学超，2001；张丽玲，2004）。分享指个人拿出自己拥有的物品让他人共享从而使他人受益的行为。学龄儿童由于自我意识增长，越来越关注教师和他人的评价，因此，分享行为开始增多，7~10岁儿童中有77%愿意和人分享，11~16岁的儿童100%愿意和人分享（Bradmetz & Gauthier，2005）。还有研究发现，小学低年级儿童的物品分享和游戏分享最重要，学习分享次之，心理分享最少；到了高年级，物品分享和游戏分享逐渐让位于学习分享和心理分享（Zahn-Waxler，Radke-Yarrow，& King，1979）。安慰行为是一种个体觉察到他人的消极情绪状态，如烦恼、哭泣等，并试图通过语言或行动使他人改变消极情绪状态的亲社会行为。随着年龄的增长，儿童安慰行为的质量和数量都有增加的趋势，而且女孩比男孩的安慰行为更明显，这也许与个体所认同的性别角色期望有关（寇彧，赵章留，2004）。总的来说，在积极行为方面，儿童合作行为出现的频率最高（王美芳，庞维国，1997a），其次为分享和帮助行为，安慰行为最少（Eisenberg，1992）。

随着年龄的增长，儿童的积极行为逐渐增多（井卫英等，2002），但也有研究发现，互助和合作等行为并不随儿童年龄增长而增多，有时甚至出现减少的趋势（李伯黍，1990；王美芳，庞维国，1997b）。在消极行为方面，儿童的身体攻击行为（如推打、抢夺等）随年龄增长而逐渐减少，言语攻击行为（如骂人、嘲讽等）则逐渐增多（Underwood & Moore，1982a）；而社交退缩行为较为稳定（Chen，Rubin，& Li，1995；周宗奎等，2006）。

在性别差异方面，大量研究表明，儿童的社会行为存在显著的性别差异。如庞丽娟等人（2001）的研究表明，女孩比男孩有更多的积极行为，而消极行为明显少于男孩。但一些研究也发现，儿童积极行为的性别差异比人们想象的要小，并且这种差异随行为类型、行为情境的不同而变化，如女孩的友善、体谅和分享行为明显多于男孩（Eisenberg et al.，1996），而在比较危险或需要帮助的情境中，男孩则比女孩表现出更多的帮助行为（Park，1993）。在消极行为方面，男孩比女孩表现出更多的冲突性、攻击性的行为（Park & Slaby，1983），男孩更多使用外部攻击，女孩则更多采用关系攻击（何一粟等，2006；谭雪晴，2005）；但有研究者指出，攻击行为的性别差异受不同国家文化背景的影响，如意大利南部的男孩比女孩更多表现出关系攻击（French，Jansen，& Pidada，2002）。

儿童的社会行为存在个体差异，会受到个体因素的影响。观点采择能力和移情是影响儿童积极社会行为发展的重要因素。积极社会行为的发生需要特定的认知技能，其中最重要的是观点采择能力。具有观点采择能力的儿童，能充分理解他人的需要，并做出助人行为。大量的研究表明，移情与各种形式的亲社会行为都呈正相关，移情能力越高，个体做出亲社会行为的可能性越大（Eisenberg & Miller，1987；Fabes et al.，1994）；同时移情也能降低侵犯等反社会行为的发生率（Eisenberg & Miller，1987；Warden et al.，2003）。性格也是影响儿童社会行为的因素之一。儿童良好的性格能够有效促进亲社会行为：爱社交、容易对周围事物表现出关心的幼儿，其助人行为多于害羞的幼儿（刘文，杨丽珠，2004）；具有爱心、自制力强、能够根据活动的进展调整和控制自己行为的儿童，能更好地与他人合作；慷慨大方的儿童比吝啬的儿童更容易获得同伴的接纳和赞许（Kagan & Madsen，1971）。

1.1.4.2　同伴交往的双向关系水平：友谊

友谊是同伴交往双向关系水平的考察指标，反映的是个体间的情感联系。在儿童同伴交往的研究中，对友谊这一双向关系水平层面的指标考察最多。布科夫斯基（Bukowski & Hoza，1989）提出了友谊研究的经典层次模型，即第一层次：两个个体间是否存在双向选择的积极情感关系——友谊；第二层次：友谊的范围，即儿童拥有的相互认可的朋友数量；第三层次：友谊的质量，即朋友间提供的支持、陪伴或冲突水平。

总体而言，儿童友谊的发展具有适度稳定性，其不同阶段具有本质差异性。伴随个体社会认知的发展变化，儿童的友谊从童年早期、中期到后期存在本质的区别，具体表现为：学前期儿童的友谊通常产生于两个人或小团体的假想游戏中，其典型标志为儿童维持多次积极的合作性游戏；童年中期儿童的友谊以交谈、游戏和竞争为标志；童年后期青少年的友谊依赖于亲密的双向互动，亲密性是童年后期友谊的显著特点，友谊双方忠诚且富有情感。

在儿童友谊发展的稳定性上，绝大多数研究的结果表明，友谊具有一定的稳定性。如，巴里等（Barry & Wentzel，2006）对高中生互选友谊的稳定性进行的两年追踪研究表明，时间1是互选友谊而时间2仍然是互选友谊的被试占58.4%；周宗奎、赵冬梅、孙晓军等人（2006）的研究也表明，互选朋友数和友谊质量在两年内分别表现出高度和中度的稳定性。

1.1.4.3 同伴交往的群体水平：同伴接纳

同伴接纳作为同伴交往群体水平的主要考察指标，是一种群体指向个体的单向结构，反映的是群体成员对个体的态度：喜欢或不喜欢、接纳或排斥。同伴接纳水平是个体在同伴群体中社交地位的反映。

儿童同伴接纳的发展表现出较高的稳定性。纵向研究显示，受欢迎儿童和一般的儿童具有中度的稳定性，被拒绝儿童具有高度的稳定性，而矛盾型儿童极不稳定（Rubin et al.，1998）。

儿童同伴接纳的发展也表现出显著的性别特点。在同伴接纳的研究中，有一个非常有趣的现象——性别隔离，即对同性别同伴的偏好。研究发现，年幼男孩和女孩一致表现出对同性别同伴的强烈偏好（Fabes et al.，2003）；有研究者（Noel，Ernest，Todd，et al.，2005）的研究也表明，儿童对同性别同伴的受欢迎性和社会喜好的评价显著高于对异性同伴的评价。

1.1.4.4 社会行为与同伴关系（友谊和同伴接纳）的相关研究

儿童青少年的社会行为与同伴接纳水平的关系的研究已进行了70余年

（Boivin & Hymel，1997），大量有关同伴关系的研究表明，儿童的同伴关系对其情绪与社会行为的发展有着重要的意义（Sullivan，1953；Hartup，1992），同伴接纳或同伴关系是衡量儿童社会行为适应或适应不良的一个核心指标（Chen，Rubin，& Sun，1992）。早期同伴关系有问题的儿童易在后期的心理健康和社会适应方面产生问题（Parker & Asher，1987；Asher & Coie，1990）。有研究者（DeRosier，Kupersmidt，& Patterson，1994）考察了被同伴拒绝的近期性和长期性效应，其研究表明，不良的同伴关系对儿童是一种压力性的体验，这种体验本身和与之伴生的社会支持缺乏使得儿童在面临其他生活压力时更加脆弱。

　　不同社交地位儿童社会行为的比较研究也受到国内外研究者的普遍关注。有研究者（Coie，Dodge，& Coppotelli，1982）的研究根据积极和消极提名分数划分出五种不同社交地位的群体。通过比较这五组群体社会行为的差异，他们发现，受欢迎组在合作、领导行为上获得高分，在挑起争斗、破坏性、寻求他人帮助上获得低分，而被拒绝组正好相反；矛盾组在领导行为上的得分与受欢迎组类似，在破坏性与攻击性方面与被拒绝组类似，而在合作行为上介于受欢迎组与被拒绝组之间；被忽视儿童除在害羞、退缩行为上分数高于平均值外，其他各项分数均低于平均值；一般儿童各项行为得分为平均数。国内学者采用类似方法也开展了大量研究（辛自强等，2003；朱婷婷，2006），研究结果虽然不尽相同，但总体趋势是：社交地位较高的儿童，其积极社会行为显著高于社交地位低的儿童，同时，其消极社会行为显著低于社交地位低的儿童。

　　20 世纪 70 年代以来，儿童同伴关系的研究基本是在这样一个假设的基础上进行的，即儿童的社会行为会影响其同伴关系的形成（Ladd，1999）。例如，儿童较多的攻击、破坏、抑郁、退缩等行为和社会交往能力的缺乏可能导致其同伴关系较差，儿童的消极行为是导致他们被同伴拒绝或孤立的主要原因；而儿童的合作、礼貌与亲社会行为等则和同伴接受性成正相关（Tomada & Schneider，1997；Valsivia et al.，2005）。

　　有研究者（Coie，Dodge，Kupersmtdt，1990）认为，在所有年龄组，那

些乐于助人、友好、遵守交往规则且积极参与同伴交往的儿童青少年都是受欢迎的；攻击、破坏、多动、违反群体规范等行为则是幼儿和小学低年级儿童被拒绝的主要原因；社交退缩行为是青少年被同伴拒绝的原因；合作性是区分女生被接纳与否的主要维度，而攻击性则是区分男生被接纳与否的主要维度。有研究表明，早期的攻击行为能够预测儿童较差的同伴关系和长期的社会适应不良（Coie & Dodge，1988）。近来有研究采用多水平分析技术对近20年关于儿童攻击和同伴关系的研究进行元分析，结果显示，总体来说攻击和同伴接受之间有负向相关关系，和同伴拒绝之间有正向相关关系（Boliang & Lei，2003）。

王美芳、陈会昌（2003）的研究发现，亲社会行为对男生和女生的同伴接纳、同伴拒斥均有较好的预测作用；辛自强等人（2003）的研究表明，较多亲社会行为、较少攻击和退缩行为能预测同伴的正向提名，较少亲社会行为、较多攻击和退缩行为能预测同伴的反向提名；孙晓军、周宗奎（2007）的研究也发现，儿童社会行为能显著预测其同伴接纳和友谊质量。大量的研究共同表明，儿童消极的社会行为特征是他们被同伴拒绝、孤立和忽略的主要原因（陈欣银等，1994）；而积极的社会行为则会使他们受到同伴的欢迎（陈欣银等，1992）。

需要指出的是，以上研究基本都采用了相关研究的典型范式，因此，对社会行为和同伴关系究竟孰因孰果人们一直争论不休，可能互为因果的观点更易被接受。研究者已开始关注这一问题，通过社会行为的干预训练（考察行为干预后其社交地位是否发生变化）能较好地解决这一问题。

1.1.4.5　同伴交往的跨文化研究

近年来，随着生态化运动和跨文化研究的兴起，人们开始突破以往把儿童同伴交往从广阔的生态背景中孤立出来考察的研究范式，转而在广阔的生态背景下探讨儿童同伴交往的差异及其长期影响（探讨同伴交往对个体适应的作用）。因此，"文化"作为儿童所处生态环境中重要的宏观背景因素，它对同伴交往的影响，以及同伴交往对儿童行为适应和认知适应的文化特异性和文化普遍性的影响等问题日益受到研究者的重视。

例如，研究发现，意大利儿童的友谊比加拿大儿童的友谊更加稳定，这说明文化价值的差异造成儿童交往和维持友谊的方式上的差异；陈欣银等（1995）发现，尽管攻击和领导行为在加拿大和中国的样本中预测了相似的适应结果，但在害羞和敏感行为上两国样本的研究结果却不同。在童年期，害羞、敏感行为和同伴接纳、社会能力的关系在中国儿童身上呈正相关，但在加拿大儿童身上呈负相关；近期的研究（Dchwartz，Chang，& Farver，2001）则发现，中国儿童的同伴欺侮与较差的学业成就、退缩行为、攻击行为，以及低水平的亲社会行为有关，这与西方文化背景下的研究结果是一致的。

一般来说，研究者主要从三种不同的视角对文化加以操作化。首先是霍夫施泰德从四个维度考察了文化的差异，即个体主义-集体主义（individualism-collectivism）、权距（power distance）、不确定性回避（uncertainty avoidance）、男子气-女子气（masculinity-feminity）；后来，邦德及其同事则对根源于中国文化的价值领域进行了区分：大一统（integration）、仁（human-heartedness）、道德准则（moral discipline），以及儒家思想力本说（confucian work dynamism）；第三种视角是施瓦茨将文化区分为两个双向维度：保守主义-智力和情感自治（conservatism-intellectual and affective autonomy）等级和控制-人人平等的承诺与和谐（hierachy and mastery-egalitarian commitment and harmony）。

有研究者（Bergeron & Schneider，2005）从这三种视角出发，对36项攻击行为（人际交互水平）的跨文化研究进行了元分析。在这些研究中，有30项是以儿童或青少年为被试的。元分析结果表明，攻击行为与霍夫施泰德提出的个体主义维度呈正相关，与中国文化大一统维度以及施瓦茨提出的保守维度呈负相关。并且，在崇尚控制的文化中，攻击行为的水平较高。此外，元分析还发现，在活动中强调以人为中心而不是以任务为中心的社会（即男子气得分低，仁得分高）有较低的攻击水平。在人人平等的承诺及道德准则上得分高的社会，攻击水平较低。权距与攻击行为有正向联系，而等级与攻击之间却有负向联系。可以看出，崇尚平等地对待个体、自主合作，以及道德抑制的社会，有较低的攻击水平。最后，在不确定性回避上得分高的社会，攻击水平较高；而有浓厚的儒家文化传统的社会，攻击水平比较低。儒家文化的价值观强调社会秩序以及个体的责任和奉献的重要性，在这样的价值观下，攻击行为是不适宜的。

具体到美国和中国这两种文化来说，美国在个体主义、控制维度上得分较高，所以美国被试的攻击行为比较高。而与美国及西方大多数国家相比，中国社会更偏向于群体取向。中国的传统文化要求个体克服以自己的感受、态度、喜好和意向为行动准则的冲动，以自己所隶属的社会团体为思考单位，以争取团体利益为自己的行为准则（杨中芳，2001）。因此，中国儿童被教导要考虑别人的需要、期望和他们可能的反应，而言语攻击、直接表达情绪，以及当面冲突是要避免的。少数具有攻击性的中国儿童一般都会经历严重的学校适应不良和同伴关系困难，具体表现为自我报告的和教师评定的社会能力差、社会测量评定分数低和遭到同伴拒绝（Chang，2003）。陈欣银等人（1995）的一项研究比较了中西方攻击性儿童的适应状况，结果表明，美国、加拿大的攻击性儿童主要表现出外部问题，而中国的攻击性儿童不仅有外部问题还有内部问题（如孤独和抑郁）。这可能是因为攻击和破坏行为在中国社会中尤其受到禁止，而那些表现出异常攻击行为的儿童很不受同伴喜欢，并且会受到学校领导的严厉惩罚（Xu et al.，2004）。

1.1.5 儿童同伴交往研究的局限与不足

回顾以往研究，发现目前关于儿童同伴交往的研究存在以下几点不足：

（1）对同伴交往发展趋势的研究不够系统、深入。同伴交往不同水平上的变量会随年龄的增长而发生变化，虽然国外也有些研究采用追踪研究设计，但是大多数研究是考察同伴交往某个水平上的指标的稳定性，少有对发展趋势的描绘，而以纵向研究来考察同伴交往不同水平之间关系的研究更是少见。国内尤其缺少对儿童同伴交往的追踪研究。

（2）现有的涉及青少年同伴交往问题的研究成果和结论比较陈旧，而且研究面过于狭窄，研究深度不够。随着社会的发展变化，青少年同伴交往不断呈现出新的特点，影响青少年同伴交往的因素越来越复杂，早期的研究结论可能已经不再适用。因此，对青少年同伴交往问题的研究需要紧跟时代发展的步伐。

（3）现有研究中一般化的、个别的、空洞的、泛泛的、心得体会式的主观评价十分普遍，而有新意、有深度、有经验数据支持的研究分析较少。很多研究是中小学教师根据教学实践写出来的心得体会，其结论的普遍性有待验证。

（4）研究方法不够规范，主要表现为研究设计的简单化、资料分析的表面化，研究结果缺少科学统计检验的验证。另外，以往大多数研究主要是采用横断的研究设计，考察同伴交往某个或某几个水平上的指标与心理适应的关系，很少有研究考察儿童同伴交往对心理适应发展轨迹的影响。横断研究设计的最大的缺点就是难以得出个体心理的连续变化过程和事件间的因果关系（林崇德，2002）。所以采用追踪研究考察上述问题是十分必要的。而且，追踪研究设计的某些统计方法仍然需要改进。在有关儿童发展的研究领域，即使有些研究采用了追踪的研究设计，在分析这些数据时，它们主要采用的仍是重复测量的方差分析和多元方差分析。重复测量的方差分析，虽然能够比较不同测量均值有没有差异，以及通过定义因素和协变量来考虑分类变量或连续变量对重复测量的影响，但是不能很好地处理随时间变化的变量的影响。更重要的是，以上两种统计方法不能进一步就个体之间发展趋势的差异进行分析和解释（刘红云，张雷，孟庆茂，2005）。潜变量增长曲线模型和多层线性模型是在传统分析方法的基础上发展起来的综合分析技术，可以帮我们发现事物发展的更深一层的规律，可以对个体之间的发展变化做进一步的分析和解释，为理论研究提供更加有意义的实证研究结果。

（5）对性别差异的重视不够。儿童早期同伴交往（青春期之前或对异性产生兴趣之前）中存在着性别疏离现象。性别疏离在3岁左右出现，并在童年期逐渐加强，同性同伴也因而成为儿童社会化的重要源泉（Fabes，Martin，& Hanish，2004）。男孩和女孩可能在各自同伴群体内发展了不同的文化；而这些不同的文化又为他们提供了不同的社会经验，包括不同的行为模式和互动类型（Rose & Rudolph，2006）。例如，男孩和女孩可能会以不同的方式卷入到同伴关系结构以及社交网络内。然而，到目前为止，研究者在考察儿童的同伴交往时，却忽略了对性别组织作用的思考，也很少探讨这些性别差异对儿童发展轨迹的影响。

1.2 儿童心理理论研究的回顾与展望

1.2.1　心理理论的概念界定

关于心理状态的知识是人类最基本的知识之一，探究这种知识，有助于洞见个体社会认知发展的特点。

回顾以往研究，儿童心理知识发展的研究先后经历了三个主要浪潮（Flavell，1999）：第一个浪潮源于皮亚杰的理论及研究，根据皮亚杰的观点，儿童对心理的认识是由自我中心到脱离自我中心逐渐发展的；第二个浪潮始于20世纪70年代，是关于儿童元认知（关于认知的认知）发展的理论及研究，包括元记忆、元理解、元注意、元表征等；第三个浪潮始于20世纪80年代，是关于儿童心理理论（Theory of Mind）的研究，对儿童心理理论的研究是近年来发展心理学领域最重要的研究之一。

发展心理学对心理理论的探讨，源自对"黑猩猩是否拥有心理理论"这一问题的探究（Premack & Woodruff，1978）。研究发现，黑猩猩能预知他人（黑猩猩）的心理状态。心理理论意指推测他人心理状态的能力，这种能力实为一个推理系统，通过这一系统对不可预测的心理状态进行推测，可对他人的行为进行预测，因而可以将该推理系统视为一个理论。

他们提出的这一概念激起了发展心理学家们极大的兴趣。1983年，威默等人从发展心理学的角度，以首创的"错误-信念"研究范式探讨了这一问题。此后，国内外学者对此进行了大量实证研究和理论探讨，从而使得心理理论的研究成为近年来发展心理学领域最活跃、最引人注目的研究课题之一。

在这一过程中，"心理理论"一词的含义也更加丰富，如阿斯廷顿认为，心理理论是个体对他人心理状态、他人行为与其心理状态的关系的推理或认知（Astington & Gopnik，1988）；帕纳提出，心理理论是人们对心理因果关系的认识，是对自己及他人所知、所想、所欲、所感等具有归因属性的心理状态的朴素心理观念（Perner，1999）。目前，对心理理论比较一致的理解是：个体对自己和他人心理状态（如信念、需要、愿望、意图、感知、知识、情绪等）的认识，并由此对相应行为做出因果性的预测和解释（Happé，Winner，& Brownell，1998）。

对心理理论这一术语的使用，需明确以下几个问题：第一，该理论并非一种科学意义上的理论，而是一个非正式的日常理论，是一个框架性的或基础性的理论（Astington，1998），通常被称为常识心理学或朴素心理理论；第二，该理论的构造物或包括的过程（如信念、愿望、情绪、欺骗、思维等）只出现于心理领域，它的框架是通过相互联系的概念或实体构成的，是个体用于理解自己和他人的心理状态的一种系统性的知识结构；第三，根据这种结构所包含的实体或过程间所构成的因果解释模式，个体能对行为进行解释、预测和控制（黄天元，林崇德，2003）；第四，心理理论与心理知识、元认知既有区别又有联系，心理知识和元认知的发展能促进个体心理理论的获得及发展（赵景欣，2004）。

1.2.2　心理理论的测量

研究者一致认为，心理理论的发展包括对信念、愿望、意图、感知、情绪等多种概念的理解。信念作为一种心理状态因人而异，且可能与现实不符，而引导个体行为的往往正是其心理表征而非客观现实本身。它既可以是对世界的真实表征，称真信念（true belief）；又可以是对世界的错误表征，称错误信念（false belief）。而儿童对错误信念的理解能力的发展在儿童社会认知研究中最受关注（Flavell & Miller，1998；Wellman，Cross & Watson，2001）。由于错误信念与现实状态相分离，错误信念任务比真信念任务更能检验儿童对信念概念的理解。在真信念任务中，儿童的正确回答可能完全基于其自我中心的认知发展特点，并不表明儿童真正理解了信念；而错误信念任务中，要做出正确的回答，个体就必须认识到心理的表征性质（武建芬，2006）。因此，能否成功推理错误信念被视为儿童能否认识到个体可以用不同的方式表征同一客体或事件，从而具有表征性心理理论能力的重要标志，即达到对"错误信念"的理解是儿童拥有心理理论的主要标志。对儿童错误信念理解能力的测量是测试儿童心理理论的"石蕊试剂"（Wellman，1990）。

基于此，目前儿童心理理论测量的经典方式是采用故事讲述法，通过测查儿童的错误信念来判断儿童心理理论的发展。研究者一般采用个别施测的方式，利用一定的道具（玩具、物品等），结合言语讲解让儿童理解故事，再提问一系列测验问题来考察其心理理论水平。儿童心理理论的研究在相当程度上是围绕儿童在两个经典心理理论能力测试中的表现展开的。心理理论发展是否具有阶段性的争论，亦由此而来。

意外地点任务（unexpected-location task）由威默和帕纳于1983年设计（Wimmer & Perner，1983）。实验者让儿童观察用玩偶演示的故事：男孩马克斯将巧克力放在厨房的一个碗柜（位置A），然后离开；他不在时，母亲把巧克力转移到另一个橱柜（位置B）。马克斯因不在现场，不知道巧克力已被移位。实验者要求儿童判断马克斯回厨房拿巧克力时，将在何处寻找（信念控制问题），马克斯最初将巧克力放在哪里（记忆控制问题），巧克力现在在哪里（现实控制问题）。要成功通过该测试，儿童必须认识到行动是由内部心理表征而不是外部现实决定的。

意外内容任务（unexpected-content task）由帕纳等人于1987年（Perner，Leekam，& Wimmer，1987）设计。实验者向儿童出示一个盒子（如糖果盒），由盒子的外观儿童不难推测出盒子里装的是什么。实验者问儿童"盒子里是什么"，在儿童回答为"糖果"后，实验者打开盒子表明里面是铅笔；然后将铅笔放回盒子，并问儿童："其他孩子在打开盒子之前，认为盒子里装的是什么？"这种任务也用来让儿童评判自己先前的信念（Gopnik & Astington，1988），即让儿童回答，在打开盒子前他们以为里面装的是什么。

研究发现，4岁是完成错误信念任务的年龄分界线。4岁之前的儿童不理解个体会根据与现实状态不同的错误信念来行动，而是认为个体是依据世界的实际状况采取行动；4 岁之后，儿童开始认识到个体可能持有错误信念，并据此采取行动。帕纳认为这是因为 4 岁前的儿童还未形成信念的概念；韦尔曼则把原因归为 3 岁儿童不具备错误信念的概念。

上述两任务是儿童心理理论测量领域影响最大的任务范式，后来的诸多测试方法基本都是这两种任务范式的变式。其中，有代表性的是帕纳和威默于 1985 年设计的二级错误信念 ① 任务。该任务采用与一级错误信念任务（如上述任务范式）相似的过程，结合道具向儿童讲述故事：约翰和玛丽在公园玩，他们看到一个人在卖冰淇淋。玛丽想买但没带钱，于是她回家拿钱。一会儿，约翰回家去吃午饭了。他走后，卖冰淇淋的人离开公园到学校去。玛丽拿钱向公园走。她看见卖冰淇淋的人正向学校走，就跟着他一起到学校买冰淇淋。约翰吃完午饭到玛丽家，玛丽的妈妈说玛丽去买冰淇淋了。约翰离开玛丽家去找她。最后，实验者问儿童："约翰认为玛丽去哪里买冰淇淋了？"

研究者对上述心理理论研究的经典范式，既有认同、肯定的，又有置疑、批评的。持肯定态度的学者认为（赵景欣，2004）：故事讲述和个别施测的测量方式能增强对任务的理解，从而保证测量的可靠性，比较适合考察年幼儿童的心理理论；故事讲述和个别施测的方式保证了研究者充分地引发和记录被试的反应；言语任务能在元表征水平上深入评估儿童的社会推理能力。持否定态度的学者则认为：标准的错误信念测试不一定适合作为心理理论的检测工具，如，研究表明，儿童的心理理论在儿童能够通过测试之前和之后均可出现重要的发展，他们通过修正标准测试，发现较小幼儿也能够认识到错误信念（Chandler，Fritz，& Hala，1989）；使用故事讲述法，可能因儿童与成人在指导语的理解上不一致，且对话存在冲突，导致低估儿童的能力（Siegal，1995；Siegan & Peterson，1994）；存在记忆或任务熟悉程度效应，若让儿

---

① 二级错误信念指对他人关于另一个人的信念的推断或认知。二级错误信念的研究最早可追溯到 Flavell 等人的"竞争游戏"以及 Miller 等人的"思维泡泡"。研究发现，二级错误信念的掌握比一级错误信念的掌握要晚，通常 6 岁左右的儿童才能掌握二级错误信念。

童在回答问题前复述故事,其成绩会显著提高,同时,当故事为儿童熟知时,儿童往往不愿意承认故事人物会持有错误信念(Lewis & Mitchell,1994)。综上所述,关于儿童心理理论能力的界定和评估问题,始终是该领域的一个有争议的问题。

1.2.3　心理理论的相关理论

发展心理学家对儿童心理理论的发展做了大量研究,不同学者分别提出了不同的观点,主要包括理论论、模拟论、模块论及匹配论等。

理论论(theory theory)　理论论源于皮亚杰学派的发展心理学思想。理论论认为人们逐渐形成一个像理论一样的知识体系,并根据这个理论来预测和解释人的行为,但它不是真正的科学理论,而是一个框架性的或基础性的理论(Astington,1998)。个体的这种心理知识体系的形成,主要是通过推理过程实现的(Gopnik & Meltzoff,1996;Perner,1991),与科学理论建构过程相同。

理论论学者将学龄前儿童心理理论的发展划分为三个阶段(Wellman,1990;Bartsch & Wellman,1995):第一阶段为2岁左右,儿童形成愿望心理学(Desire Psychology),知道个体会对经验产生主观感受(愿望),认识到他人是有愿望的,并且他人的愿望影响他人的行为,但这一阶段的儿童还无法了解经验的主观感受(或心理表征)因人而异;第二阶段为3岁左右,儿童具有了愿望-信念心理学(Desire-belief Psychology),儿童发现单靠行为者的愿望不能对所有行为做出解释,因此还必须考虑到他人对世界的信念,但这一阶段的儿童只把个人对世界的信念看作是客观世界的简单"拷贝",他们认识不到这种信念是对世界的一种解释;第三阶段为4岁左右,儿童获得信念-愿望心理学(Belief-desire Psychology),儿童认识到个人对世界的信念是个人对世界的一种解释,而不是对世界的简单"拷贝",因而这种解释可以不符合现实世界的状态,此时,在儿童的心理体系中,信念和愿望是共同决定个体行为的。

根据上述三个阶段的划分,韦尔曼(Wellman,1990)认为,个体已有的心理理论或心理知识（例如，个体的行为受愿望的影响）会不断受到各种反例（counterevidence）的挑战（例如，当愿望并不能解释个体的行为时），这驱使个体通过同化和顺应的过程修正并改进其原有的心理理论，从而建构出新的心理理论。韦尔曼强调了经验在儿童心理理论发展中的作用，认为当经验反复提供给儿童不能用当前心理理论解释的信息（反例）时，迫使儿童不得不修正并改进他们已有的心理理论。经验在这里的作用与经验在皮亚杰的平衡调节机制理论里的作用相似，即经验产生不平衡，最终又导致更高级的平衡——产生一个新的理论。

在理论论看来，心理理论是由一系列的概念（信念、愿望等）及其相互联系的基本原则构成的（Apperly，2008）。这些概念和原则共同构成了一个因果理论（描述了个体的某种心理状态如何导致个体产生相应的行为），而我们正是依据这一因果理论来解释和预测个体的心理状态和行为的（图1-2-1）。

模拟论（smulation theory）　与理论论不同，模拟论根源于哲学体系而非发展心理学体系或语言学体系（Davies & Ston，1995；Harris，1995）。模拟论认为，个体通过模拟他人或装扮成他人促进其社会认知的发展（Lillard，1998）。儿童利用他们对自己的心理状态的认识，通过"设身处地"的模拟获得对心理状态及其与行为间因果联系的认识。模拟论强调儿童自我反思的经验，认为儿童不是直接根据自己的信念和愿望的有关规律来预测他人行为，他们通常先假装自己具有与他人一样的心理状态，进而想象他人的愿望和信念，然后设想他们如何行动，即儿童是通过内省来认识自己的心理，然后通过激活过程（设身处地体验他人的心理活动或状态）将这些有关心理状态的知识概化到他人身上（图1-2-1）。在模拟论看来，儿童心理理论的发展本质上是一种模仿或拟化能力的不断发展。

哈里斯（Harris，1992，2000）提出，模拟是个体在发展早期就被启动的。拥有这种心理模拟机制，个体能很容易了解他人的心理状态，并有效预测其行为。模拟论提出，获得心理状态间因果联系的复杂理论是非常不经济且不必要的（Apperly，2008）。

模拟论研究常在假装游戏的情境中进行。模拟论认为这种假装游戏的练习能有效促进个体心理理论的发展。根据模拟论的观点，儿童要具备模拟他人体验的能力，必须具备三种重要的能力（Astington，1990）：第一，模仿能力；第二，以假想为前提做相关推断的能力；第三，改变哈里斯所谓的"默认设置"的能力。[1]

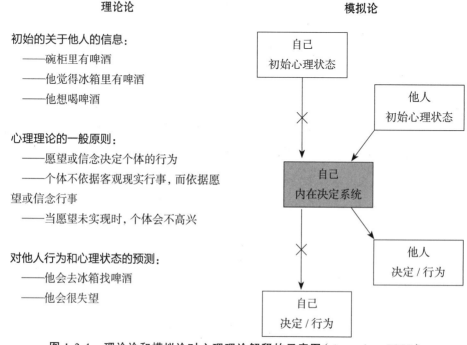

图1-2-1　理论论和模拟论对心理理论解释的示意图（Apperly，2008）

由上图可知，理论论的观点是：个体结合他人的初始信息，使用心理理论的一般原则预测他人的心理状态和行为。模拟论的观点是：个体首先将自己的内在决定系统"离线"（off-line，指从"自己的初始状态-自己的内在决定系统-自己的决定或行为"这一系统中脱离，建立"他人的初始状态-自己的内在决定系统-他人的决定或行为"的新系统），同时，将他人信念或愿望的相

---

[1] Leslie（1994）认为，Harris所谓的"默认设置"决定了个体现有的心理状态，改变这种"默认设置"是指在角色扮演或模拟游戏中，暂时不理会自己的想法，而从他人的角度看待问题。

关信息输入"离线"的内在决定系统，将由此产生的决定或行为作为对他人决定或行为的预测。通过对比可知，理论论需要心理理论的一般原则，包括大量的因果模式；两种理论都需要个体掌握适当的他人信息，这些信息的获得主要通过复杂的推理实现，或受知觉到的他人与自己的相似性等因素的启发而实现。

模块论（modularity theory）　模块论主要来源于乔姆斯基的语言获得装置理论，同时也受到了信息加工理论的影响（Baron-Cohen，1995；Leslie，1991）。与理论论和模拟论不同，模块论强调儿童心理理论发展过程中先天基础的作用，认为个体心理知识的获得是通过先天存在的特定范畴的模块机制的神经相继成熟而实现的，而不是一般学习机制（general learning mechanisms）作用的结果，这些机制有着相应的神经生理基础和相应的大脑结构。儿童先天存在模块化机制，因此在神经生理上达到成熟时，儿童便获得对心理状态的认识（Leslie，1994）。

模块论特别强调心理模块的两个特点：一是模块是天赋的或"硬件化的"，即具有特定的神经生理基础；二是该模块具有"领域特殊性"，即只处理与特殊能力相关的信息。对于心理模块的结构或构造，两人分别提出了不同的观点。

莱斯利认为，主要存在三个不同的心理模块：身体理论机制（theory of body mechanism，ToBM）模块，它在婴儿3～4个月时启动；另外两个模块叫心理理论机制（theory of mind mechanism，ToMM）模块，其中，ToMM1大约在6～8个月开始启动，ToMM2在18个月时开始启动。在上述三个模块中，ToBM加工物质客体的行为信息（初级表征），使个体认识到动因性客体有内在的能源使他们能自主运动；ToMM1处理动因性客体的意向性或指代性（aboutness），加工动因性客体与他们的目标指向行为的信息，即主体与行为真正或可能指向的目标之间的关系；ToMM2使个体能表征动因性客体对命题真实性所持有的态度（命题态度，popositional attitudes），如假定、认为、想象或希望等，ToMM2主要负责元表征的加工（次级表征）。研究者通过对自闭症儿童的系统观察和研究（Leslie，1987，1994），收集了大量证据支持其模块论的观点。如,自闭症儿童之所以普遍缺乏心理理论,是其相应神经生理缺陷(ToMM 模块受损)所致。

巴伦－科恩在认同 Leslie 的模块论观点的基础上,进一步提出了其他三个具体的早期发展模块:意图觉察器(intentionality setector,ID)、视觉方向觉察器(eye-direction detector,EDD)和共同注意机制(shared attention mechanism,SAM)。ID 和 EDD 模块是个体先天就具有的,而 SAM 模块则大约在个体 10～12 个月大时出现,ToMM 出现得会更晚。ID 模块加工目的和愿望行为,EDD 加工眼睛的特定行为,SAM 则负责共同注意,它的功能是辨别自己和他人是否都在注意同一件事。

匹配论(matching theory) 匹配论认为,心理理论发展的前提是婴幼儿必须意识到自己与他人在心理活动中处于等价的主体地位,即在心理活动情境中,儿童逐渐获得对自己与他人的心理关系的认识,意识到在与客体的心理关系中,自己与他人具有等价关系,从而认识到与他人在心理活动中的相似性。通过对这种情境的不断观察和再认,儿童对这种等价关系的认识不断发展,从而逐渐获得关于心理世界的系统知识。有研究支持了这一理论,研究者发现儿童理解自己和他人心理状态的时间起点没有差异(Bartsch & Wellman,1995)。

其他理论 研究者指出,在探讨儿童心理理论的发展过程中,以往的研究者忽略了文化和社会因素的重要影响(Astington & Olson,1995;Bruner,1995;Raver & Leadbeater,1993)。他们指出,儿童并非在真空的环境下发展其心理理论,其不同概念的获得在不同文化下会表现出相应的差异。事实上,不同文化下个体对心理状态的观点或心理知识存在显著的差异,这提示文化在儿童心理理论发展中具有重要的作用(Lillard,1998a),而上述理论都普遍忽视了文化的作用(Lillard,1998b)。基于此,利拉德等学者提出了儿童心理理论发展的社会文化观。显然,这一观点来源于维果茨基的社会文化历史观,强调环境、社会文化等因素在塑造儿童心理理论过程中的重要作用。

此外,进化心理学主张,心理理论是群体生活中选择压力的结果。即在与社会环境发生相互作用的过程中,如果个体能够理解他人的行为、意图和信念，个体就能获得更多的生存和繁殖机会，具有巨大的生存优势，这些优势包括能更好地与他人合作、影响和控制他人的行为及防止被他人欺骗等。在进化心理学看来，儿童在 4 岁左右 ① 开始掌握心理理论的根本原因是同胞间的竞争（Wellman et al.，2001）。这一结论也得到了相关实验研究的证明。如研究表明，在心理理论实验任务中，有兄弟姐妹的儿童得分高于独生子女的得分，有兄弟姐妹的儿童的得分高于双胞胎的得分，有其他兄弟姐妹的双胞胎得分高于没有其他兄弟姐妹的双胞胎的得分（Cassidy，Fineberg，Brown，et al.，2005）。同时，进化心理学还提出了"系统化"和"移情"概念，用它们分别表示男性化的大脑和女性化的大脑，用以说明个体心理理论产生及其发展的性别差异和生理机制。

一般认为，理论论、模拟论和模块论是对儿童心理理论发展的三种主导理论。

理论论被认为是最全面、最系统且最富有说服力的一种理论，根据理论论的观点，心理知识通过总结经验逐渐发展完善，并最终形成一个有组织且可用心理概念的因果关系解释行为的推理系统。但理论论主张，驱使心理理论发展的主要机制是理论建构和假设检验的过程，它只借助外部刺激，机体的内部因素（成熟）并不起作用。这种观点无法具体解释儿童心理理论发展过程中的内源性变化或神经生理基础（武建芬，2006）。

模拟论的理论观点得到了很多研究的证实，如有研究者（Hughes & Dunn，1998）发现，随着时间的推移，儿童越来越多地使用表示心理状态的术语来描述他人的心理状态。模拟论认为，随着儿童想象能力的不断提高，模拟的准确性也越来越高，而相关研究却发现，儿童在报告自己过去心理状态

---

① 进化心理学认为，为适应复杂社会关系的需要，人类需要具有较高的认知能力。因较大的大脑作为进化的适应结果得以保留，导致头颅过大，分娩困难，同时直立行走使人类女性生殖道变得狭窄，两因素共同导致胎儿较早从母体分离（未成熟、脆弱、无助），这决定了婴儿需要发展很多生理和心理机制应对客观世界。而个体拥有的资源有限，这就要求个体科学分配他所拥有的有限能量，优先将能量分配到急需解决的方面，在这一背景下，直到 4 岁左右，因面临同胞竞争，个体才掌握心理理论。

上的表现并不比将同样的心理状态归因于他人上的表现好（Gopnik & Graf，1988），这显然和模拟论的主张不符。

同样，模块论的观点也得到了大量研究的证实（Frith & Frith，2006）。国内学者张镜镜和徐芬（2005）的研究证实，心理理论功能与腹内侧前额叶（尤其是前扣带回）有密切联系。模块论强调先天遗传的重要作用，与传统遗传决定论相似，但模块论忽视了个体的主观能动性对其发展的影响，即个体能积极主动地建构自己的心理理论。

综上所述，三种理论有各自的特点，但同时又不可避免地存在某些缺陷或不足。实际上这三种理论并非完全相互排斥，儿童心理理论的发展应该有一定的遗传原因，即先天生理和心理基础（模块论），其发展既不能排斥社会学习过程（模拟论），也不能排斥总结规律和经验、建构理论的过程（理论论）（郑莉君、利爱娟，2008）。因此，实际研究中，研究者可尝试结合三种理论对研究结果进行综合解释。

1.2.4 儿童心理理论的发展特点

心理理论的发展是否具有阶段性一直是研究者争论的焦点之一。刘易斯等（Lewis & Mitchell，1994）对心理理论发展的阶段观提出质疑，认为儿童成功通过错误信念测试的年龄随任务的变化而变化，即具有任务特殊性（task-specific）。虽然有一些研究（Robinson & Mitchell，1995；Saltmarsh，Mitchell & Robinson，1995；Mitchell，1997）的结果与心理理论发展的阶段观相矛盾，但儿童心理理论发展过程中存在的几个关键年龄段的观点，还是得到了研究者的普遍认可。如，一般认为儿童在4岁左右（3~5岁）具备对错误信念的认识，即获得心理理论（Wellman，Cross & Watson，2001），在6岁左右开始理解二级错误信念（Perner & Wimmer，1985）。

1.2.4.1 学龄前儿童心理理论的发展特点

2岁前婴儿心理理论的发展特点 关于婴儿期个体对心理状态的认知，研究者主要关注两个问题：如何判断婴儿具有心理知识以及具有哪一种心理知识；不同年龄的儿童对个体的认识会表现出什么样的行为（席居哲，桑

标，左志宏，2003）。基于此，研究者对 0～2 岁婴儿的基本辨别能力、意指（aboutness）理解能力及对他人的情绪操控能力等进行了一系列研究。

在基本辨别能力上，研究者（Nelson，1987；Cooper & Aslin，1989）发现，婴儿对脸部表情表现出较高的视觉辨别力、听觉辨别力及视触匹配力、视听匹配力，且婴儿偏好注视人眼及人脸，能对人脸和声音进行匹配；研究也发现，婴儿区分母亲的声音与其他女性的声音的能力可以追溯到胎儿在子宫内对母亲声音的经验（Cooper & Aslin，1990）。对意指（aboutness）理解能力的研究则表明，在出生后的第二年，婴儿对他人关于客体和事件的意向性或指向性的认识，已具有了明显的去自我中心性（Flavell，2001）。如，研究发现，18 个月大的婴儿就可能开始理解人的行动是有意图、有目标的（Meltzoff，2002）；18 个月大的婴儿不仅可以理解人的行动是有意图的，而且可以根据他人的意图做出不同的选择（Repacholi & Gopnik，1997）；9～12 个月大的婴儿会玩弄别人注意的物体而不是离自己更近但别人不注意的物体。此外，婴儿在出生后第二年就开始尝试对他人情绪进行操控了（Spelke，Phillips，& Woodward，1995）。甚至是学步儿童偶尔也会尝试改变他人的情绪（Zahn-waxler，Robinson，& Emde，1992）。有研究者（Flavell，1999）认为，这样的行为无论是积极的或是消极的，都具有深刻的意义，因为这提示年幼儿童正开始认同引发或改变情绪或行为的条件。

上述研究虽然表明 2 岁前的婴儿认知发展已经达到一定的水平，但对于这是否意味着这一年龄段的婴儿已经具有心理理论还存在很大争议。费弗尔等（Flavell & Miller，1998）对此持肯定态度，他们认为，若婴儿早期根本没有任何对心理状态进行归因的能力，那么他们学会这种归因能力将是困难的，婴儿至少在做心理归因的准备；而穆尔等（Moore & Corkum，1994）则认为，虽然诸如共同视觉注意、社会参照和各种交流行为可能是对心理状态认识的基石，但不应该作为此阶段儿童具有心理理论的证据。

2～4 岁幼儿心理理论的发展特点 虽然儿童心理理论的发展水平因社会经验和测查任务的不同有所差异，但研究者普遍认为，个体在 4 岁左右获得心理理论。国内外大量研究也发现，4 岁前后，儿童的心理理论发生了阶段性的质变（Wellman，Cross，& Watson，2001；邓赐平，桑标，2003；王益文，林崇德，张文新，2003）。一般认为，2～4岁是儿童获得心理理论的关键年龄阶段。

在理论论的观点阐述中已提到，研究者（Bartsch & Wellman，1995）将2～4岁儿童心理理论的发展划分为三个阶段：第一阶段为2岁左右，儿童获得愿望心理学（desire psychology）；第二阶段为3岁左右，儿童形成愿望-信念心理学（desire-belief psychology）；第三阶段为4岁左右，儿童获得信念-愿望心理学（belief-desire psychology）。

此外，有研究者（carpendale & chandler，1996）提出，幼儿心理理论的发展表现出由复制式心理理论（copy theory of mind）到解释性心理理论（interpretive theory of mind）的特点，2～4岁儿童拥有的是复制式心理理论，他们认识到信念是对外部世界的客观表征，能区分外部世界和心理表征，但他们不能认识心理与外部世界的双向作用。

5～6岁儿童心理理论的发展特点　6岁被认为是儿童心理理论发展过程中的又一关键年龄。大量研究表明，儿童在6岁左右获得对二级错误信念的理解（Perner & Wimmer，1985；Perner & Howes，1992；张文新等，2004）；甚至有研究发现，5岁的儿童也能认知二级错误信念（Sullivan et al.，1994；Leekam & Perner，1991）。此外，研究者认为，6～7岁儿童从复制式心理理论进一步发展，获得解释性心理理论，这是一种主动建构和解释信息的能力，个体逐渐理解由于存在主体的主观能动性，不同个体对相同的信息会做出不同的解释（Carpendale & Chandler，1996）。

1.2.4.2　学龄后个体心理理论的发展特点——毕生发展观的提出

儿童通过错误信念任务（4岁左右）并不表示其心理理论发展的最终成熟。个体心理理论发展成熟的一个显著标志是在使用过程中表现出一致性趋向，即对行为和心理状态的认识表现出相近的看法。

学龄期儿童心理理论的发展表现出逐步由获得心理理论转变为使用心理理论的特点；伴随生理成熟与经验的共同作用，个体心理理论得到进一步发展，其精细程度不断增强。如韦尔曼（Wellman，1990）提出，6岁前儿童的心理理论中还不包含特质概念，但已出现特质概念的萌芽，而七八岁之后，儿童就开始用人格特质概念来解释、预测个体的行为了。

由于缺乏适当的测量工具，对学龄后个体心理理论发展的讨论主要局限于理论层面。也有研究者尝试进行了一些实证研究。如有研究者（Stone，Baron-Cohen，& Knight，1998）设计了失言检测任务（faux pas detection task）测量 7～11 岁儿童心理理论的发展。他们的研究发现，11 岁儿童的失言检测能力显著高于 9 岁儿童的，9 岁儿童的失言检测能力则显著高于 7 岁儿童的，表明失言检测能力随年龄的增长而增长。国内学者王异芳和苏彦捷（2008）采用相同方法考察了 5～8 岁儿童失言探测与理解的发展特点，结果发现失言探测和理解能力在不同年龄段表现出不同的发展特点。此外，高秀苹（2008）的研究也得出了类似结论。

基于上述研究背景，一些研究者明确提出了心理理论的毕生发展观。库恩（Kuhn，2000）强调应把心理理论与元认识（meta-knowing）结合，在元认识下研究心理理论，他认为，早期获得的元认识为后期心理理论的发展铺平了道路。作为心理理论中介的心理表征具有可习得性，且没有证据表明儿童在 4 岁时已经获得对他人心理推断的全部技能，也没有证据表明心理理论发展到何种程度是终点，因此，心理理论发展应是毕生的过程。

本研究对童年期儿童心理理论发展特点的探讨正是基于心理理论的毕生发展观。

1.2.5 儿童心理理论的国内外研究现状

自 20 世纪 80 年代以来，心理理论就成为儿童认知发展领域的研究热点，国内外心理学家对儿童的心理理论展开了系统研究。在这些年的研究中，研究者从不同角度对儿童的心理理论进行了全面研究，为我们提供了大量丰富的研究结论。下文围绕心理理论研究中几个重要的领域分别介绍这些成果。

1.2.5.1 儿童心理理论的阶段观研究

心理理论的研究早期主要集中在 3～5 岁儿童的错误信念理解、外表-真实认知和视觉观点采择能力发展等问题上，后来逐步拓展到其他问题上（图 1-2-2）。

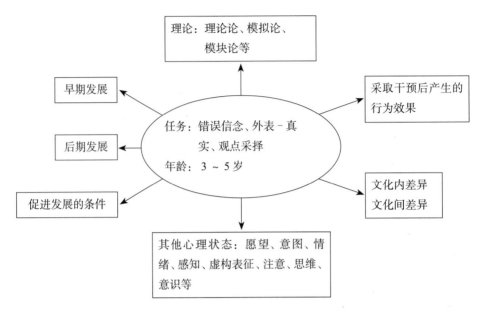

图 1-2-2　心理理论的主要研究方向（Flavell，2000）

　　如前所述，早期心理理论研究者主要关注儿童获得心理理论的年龄阶段，绝大多数研究都是围绕这一问题展开的。研究者普遍认同"儿童通过错误信念任务是其获得心理理论的标志"这一论点，儿童错误信念理解能力的测量成为测试儿童心理理论的"石蕊试剂"（litmus test）（Wellman，1990）。绝大多数研究发现，个体在 4 岁左右通过错误信念任务，即获得心理理论（Wellman et al.，2001；邓赐平，桑标，2003；王益文等，2003）。但也有为数不少的研究结论与此矛盾。如有研究并未发现显著的年龄差异（Robinson & Mitchell，1995）；儿童在远早于通过标准错误信念任务之前便认识到了欺骗等（Chandler，et al.，1989）。研究结论的不一致引起了研究者的极大兴趣，从而进一步拓展了儿童心理理论的研究领域：一是研究者开始探讨儿童在获得心理理论前后心理理论的发展状况；二是研究者开始关注心理理论发展的个体差异及其影响因素。

1.2.5.2　儿童心理理论发展的个体差异研究

　　在通过标准错误信念任务的年龄段上，研究结论并不一致，同时，研究者也发现，即使同一年龄的儿童，在通过标准错误信念任务上的表现也存在较大差异，如研究发现，3 岁儿童在错误信念任务上的通过率为 10%（Hogrefe, Wimmer, & Perner, 1986），而弗里曼等（Freeman & Lacohée, 1995）的研究则发现这一比率竟高达 80%。这些不一致导致近年来研究的焦点转移到心理理论发展的个体差异及其影响因素上来。

心理理论发展的个体差异研究主要关注社会文化、家庭及同伴等因素对个体心理理论发展的影响；此外，研究者近年来开始探讨执行控制功能与个体心理理论发展的相互关系。

在社会文化因素上，研究发现，不同文化背景下儿童心理理论的发展既有相似之处，也存在一定的差异：个体都能理解心理状态，但由于文化因素的影响，他们对心理的认识和对心理状态的表达等存在一定差异。利拉德（Lillard, 1998c）对美国城市和农村儿童的研究发现，城市儿童用心理理论解释个体的行为频率高（约 60%）且出现早；农村儿童趋向于使用情境解释个体的行为，只有 20% 的儿童用心理理论解释行为。米勒（Miller, 1984）对美国和印度城市居民的研究也发现，两种文化背景下，8 岁儿童对行为的解释相似，但随着年龄的增长，美国居民更多地运用倾向性解释行为，而印度居民则更倾向于用环境解释行为。刘等人（Liu, Wellman, Tardif, et al., 2008）的元分析也表明，中美儿童通过标准错误信念任务的年龄存在差异。巴奇和韦尔曼（Bartsch & Wellman, 1995）认为，儿童理解心理状态的能力是一致的，但不同文化背景下的个体对心理所形成的认识可能存在一定的差异。

在家庭因素上，研究者开展了大量研究，归纳起来主要包括三个方面：家庭背景或规模、家庭言语交流，以及家庭假装游戏对儿童心理理论发展的影响。

研究者对家庭背景或规模的探讨主要关注三点。第一，家庭社会经济地位。如研究发现，高收入家庭或经济发达地区的儿童比来自低收入家庭或落后地区的儿童在情感等心理因素的理解上表现出更高的水平（Cutting & Dunn, 1999）。第二，兄弟姐妹的数量。大量研究表明，儿童对错误信念的理解能力与其兄弟姐妹的数量呈正相关（Perner, Ruffman, & Leekman, 1994；Dunn et al., 1991；Jenkins & Astington, 1996；Lewis, Freeman,

Kyriakidou, et al., 1996），Perner 等人甚至发现，有两个兄弟姐妹所提供的发展优势类似于 4 岁儿童较 3 岁儿童的发展优势。第三，兄弟姐妹的类型（年龄、性别、是否孪生等）。在兄弟姐妹的年龄对儿童心理理论发展的影响上，研究结论并不一致，有支持哥哥姐姐促进儿童心理理论发展的（Ruffman et al., 1998；Jenkins & Astington, 1996；Lalonde & Chandler, 1995），也有认为兄弟姐妹都能促进儿童心理理论发展的（Perner, Ruffman, & Leekam, 1994）；在兄弟姐妹的性别对其心理理论发展的影响上，研究者一般认为，异性同胞比同性同胞更能促进其发展（Ruffman et al., 1998；Ruffman, Slade, & Crowe, 2002）；而对孪生兄弟姐妹的研究发现，孪生兄弟姐妹的心理理论能力比拥有非孪生兄弟姐妹的儿童差（Cassidy et al., 2005）。

在家庭言语交流对儿童心理理论发展的影响研究中，研究者发现，家庭中的言语交流，特别是发生在亲子间的有关内部心理状态的言语交流有助于促进儿童心理理论的发展。如研究发现，随着儿童年龄的增长，儿童会更多地使用心理状态的术语，父母的言语反馈也更多地使用有关心理状态的语言（Sabbagh & Callanan, 1998）。同时，儿童与父母尤其是兄弟姐妹间的交谈与其后来的情感观点采择、情绪认知，以及错误信念理解之间也存在密切联系（Brown, Donelon-McCall, & Dunn, 1996；Hughes & Dunn, 1998）。研究者（Jenkins & Astington, 1996）认为，兄弟姐妹能够促进儿童心理理论发展是因为兄弟姐妹能够为儿童提供更多的交流机会，使儿童能够接触到各种不同的观点。然而，中西方文化下的亲子谈话（苏彦捷，覃婷立，2010；Keller et al., 2007）和儿童的情景记忆具有不同的特点（Wang, 2003, 2004；陆慧菁，苏彦捷，2007），中西方关于亲子交流对儿童心理理论发展的研究也出现了不同的结果。不同文化下的家长在与子女谈论过去事件的频率和言语风格存在差异，会引起不同文化下的儿童自传体记忆的差异。相比亚洲母亲，北美母亲在与儿童分享过去记忆的对话时进行精细叙述的频率更高，而且更倾向于以孩子的角色与偏好为焦点和中心，而亚洲母亲的对话更多的是低精细程度的对话，而且强调的重心是在社会中的活动和与他人的交往

（Wang，2006）。长期体验着精细化的、以儿童为中心的亲子记忆分享的北美儿童，不仅能够更好地形成关于自己的早期记忆（Wang，2007），而且其自传体记忆中更多地提及自己的情绪，叙述的语气也带有更多的情感色彩；长期体验着简洁的、以他人为中心的亲子记忆分享的中国儿童，经常更少地提及心理状态，在回忆自己经历的事件时更多地谈论他人（Wang，2003，2004；陆慧菁，苏彦捷，2007）。

而关于家庭假装游戏对儿童心理理论发展的影响，大量研究表明，儿童对错误信念的理解得益于假装游戏（Astington & Jenkins，1995；Harris，1991；Leslie，1987；Perner，1991）。研究者（Youngblade & Dunn，1995）通过观察50名33个月和40个月大的儿童与其父母和兄弟姐妹间的假装游戏发现，儿童早期参与社会性假装游戏的次数与儿童对他人情感和信念的理解存在显著正相关，同时，与兄弟姐妹间的假装游戏是促进儿童心理理论发展的更有效的因素。法弗等人（Farver & Wimbarti，1995）的研究也得出了同样的结论。

同伴交往对儿童心理理论发展的影响将在下文详细论述，此处不再赘述。

自20世纪90年代以来，执行功能（executive function）与心理理论的关系问题成为儿童社会认知发展中一个重要的研究领域。心理理论发展的执行功能说最早由拉塞尔于1991年提出。执行功能是指为达到目标而保持适当的问题解决定式的能力。目前研究者关注的焦点是执行功能的核心成分——抑制性控制与心理理论的关系。抑制性控制是个体追求某一认知表征目标时用于抑制对无关刺激反应的一种能力，3～6岁是抑制性控制发生显著变化的时期。由于材料和概念理解的差异，研究结论也不尽一致，但抑制性控制能力作为个体差异的一部分，对个体心理理论的发展产生影响是毫无争议的（Moses，2001；Wellman，Cross & Watson，2001）。

1.2.5.3　改变任务模式下儿童心理理论的发展研究

前文已论述研究者对标准错误信念任务的经典研究范式的各种质疑，为解决这些问题，研究者在最近的研究中更多地运用了一些自然发生的事件或行为，在任务设计中增加了一些情感或需要的成分（Gopnik & Melzoff，1997），且涉及的年龄与心理状态的范围更大，这体现了任务模式的改变对儿童心理理论获得的影响。而儿童欺骗行为的研究已成为任务模式改变的一个新的趋势（徐芬，包雪华，2000）。

对儿童欺骗行为的研究表明，儿童在远早于通过标准错误信念任务的时候已能认识欺骗（Chandler，Fritz & Hala，1989）。如果让儿童去哄骗别人而不是让儿童预测"他人看到此盒子时会以为里面是什么"时，即使3岁的儿童也能够完成任务。这些研究结果显然与标准错误信念任务的结果不一致（Sullivan & Winner，1993）。

改变任务模式下的儿童心理理论发展研究还体现在对假装认知的研究。儿童对假装的认知研究最早始于莱斯利对假装的分析，他提出假装可能是儿童心理理论发展的起源，假装的本质是元表征，而儿童在2岁左右就具有这种元表征能力了。帕纳（Perner，1991）对此表示质疑。他认为，假装不一定要具有元表征能力才能实现：2岁左右的儿童假装时，只需要形成现实模型和假想模型，在现实和假想两种情境间转换；4岁以后的儿童能建构关于模型的模型，有元表征能力，能表征假装者的心理。而哈里斯（Harris，1994）等人则认为，学前儿童把假装理解成表演，因此这一过程并不需要心理理解能力，不需要对假装者的心理进行表征。国内学者王桂琴和方格（2003）的研究也发现，大部分3岁儿童能辨认假装，但对假装心理的推断到5岁才逐步形成。

改变任务模式下儿童心理理论的研究成果远不止上述方面，诸如二级错误信念任务、失言探测与理解等研究都是基于任务改变情境下的系列研究，这些研究成果为我们深入理解个体心理理论发展的特点提供了有效的补充。

1.2.5.4　特殊儿童心理理论的发展研究

特殊儿童心理理论发展的研究集中探讨自闭症（或称孤独症）及患各种心理疾病的儿童心理理论发展的特点，其中，对自闭症儿童的研究最为突出。自巴龙-库恩等人第一次研究自闭症儿童心理理论以来，研究的主旋律是通过与正常儿童的对比来了解自闭症儿童心理理论的发展水平。大量研究表明，自闭症儿童在对错误信念、知识状态、假装等的认识上存在困难，患有自闭症的儿童不能判断错误信念，难以区分心理和物理的本质（Leslie，1987，1994；Ozonoff & Miller，1995；Baron-Cohen et al.，1999；Hadwin et al.，1997）。在对自闭症儿童设计的简单错误信念任务研究中，巴龙－库恩等人（Baron-Cohen，et al.，1985）通过与4.5岁正常儿童的对比发现：11.8岁的自闭症儿童不能给故事中的人物赋予某种错误信念。这表明自闭症儿童不具有正常儿童的心理理论发展水平。自闭症儿童在完成标准错误信念任务时也落后于正常儿童。帕纳等人（Perner，et al.，1994）在标准错误信念任务的研究中发现：11岁的自闭症儿童无法像正常的4岁儿童一样完成标准错误信念任务——"意外内容"任务，也就是说自闭症儿童无法赋予他人信念。巴龙－库恩（Baron-Cohen，1989）在区分事物表象和本体任务的研究中发现：11岁的自闭症儿童无法完成正常的4岁儿童可以完成的区分事物表象和本体的任务。自闭症儿童意识不到自己所处的心理状态，无法区分对事物的感性认识和理性认识。而关于自闭症儿童的心理理论假设认为：自闭症儿童不能形成正常的社会关系，在言语和非言语交流上都存在明显困难，缺乏想象力，所有这些症状均源自他们心理理论受到损害（桑标，任真，邓赐平，2005）。国内学者桑标等（2005）用5个信念任务测量心理理论能力，比较了12名自闭症儿童和同等语言能力的28名正常儿童的表现，结果表明，自闭症儿童的心理理论质量显著落后于智力正常的儿童。

　　大量研究表明，自闭症儿童心理理论发展水平显著落后于正常儿童。对其原因的解释主要分为两种：一种是心理理论障碍论，认为自闭症是一种领域特殊性的社会缺损，可以解释自闭症儿童的社会功能、交流、想象三个典型缺损以及其他普遍存在的发展障碍；另一种是执行性功能障碍理论和弱的"中心信息整合"理论，认为自闭症主要是一种领域一般性的非社会性缺损。自闭症儿童心理理论发展落后于正常儿童究竟是因为心理理论障碍还是由于执行性功能障碍一直是研究者争论的焦点。巴龙－库恩等提出心理理论的特殊受损理论并通过实验研究证实了自己的理论。任真、桑标等人（2005）的研究也支持心理理论发展的领域特殊性观点。但是随后进行同样实验研究的研究者却没有得出同样的结论（Oswald & Ollendic，1989）。多个实验结果对心理理论特殊领域的模块损坏说提出异议后，心理学者试图通过执行功能和心理理论的关系来解释自闭症儿童心理理论落后的原因，提出了执行功能障碍论，提出者也通过实验研究证实了自己的理论。巴龙－库恩从新的视角把自闭症儿童的心理理论障碍和执行功能障碍结合起来，可以称之为整合的观点。桑标等（2005）也发现社会性的心理理论缺损和非社会性的弱的中心信息整合在自闭症患者身上并存。二者关系的研究成为当前自闭症儿童心理理论研究的热点。关于二者是相互独立还是相互关联的关系也存在争论。哈普（Happé，1994）的实验表明两者是相互独立的。桑标等人（2006）从实验中得出结论：自闭症儿童中心信息整合显著弱于正常儿童，心理理论和中心信息整合相互独立。曹漱芹等（2007）也认为相较于心理理论和执行功能假设，弱的中心统合理论能够较全面、有针对性地解释自闭症的独特的行为表现。哈普（Happé，2001）也认为自闭症儿童弱的中心信息整合和特殊的社会性缺损（心理理论缺损）并存导致了各种障碍。贝斯特等人（Best，Moffat，Power，et al.，2008）也认为心理理论、弱的中心信息整合和执行功能障碍可以作为区分自闭症行为的指标。这方面的研究可能受自闭症儿童语言能力和实际年龄的影响，得出截然不同的结论。在今后的相关研究中应尽量排除言语能力和实际年龄效应来探讨两者的相关问题。

1.2.5.5　心理理论的神经生理机制研究

早期的神经心理学研究指出了导致心理理论损伤的脑区在右半球（Surian & Siegal，2001；Happé，Brownell，& Winner，1999）和额叶（Lough，et al.，2006；Rowe，et al.，2001）。有研究发现，自我意识的生理机制存在于右半球，而额叶则与心理理论的加工有关（Platek，Keenan，Gallup，et al.，2004）；右侧前额叶皮质是自我观点采择和推理他人观点共同激活的区域（Vogeley，Bussfeld，Newen，et al.，2001）。随着研究的深入，对心理理论的脑定位有了更为细化的研究划分，同时也产生了精确定位上的不一致。有研究者（Gallagher & Frith，2003）提出心理理论涉及三个脑部位，即前额叶中部（medial prefrontal cortex，MPFC）、颞极（temporal poles）和颞上沟后部（posterior superior temporal sulcus，STS）。因为颞极和颞上沟后部都属于颞叶侧部，因此，研究者（Frith & Frith，2001）认为心理理论涉及的大脑区域是前额叶中部和颞叶（temporal cortex）。但也有研究者（Saxe，Carey，& Kanwisher，2004）认为与心理理论相关的大脑区域是前额叶中部、颞叶和颞顶联合区（temporo-parietal junction，TPJ）；心理理论能力的发展是由腹内侧前额叶皮质（ventromedial prefrontal cortex，VMPFC）调节的（Happaney，Zelazo，& Stuss，2004），它包括眶额叶皮层（orbitalfrontal cortex，OFC）和前额叶中部。近来，有学者对杏仁核（Stone et al.，2003；Völlm et al.，2006）、前扣带回（anterior cingulate cortex，ACC）（Frith & Frith，2001；Kobayashi，Glover，& Temple，2006），视丘脑下部（Rilling et al，2004）、额叶新皮质和纹状体（Snowden，2003）等进行了研究。

尽管不同的研究在细化的大脑定位方面存在差异，但是整合脑成像研究的结果看，健康成人完成心理理论任务时激活的区域主要位于额叶-顶叶-颞叶神经网络带，集中性的活动出现在前额叶中部、颞顶联合区和颞极。从大的范围来讲，前额叶在心理理论能力的形成和发展中是最为重要的部分。一项关于意图推理的正电子断层扫描技术的研究发现，与完成物理属性推理任务相比，被试在完成非言语心理理论推理任务时，前额叶中部的右侧有显著活动（Brunet，et al.，2000）。特别是梅森等（Mason，Banfield，& Macrae，2004）使用功能性磁共振成像技术来研究人的知识是如何在大脑中进行表征的。研究者向被试呈现一系列动作知识，请被试判断这些动作是人能完成的还是狗能完成的，记录脑成像。结果发现，关于人的行为的判断激活的区域都在前额叶，而活动最明显的区域是右侧额中回中部。研究表明，关于人的知识可能在功能上与关于其他动物的知识相分离，对与人相关的行为做出判断所唤醒的区域与心理理论推理所激活的区域相似。

1.2.5.6 儿童心理理论发展的文化差异

韦曼等（Wellman，et al.，2001）通过元分析比较了不同年龄、不同国家儿童在错误信念任务上的表现，结果发现，尽管儿童通过错误信念的时间点并不相同，但他们大部分在 4 岁左右时能够理解错误信念，表明心理理论的发展具有一定的文化普遍性。但该元分析中涉及的研究样本量较小，且主要集中在欧美儿童错误信念的理解上。这些研究者在随后的一项元分析中比较了 196 名中国儿童与 155 北美儿童（其中，83 名儿童来自美国，72 名儿童来自加拿大）错误信念的理解能力（Liu et al.，2008）。结果发现，不同文化下儿童心理理论具有相似的发展轨迹，但某些特定心理理论能力出现的时间并不相同，而且部分心理理论任务通过的顺序也存在文化差异。具体来说，中国儿童通过错误信念任务的时间晚于西方儿童，加拿大儿童 38 个月时就能顺利地通过错误信念任务，而中国香港地区的儿童在 64 个月时，错误信念任务的正确率才超过机遇水平（Liu et al.，2008）。国内大部分研究也发现儿童通过错误信念任务的平均年龄为 5 岁（隋晓爽，苏彦捷，2003；王益文，张文新，2002；方富熹，Wellman，刘玉娟，等，2009）。另一方面，西方儿童获得心理理论的先后顺序是：意图理解、信念理解、知与不知理解、错误信念理解、伪装情绪的理解，而中国儿童较早理解知与不知，较晚地理解信念（Wellman，Fang，Liu，et al.，2010；Wellman，Fang，& Peterson，2011），这种心理理论获得顺序上的文化特异性同样表现在澳大利亚和伊朗的儿童身上（Shahaeian，Peterson，Slaughter，et al.，2011）。可见，心理理论的获得与发展，不仅具有文化普遍性，也存在文化特异性。

不同研究者从不同的视角来理解心理理论的获得机制。莱斯利等（Leslie，Friedman，& German，2004）认为领域特殊的、先天的模块或成熟的神经机制导致了心理理论的获得；Wellman 等人（2008）则强调儿童早期与心理状态有关的概念的发展对获得心理理论的作用。但是，这些观点更多地关注了心理理论发展的普遍性，对心理理论获得与发展的特异性解释甚少。最近越来越多的研究者从社会交流的角度来解释儿童心理理论获得与发展的个体差异（Carpendale & Lewis，2004；Symons，2004）。

1.3 儿童同伴交往与心理理论关系研究的回顾与展望

1.3.1 儿童同伴交往的影响因素

性别　在青春期之前的同伴交往中存在着性别疏离（sex segregation）的现象，即倾向于偏爱同性同伴并和同性同伴游戏，而避开异性同伴（Fabes，Martin，& Hanish，2004）。由于性别疏离的存在，男孩和女孩可能在各自同伴群体内形成了不同的交往方式，而这些不同的交往方式又为他们提供了不同的社会经验，包括不同的行为模式和互动类型（Rose & Rodolph，2006）。在社会行为发展方面，儿童的攻击行为存在着明显的性别差异。研究者（Whiting & Pope，1973）在七种文化下考察了3～10岁儿童的攻击行为，发现男孩更多参与模拟攻击游戏，相互之间言语侮辱也多于女孩；如果遭受攻击，男孩比女孩更多地反击。但是男孩和女孩在攻击形式上质的差异大于量的差异。研究发现，为了达到最大的伤害效果，女孩会选择关系攻击，因为她们比较重视人际关系，并且还可以通过言语攻击的策略来弥补她们在体质上相对柔弱的缺陷；而男孩会选择外部攻击，然后逐步加入关系攻击（陈英和，崔艳丽，耿柳娜，2004）。一项三年的追踪研究表明，小学三年级的关系攻击不存在性别差异，而六年级的女孩关系攻击显著多于男孩；男孩的身体攻击显著多于女孩（Zimmer-Gembeck，Geiger，& Crick，2005）。横断研究表明，童年中期的儿童，无论男女，来自同性别同伴的积极提名、朋友提名、互选友谊均显著高于来自异性同伴的；而不同性别儿童在消极提名方面存在一致性，男生受到更多的消极提名（吴姝欣，周宗奎，魏华，等，2013）。赵冬梅等人（2008）对3年追踪数据的分析发现，儿童的男生、女生互选友谊数在三年时间内都有显著的增加趋势，并表现出显著的性别差异，儿童与同性的互选友谊数显著多于他们与异性的互选友谊数,男生与女生互选友谊数的增加速度比女生与女生互选友谊数增加速度慢,儿童与男生的互选友谊数越多,他(她)与女生的互选友谊数就越少。

社会技能 社会技能也是影响儿童同伴交往的一个重要因素。社会技能一般是指个体经过学习获得的、在特定社会情境中有效而适当地与他人进行相互交往的活动方式(周宗奎,1996)。研究发现,不同社交地位的儿童对社交目标的选择并无显著差别,而在发动交往时,被拒绝儿童更倾向于借助他人帮助,被忽视和被拒绝儿童比正常儿童更少选择言语沟通和解释策略;被忽视儿童发动交往的有效性低于其他儿童,被拒绝儿童解决冲突的适当性低于受欢迎儿童和一般型儿童(周宗奎,范翠英,2003)。社会技能对四类同伴接纳均有显著预测效应。更具体来说,小学生社会交往技能可以显著预测儿童友谊质量中的陪伴与娱乐、帮助与指导和亲密交流三个维度(莫书亮,段蕾,金琼,等,2010)。

气质 儿童的气质类型也是影响其同伴交往发展的一个重要因素。气质调节理论认为行为能量水平是气质的外部特质,反应性与活动性是与行为能量水平的个体差异有关的气质基本维度。研究指出,高反应性儿童与他人较少合作,坚持性差,怪异行为多;低反应性儿童则善于与他人合作,坚持性强(Strelau,1987)。根据个体反应性水平,个体会选择不同刺激水平的活动。儿童的同伴交往活动具有刺激意义,可以满足一定的个体需要,所以活动性的强弱可以影响儿童的同伴交往活动。有研究者对高中生进行了研究,发现神经系统灵活性与社会活动存在正相关(刘文,杨丽珠,金芳,2006)。我国学者庞丽娟(1991)在研究中发现,在同伴交往中表现出积极友好、性格外向、活泼大胆、爱说话等特点的儿童往往是受欢迎的儿童;脾气大、性子急、易冲动的儿童则容易成为被拒绝儿童;而内向、胆子较小、喜欢独处、不易兴奋与冲动的儿童则容易被同伴所忽视。张岩和刘文(2001)探讨了儿童的气质对儿童同伴关系类型的形成的影响,发现情绪稳定、不易冲动的儿童在同伴中受欢迎;过度的活动、不安静的儿童容易遭到同伴的拒绝,而不爱活动的儿童容易被同伴忽视;高专注性儿童易被同伴接纳、喜爱,而低专注性儿童易被同伴拒绝；被忽视型儿童也具有较高的专注性水平。

情绪、情感　幼儿的情绪、情感也会对其同伴交往产生影响。情绪理解是对情绪状态和情绪调节过程有意识的了解，或是对情绪会产生何种影响的认识（Cicchetti，Ackerman，& Izard，1995）。影响儿童是否能够更好地被同伴所接受的一个重要方面就是理解别人观点的能力。在与他人开始交往之前，个体首先应该判断所选择的交往对象的需求，并在交往过程中了解同伴对自己所采取的交往模式的感受，最终形成与这一同伴的稳定交往模式。研究表明情绪理解能力强的儿童能够很好地识别他人的情绪，能有效地预测他人的行为，从而受到同伴的欢迎（Downs & Smith，2004；赵景欣，申继亮，张文新，2006）。情绪调节是指个体监控与调节对内在情绪过程和外部行为，以适应外界环境的动力过程（孟昭兰，2005）。情感求助、压抑、回避、情绪表露、情绪替代和放松这六种调节策略可以显著预测同伴关系类型；认知应对和哭泣策略这两个预测因素的效应不显著。中学生的情绪调节策略与同伴关系有着密切的关系，积极的调节策略有利于建立和维持良好的同伴关系，消极或不成熟的策略则会给同伴交往带来一定的障碍（郑杨婧，方平，2009）。

认知发展　儿童的认知发展也会对同伴交往产生影响。4～5岁幼儿的社会规则认知（包括道德规则认知和习俗规则认知）与其同伴关系有显著的正相关，社会规则认知得分高的幼儿，其同伴关系的得分也相对较高；社会规则认知得分低的幼儿，其同伴关系的得分也相对较低，且幼儿的社会规则认知水平能够正向预测其同伴关系的水平（周杰，2013）。社会认知复杂性与同伴接受、同伴拒绝、社会喜好、人际交往能力、学业成就之间存在显著相关。社会认知复杂性高的学生获得了较多的同伴接纳和社会喜好、较少的同伴拒绝，并具有较高的人际交往能力和学业成就（张梅，辛自强，林崇德，2011）。另外，陈益（1996）对幼儿解决人际问题的认知技能的训练发现，解决人际问题的认知技能是幼儿成功地进行同伴交往的前提。训练前，解决人际问题的认知技能低的幼儿积极交往行为显著少，消极行为和不交往行为显著多；对认知技能低的儿童进行训练，训练后幼儿的认知技能提高了，积极交往行为也增多了，消极交往行为和不交往行为减少了，同伴的负提名分也减少了。

家庭因素　家庭作为幼儿的主要活动环境，是影响儿童心理发展最直接、最具体的微观环境，是儿童早期社会化的主要场所。因此，在影响儿童同伴交往发展的诸多因素中，家庭也是很重要的一个方面。家庭教育是与家庭生活相融合的，幼儿在家庭生活的过程中会受到潜移默化的影响。纵向研究发现，童年期父母教养的作用影响了中学生对同伴的选择（Collins，Maccoby，Steinberg，et al.，2000）。还有研究发现，主观、客观父母监控水平与中学生的同伴交往情况均有一定程度的相关性。中学生主观感受到的父母监控越多，其消极同伴交往也越多。另外，父母客观监控水平越高，中学生的积极同伴交往越多而消极同伴交往越少，但父母主观监控水平与中学生同伴交往的关系正好相反。客观父母监控水平既能促进中学生的积极同伴交往，也能抑制中学生的消极同伴交往，且预测力强于主观父母监控水平（万晶晶，方晓义，李一飞，等，2008）。另有研究表明，母亲教养方式对幼儿的同伴交往有一定的影响。专制教养方式与幼儿同伴接纳、同伴拒斥分别呈显著的负向、正向相关，权威教养方式与幼儿同伴接纳、同伴拒斥相关不显著，母亲专制教养方式通过幼儿外化行为影响幼儿同伴拒斥（赵金霞，王美芳，2010）。

1.3.2　儿童同伴交往与心理理论的关系

如前所述，早期心理理论的研究集中于探讨学前儿童在通过标准错误信念任务上的年龄差异和修改任务对成绩的影响（Watson et al.，1999）。由于研究结果不一致，研究者开始考察儿童心理理论发展的个体差异及其影响因素。他们开始从社会交往的角度探讨个体心理理论发生、发展的机制和过程，与同伴的交往成为研究者重点之一。

社会文化观（Brunner，1995；Dunn，1988）认为，儿童不能自发获得心理理论，必须通过参与社会活动、成人的教导，以及与同伴的合作才能逐渐获得心理理论（Badenes，2000）。随着年龄的增长，儿童社会活动的范围不断扩大，逐渐发展起一种不同于早期亲子交往（或与其他成人的交往）的特殊交往形式——同伴交往。在与成人的交往中，更多的是成人控制，儿童服从，儿童寻求帮助，成人主动提供帮助，体现的是一种"权威-服从"关系，即垂直关系，双方在心理和地位上具有不平等性；而在与同伴的交往中，儿童彼此间是平等互惠的关系（Hartup，1989）。他们只有理解同伴的想法、意图、情绪等基本心理状态，并据此预测和解释同伴的行为，才能与同伴建立正常友好的交往（Astington & Barriault，2001）。

显然，与同伴间正常友好交往的实现依赖个体对他人的想法、意图和情绪等基本心理状态的理解（心理理论）。关于儿童同伴交往与其心理理论间的关系，研究者做了大量的研究工作，在探讨并证实了同伴交往与心理理论间存在密切联系的基础上，研究者尝试由不同角度解释这一机制，相关研究也因而分化出两大领域：同伴交往对心理理论的影响研究和心理理论对同伴交往的影响研究。

回顾以往的研究，研究者在探讨同伴交往与心理理论间的关系时，对同伴交往变量的选取主要包括同伴接纳、社会行为或社交技能等。

在选取同伴接纳为变量的研究中，研究者通常基于个体的同伴提名情况，将儿童划分为五种不同的同伴关系类型：受欢迎型、被拒绝型、被忽视型、矛盾型和一般型，继而考察各个变量之间的相关。大量研究结果表明，儿童同伴接纳类型与其心理理论水平间存在密切联系。如对 4～6 岁儿童的研究发现，被同伴拒绝的儿童与一般型儿童在各种心理理论任务上表现极为相似，儿童的同伴交往类型与其心理理论间存在相关，且女孩受欢迎的程度与其欺骗能力呈正相关（Badenes，2010）；对 4～6 岁儿童的年龄、心理理论能力、社会偏好和社会影响的相关分析也表明，在控制年龄变量的前提下，社会偏好（或社会影响）和心理理论能力间依然存在显著的相关，受欢迎儿童比被拒绝儿童能够更好地理解他人的心理状态（Slaughter，Dennis，& Pritchard，2002）。

大量研究也证实了社会行为或社交技能与心理理论间的密切联系。研究者指出，儿童行为发生变化的年龄与他们开始通过错误信念任务的年龄相同（Perner，1991；Wellman，1990）。阿斯廷顿等（Astington & Jenkins，1995）明确提出了儿童社会行为与其心理理论水平的联系，他们对 20 名 34～45 个月大的儿童的追踪研究发现，儿童在错误信念任务上的表现能显著预测其角色分配等行为；德纳姆（Denham，1986）通过个别访谈和自然观察法也发现，儿童认知观点采择、情绪认知等与其亲社会行为存在显著相关；国内学者刘明等人（2002）对3～4岁儿童的短期追踪研究也发现，心理理论与个体亲社会行为存在显著正相关，在控制年龄效应后，这一相关依然成立。沃斯顿等人（Watson，Nixon，Wilson，et al.，1999）的研究发现，儿童与同伴间交往的积极程度与其心理理论能力呈正相关，即儿童与同伴间积极交往的频次越高、时间越多，就越有利于儿童心理理论能力的获得和发展。桑标、徐轶丽（2006）的研究发现幼儿心理理论的发展与其游戏情境中的同伴交往行为密切相关，心理理论发展水平不同的儿童，其交往表达与交往敏感不同。

综上所述，同伴交往和心理理论间的联系得到了大量研究的证实，对此，研究者主要从两种不同的角度加以解释。一种解释认为那些同伴交往水平高的儿童，有更多的机会与同伴共同游戏，交流想法观点，参与合作活动，因此能够在此过程中发展他们的心理理论能力，在心理理论任务上的得分也会好于那些缺乏社交经验、同伴交往水平低的儿童。另一种解释则认为心理理论能力好的儿童，能够更好地理解他人的想法、意图和情绪等心理状态，因此，在与同伴的交往中能更好地满足他人的需求，并采取更加有利于交往的言行举止，最终受到更多同伴的喜爱，而那些心理理论能力差的儿童就容易受到同伴的拒绝排斥，其同伴交往水平偏低。基于上述两种不同的理论解释，研究者做了大量的研究工作加以验证，下面介绍其中主要的研究及其结果。

1.3.3　儿童同伴交往与心理理论相关机制的探讨

1.3.3.1　儿童同伴交往对心理理论的影响研究

同伴关系对儿童的发展有着潜在的影响（Ladd，1999）。良好的同伴关系有助于儿童各种知识技能的获得，尤其是社会认知能力的发展。同伴关系本身并不能直接影响儿童的发展，而是通过在这种关系形成过程中的同伴交往活动而产生作用（赵红梅，苏彦捷，2003）。回顾同伴交往对心理理论的影响研究，研究者主要从以下两方面探讨了这一影响机制：不同同伴交往水平变量对心理理论的影响（同伴接纳、社会行为或社会技能）、同伴交往对心理理论影响机制的群体类型差异（性别、年龄及跨文化差异等）。

　　研究者主要选取了同伴接纳、社会行为或社会技能等不同水平的同伴交往指标考察其对心理理论的影响。如，儿童与同伴间的积极交往与其心理理论呈正相关，即与同伴间积极交往的频次高、时间多，则越有利于儿童心理理论能力的获得和发展（Watson，et al.，1999）；和被拒绝儿童相比，受欢迎儿童能够更好地理解他人的心理状态（Slaughter，et al.，2002）；4～6岁被拒绝儿童在欺骗任务和白谎任务上的得分都显著低于受欢迎组和一般组（Badenes，2010）。由此可见，同伴接纳或社交地位对儿童心理理论能力的发展具有重要的影响。巴德尼斯用"厌恶心理"（nasty mind）解释了同伴拒绝儿童的心理理论形成过程：同伴拒绝出现之初，被拒绝儿童的心理理论能力和一般群体并无显著差别，但当同伴拒绝成为一种恶性循环现象时，个体在心理理解上就会逐渐表现出较差的能力，即被拒绝儿童消极的同伴交往经验影响了他们建构心理知识，他们建构的可能是"厌恶心理理论"。显然，巴德尼斯的观点与心理理论的社会文化观的观点一致，强调了社会文化或生活经验对个体心理理论能力发展的影响。需要指出的是，研究者提出，社交地位或不同同伴接纳类型可能只影响儿童心理理论发展的某些方面。如巴德尼斯（Badenes，2000）的研究发现，被拒绝男孩在错误信念理解任务上的得分与受欢迎组和一般组间并不存在显著差异。研究者指出，负性经验可能使儿童对他人的心理状态更敏感，令其更善于察言观色，如受同伴拒绝的欺侮者必须具有较好的社会认知能力和心理理论能力才能控制他人，并应付他人的报复从而保护自己。因此，并非同伴拒绝或社交地位差的儿童心理理论能力就一定差（Sutton，et al.，1999）。

　　在社会行为或社会技能对儿童心理理论的影响研究中，研究者普遍认为，积极的社会行为、良好的社会技能或对游戏特别是假装游戏的积极参与等能促进儿童心理理论能力的发展。如，通过积极的社会行为，个体与他人建立起积极的交往，从而促进其社会理解能力的发展（Cassidy，et al.，2003）；假装游戏中的合作水平预测了个体的社交地位状况，并进而影响其心理理论能力的发展（Howes，et al.，1992，1993）。

　　综上所述，研究者通过选取不同水平的同伴交往变量，探讨并验证了同伴交往对儿童心理理论发展的重要影响。但这一影响机制并非一成不变，研究者通过大量的研究揭示，同伴交往对儿童心理理论的影响存在一定的性别、年龄及跨文化等差异。

巴德尼斯（Badenes，2010）的研究发现，女孩在欺骗和白谎任务中的表现都比男孩好，据此，他们提出女孩的受欢迎性和欺骗他人的能力这两者间可能存在更紧密的联系。帕纳（Perner，et al.，1994）提出，如果儿童不想成为其男性暴力同伴的牺牲品，那么欺骗将是一种需要主动获得的社会技能，即同伴交往的压力促使个体习得相应的社交技能（如欺骗）。作为同伴交往尤其是攻击或暴力行为情境中的弱势群体，为避免成为"牺牲品"，女孩很可能获取较强的欺骗技能。

在同伴交往对心理理论影响的年龄差异方面，主要表现为同伴拒斥对心理理论发展影响的累积效应。如受欢迎儿童比受拒斥儿童在社会认知能力上表现出更高水平，且其差异在年长儿童中（七年级和三年级儿童）表现得更为明显（Deković & Gerris，1994）；对 4～6 岁儿童的研究也发现，被拒绝男孩在 TOM 任务上的表现更差，但这一结果只适用于年长（6 岁）的被拒绝男孩（Badenes，2010）。上述结果表明，由于同伴拒斥的累积效应，在考察同伴交往对心理理论的影响时，被试最好是年长一些的儿童而不是年幼的儿童。以往大量的研究（郑信军，2004；Badenes，2010）也证实，年幼儿童同伴交往与心理理论间并未表现出紧密的联系。

此外，文化因素在儿童同伴交往与心理理论的联系中也扮演了重要的角色。如，不同文化背景下的儿童理解心理状态的能力是一致的，只是由于文化的差异，个体的认识或表达方式可能不同，这一主张与进化论的观点不谋而合（Bartsch & Wellman，1995）。

1.3.3.2 儿童心理理论对同伴交往的影响研究

20 世纪 70 年代以来，儿童同伴关系的研究基本是在一个假设的基础上进行的，即儿童的社会行为会影响其同伴关系的形成（Ladd，1999）。大量的研究共同表明，儿童消极的社会行为是他们被同伴拒绝、孤立和忽略的主要原因（陈欣银，李正云，李伯黍，1994）；积极的社会行为则会使他们受到同伴的欢迎（陈欣银等，1992；Tomada & Schneider，1997）。但近年来，研究者则开始试图从认知能力层面（心理理论）探讨影响儿童同伴关系的原因（Tan-Niam et al.，1998）。研究者主要从以下两方面探讨了这一影响机制：心理理论对同伴交往不同水平变量的影响（同伴接纳、社会行为或社会技能）、心理理论对同伴交往影响机制的群体类型差异。

有研究者（Dockett，1997）考察了3～5岁儿童心理理论水平与其受欢迎程度的关系，结果表明，心理理论解释了幼儿受欢迎程度的绝大多数变异。王争艳等人（2000）对同伴交往的干预训练研究也表明，相比于行为训练和情感训练，认知训练在促进儿童同伴交往水平上效果更明显，提示认知因素与同伴交往间存在更为紧密的联系。

关于儿童心理理论对社会行为的影响，大量研究表明，心理理论水平能显著预测儿童的社会行为（亲社会、攻击行为等）。研究发现，即使控制了年龄因素，心理理论也能显著预测男孩的攻击行为和女孩的亲社会行为，同时，心理理论水平也与男孩的害羞和退缩行为有关（Walker，2005）。此外，有研究者综合采用多种测量方法，探讨了心理理论与社会行为的联系，结果表明，心理理论能力能促进儿童亲社会行为和社会能力的形成，心理理论是儿童积极社会行为的有效预测变量（Cassidy et al.，2003）。

关于心理理论对同伴交往的影响，研究者通过大量的研究提出，儿童心理理论能力对同伴交往有着特殊的影响，并非一成不变，既存在年龄因素的作用，又受到性别差异的影响。如，亲社会行为是儿童社会偏好的最好预测指标，但若考虑到年龄因素的作用后，亲社会行为只是4岁组儿童社会偏好的最佳预测指标，5岁组的最佳预测指标则是心理理论能力，这说明儿童心理理论能力对其同伴接纳程度的影响，是随着儿童年龄的增长而增强的。这一结果也进一步验证了同伴拒斥的累积效应（Badenes，2010；Deković & Gerris，1994）。4～6岁男孩中，只有6岁组男孩的心理理论水平与其同伴接纳程度相关显著；而所有年龄组的女孩的心理理论与其同伴接纳都相关显著（Badenes，2010）。

综上所述，心理理论对儿童同伴交往存在重要的影响，其中包含认知和行为两个层面，具体表现为：儿童理解他人基本心理状态的能力，会影响他们对社会情境觉知的正确程度，从而决定他们的社交行为，并最终间接影响儿童的同伴地位或友谊质量。这与刘明等人（2002）对新入园幼儿的追踪研究结果一致，幼儿只有能认识到他人的意图、情绪、信念和知识等相关心理状态后，才可能对各种社会行为情境有正确的认识，并做出亲社会行为的反应。

1.3.4 儿童同伴交往与心理理论关系研究的局限与不足

考察同伴交往与心理理论间的关系是儿童社会化发展及心理理论研究领域的一个崭新课题。回顾国内外对儿童同伴交往和心理理论的相关研究，为我们更清楚地理解和把握儿童的同伴交往与心理理论的关系提供了大量有意义的结论，但显然研究结论仍存在很大差异。该领域的研究有待于进一步解决的问题主要包括：

（1）心理理论毕生发展观的理论假设多而实证依据少，对个体生命全程不同阶段心理理论的发展特点认识不足。

近年来，研究者围绕心理理论的发生机制、影响因素等问题进行了大量研究，也取得了一定的成果，但这些研究主要集中于4岁左右或学龄前儿童展开，考察的是儿童"有或无"（"质"的层面）心理理论的差异，忽略了儿童心理理论在量上或发展程度上可能存在的差异。儿童在4岁左右获得心理理论后，该能力是否会继续发展呢？一些研究者已经关注并试图探索学龄后心理理论继续发展的状况。弗里曼等人（Freeman，et al.，2000）认为，个体对他人所传达的信息进行心理归因是需要长期不断学习的，解释他人心理是一个永无止境的事情，因此，任何人都无法具备完全解释他人心理的能力。不同的研究也证明了学龄后儿童心理理论的进一步发展（Baron-Cohen et al.，1997；Happé，1994；Baron-Cohen et al.，1999；Liddle & Nettle，2006），主要表现为：获得二级或更高级错误信念；识别和理解社交情境中的失言、反语及幽默；由理解单一心理状态（行为与心理简单的一对一联系）到形成不同理解倾向性。研究者（Happé，1998）甚至发现，老年人在心理理论上的得分高于年轻成年人。由此可见，心理理论是一个毕生发展的过程。但目前有关心理理论毕生发展方面的研究尚处于起步阶段，该领域的理论假设还有待实证研究来证实，因此，有必要扩展研究对象的年龄范围，如考察童年期心理理论的发展及其特点。

（2）在童年期儿童心理理论的研究中，研究工具形式多样，适用年龄范围各不相同，这导致各研究结论间缺乏可比性，新工具的编制成为亟待解决的问题。

韦尔曼和帕纳设计的"错误信念任务"是测量儿童心理理论的经典研究范式，但它以"有"或"无"的方式考察学前儿童是否具有心理理论，无法测量童年期儿童心理理论进一步的发展，即无法从量上确定童年期儿童心理理论的发展水平。研究者新近开发的测量工具，如二级或更高级错误信念任务、失言检测任务等，使用更复杂、难度更大的任务情境有效测量了学龄后儿童心理理论的能力水平，对童年期儿童心理理论的测量具有重要的参考价值。

（3）如何将心理理论的研究推广至生命全程，同时将心理理论研究与儿童青少年的同伴关系、亲子关系和心理健康等方面的研究结合起来，是今后该领域研究的重要发展方向之一（席居哲，2003）。

国内外大量研究表明（郑信军，2004；Badenes，2010；Deković & Gerris，1994），年幼儿童的同伴交往与其心理理论的联系并不紧密，这一方面是因同伴交往对心理理论影响的累积效应所致，另一方面，它提示年幼儿童的同伴交往或同伴关系并不稳定，童年期相对稳定的同伴关系更适合于探讨儿童同伴交往与心理理论的复杂联系。

（4）绝大部分同伴交往与心理理论关系的研究（主要针对幼儿）停留于对两者间相关关系的考察，缺乏对因果机制的探讨。回顾国内外研究，对于个体的同伴交往与其心理理论二者间存在密切联系这一点基本没有疑问，但对关系的本质或其相互作用的因果方向等还存在许多分歧和争议；以往的大多研究属于相关研究范式，并不能确定变量间的因果联系，要真正了解变量间的因果关系只有通过控制得较好的实验研究实现，但相关文献中并无较好的实验研究范式可供借鉴。对此，研究者（Carlson & Moses，2001）提出，需要通过训练研究和长期纵向追踪研究来澄清因果方向的问题。沃斯顿等人（Watson，et al.，1999）也强调了干预和训练研究对于探明因果关系的重要作用。

\ 第二章 \ 儿童同伴交往的发展特点与影响后效：
基于横断、纵向和跨文化研究的视角

2.1 儿童同伴交往的发展特点

2.1.1 问题的提出

同伴交往，是指具有相同或相近社会认知能力的个体间积极主动地相互沟通、交流及表达思想和情感的过程。同伴交往既是儿童社会性发展的重要背景，也是其主要内容。同伴关系领域的研究最早可追溯到 20 世纪 30 年代。由于在儿童青少年的发展和社会适应中起着重要的作用，一直以来，同伴关系都是儿童社会化领域的重要研究对象。欣德（Hinde，1987）提出，儿童同伴交往的研究可以从以下四个不同的层次水平进行：个体特征水平、人际交互水平、双向关系水平和群体水平。这四个层次分别代表了不同程度的社交复杂性，且彼此间互相联系、互相影响。已有研究表明，同伴交往能有效影响儿童青少年的心理和行为（陈欣银等，1994）。具体而言，被同伴拒绝的儿童比其他儿童更孤独（Cassidy & Asher，1992），同伴接受性与孤独感之间存在显著负相关（俞国良等，2000）；友谊质量较差的儿童青少年具有更强烈的孤独感体验（周宗奎，孙晓军，赵冬梅，等，2005）；被同伴拒绝的儿童社交焦虑水平显著高于其他儿童（周宗奎，范翠英，2001）；同时，社交自我知觉也能显著预测儿童的孤独感体验，社交自我知觉水平越高的儿童孤独感体验越低（周宗奎，孙晓军，等，2005）。这些研究共同表明，个体、双向关系和群体水平的社交自我知觉、友谊质量和同伴接纳，都能有效地预测儿童的孤独感水平。

同伴关系的稳定性是指同伴关系在一定时间间隔前后的发展变化状况（Jiang & Cillessen，2005）。测量同伴关系的稳定性需要追踪同一批儿童，采用同一方法反复测量，最后计算相关系数。同伴关系的稳定性有短期和长期之分，3个月以内为短期，3个月到1年左右为长期。研究者以短期稳定性确定指标检验测量方法的可靠性，用长期稳定性反映同伴关系的发展规律（Mouton，Blake，& Fruchter，1955）。

回顾同伴关系研究的历史令我们更清楚地理解和把握儿童的同伴关系，但同时，该领域的研究也存在一定的问题：综合考察友谊、同伴接纳等同伴关系的研究较少。一方面，该领域的研究对友谊关系变量不够重视。另一方面，这些研究往往是分别考察同伴接纳、友谊和社会行为的发展趋势；而同伴交往是一个多层次的概念，同伴接纳、友谊和社会行为的发展趋势应该作为同伴交往这个整体的一部分一起探究。

本章主要目的是探讨同伴交往的发展特点，检验童年期同伴交往发展的稳定性，并基于上述结果，阐明童年期同伴交往与心理理论关系研究的重要价值。本章的研究采用多层线性模型考察同伴交往各水平变量（亲社会行为、攻击行为、同伴评定和友谊质量）的发展趋势，重点考察童年期儿童同伴交往的发展稳定性。结合以往研究结论和相关文献的分析，我们提出了以下的研究假设：童年期同伴交往随着年龄的增长表现出特定的发展趋势（如亲社会行为增加、同伴接纳程度增强等）；童年期的同伴交往表现出较高的稳定性。

2.1.2　研究方法

被试为武汉市一所小学的三年级和四年级学生。研究者分别于2006年12月、2007年12月和2008年12月进行三次测量，选取三次测量均参与的儿童为本研究的被试，被试具体情况见表 2-1-1。

表 2-1-1　被试具体情况

年级	施测时间	最小	最大	平均	男	女	小计
3	T1	7.94	10.54	9.05	69	52	121
4	T1	8.85	11.05	10.08	66	59	125
总计					135	111	246

研究工具

同伴评定（peer rating）　给儿童提供一份班级名单，要求他们根据对本班其他同学的喜欢程度进行 1 到 6 分的评定，若非常不喜欢某同学打 1 分，若非常喜欢某同学则打 6 分，并将被试所得的同伴评定分求平均值，以此作为被试所得的同伴评定分，反映同伴对被试的喜欢程度。

友谊质量问卷（friendship quality questionnaire）　采用友谊质量问卷（Parker & Asher，1993）的简表，共 18 个项目。量表评价与最好朋友的友谊质量，包括肯定与关心、帮助与指导、陪伴与娱乐、亲密袒露与交流、冲突解决策略、冲突与背叛这六个友谊维度，该量表为五点量表（完全不符、不太符合、有点符合、比较符合和完全符合，分别记为 0～4 分），要求被试按照和最好朋友之间的实际情况作答。将冲突与背叛的项目反向计分后，再将 18 个项目得分相加得到友谊质量总分，得分越高，表明友谊质量越好。

班级戏剧量表（class play）　应用班级戏剧量表，此量表被认为是测量儿童社会行为方面信度、效度较高的工具。量表包括六个维度：社交/领导性（亲社会）、受欺侮、消极/孤立、被排斥、关系攻击和外部攻击。本研究将选用其中的亲社会、关系攻击和外部攻击作为社会行为的指标，采用回译程序得到中文项目。测试时，首先发给每个儿童一本小册子，其中包括描述各种行为的一系列"角色"（如"某个人是个好领导"）以及全班同学的名单，当主试读完有关一个"角色"的描述后，每个儿童都在自己的小册子上选取一个或几个最能扮演这一"角色"的人并打上钩。当所有的"角色"被勾好后，每个儿童被同学提名的次数就是他/她在各个项目上的得分。最后计算各维度所有项目的平均分，得到儿童社会行为各维度的得分。

数据处理

由经过培训的心理学专业研究生主持，采用团体施测的方式进行。施测时以班级为单位，由主试讲明要求，解释指导语，必要时给予个人指导以确保被试正确理解问卷。本研究所有数据的录入和管理由 Filemaker6.0 完成，数据的统计和分析分别由 SPSS10.5、LISREL8.30 和 HLM6.0 进行。主要进行相关分析、验证性因素分析及多层线性模型分析。

2.1.3　研究结果

2.1.3.1　测量工具的信度、效度检验

（1）社会行为测量的信度、效度分析。

考察社会行为量表中亲社会、关系攻击和外部攻击维度的内部一致性信度（Cronbach's α 系数）分别为 0.954、0.965 和 0.939，高丁 0.70 的推荐值，说明测量具有较高的信度。

采用验证性因素分析的方法来考察测量的结构效度，分别比较虚模型（单指标潜变量）、单因素模型、两因素模型和六因素模型的拟合度。由表 2-1-2 可知，六因素模型对数据的拟合是最佳的，90% 的 RMSEA 置信区间估计为 0.061～0.081，GFI、IFI、CFI、NNFI 都高于或等于 0.90，卡方与自由度的比值小于 3，而虚模型、单因素模型和两因素模型对于数据的拟合很差，各指数均未达到临界值。以上结果验证了社会行为量表的六因素结构，表明测量具有较高的结构效度。

表 2-1-2　社会行为测量的验证性因素分析结果

	χ^2	df	χ^2/df	RMSEA	GFI	IFI	CFI	NNFI
虚模型	22635.01	666						
单因素模型	10265.88	629	16.32	0.15～0.16	0.32	0.42	0.42	0.35
两因素模型	6152.94	628	9.80	0.16～0.17	0.57	0.61	0.61	0.59
六因素模型	1663.38	614	2.71	0.061～0.081	0.90	0.92	0.92	0.90

注：RMSEA 为 90% 的置信区间估计，下同。

（2）友谊质量测量的信度、效度分析。

考核友谊质量量表各维度的内部一致性信度时，Cronbach's α 系数都在 0.80 左右，高于 0.70 的推荐值，说明测量具有较高的信度。

采用验证性因素分析的方法考察友谊质量测量的结构效度，分别比较虚模型、单因素模型、两因素模型（积极友谊质量和消极友谊质量维度，即将前五个维度的因子合并）和六因素模型的拟合度。由表 2-1-3 可知，六因素模型对于数据的拟合是最佳的，90% 的 RMSEA 置信区间估计为 0.055～0.071，GFI、IFI、CFI、NNFI 都在 0.90 左右，卡方与自由度的比值小于 3，而单因素模型和三因素模型对于数据的拟合相比而言差很多，各拟合指数基本均未达到临界值。以上结果验证了友谊质量测量的六因素结构，表明测量具有较高的结构效度。

表 2-1-3　友谊质量量表的验证性因素分析结果

	χ^2	df	χ^2/df	RMSEA	GFI	IFI	CFI	NNFI
虚模型	1696.05	153						
单因素模型	512.81	135	3.80	0.073～0.088	0.88	0.77	0.77	0.74
两因素模型	442	134	3.30	0.066～0.081	0.90	0.79	0.79	0.76
六因素模型	325.39	120	2.71	0.055～0.071	0.92	0.90	0.90	0.86

此外，本研究对社会喜好的施测采用的是同伴提名的方法，这一方法在国内外被广泛运用（Warman & Cohen，2000；Uruk & Demir，2003），得到研究者的一致认可，表明同伴提名法具有较高的信度和内容效度。

2.1.3.2　同伴交往各水平变量的发展特点及其稳定性检验

为考察童年期同伴交往各变量的发展的稳定性，本研究将深入分析儿童同伴交往各变量随时间发展的特点，进而阐述其发展的稳定性。这一过程主要通过多层线形模型（HLM）的方法实现。

（1）同伴评定分的发展趋势。

同伴评定分的发展趋势研究通过描述统计量和统计图观察同伴评定分随时间的发展趋势以及这种发展趋势在个体之间的差异。首先从 246 名被试中随机抽取 60 名儿童，描述他们三次测试的同伴评定分的发展特点，如图 2-1-1。

从 T1 到 T3，儿童的同伴评定分随时间有上升的趋势，但是并不是所有儿童都随时间有上升趋势，个体之间上升的速度也不完全相同。另外，由表 2-1-4 可以看出，在 T1 到 T3 这一段时间内，个体的同伴评定分从 3.054 上升到 3.125，标准差则随时间变小，从 1.015 下降到 0.947，表明个体间的差异在缩小。三次的同伴评定分间存在极其显著的相关。

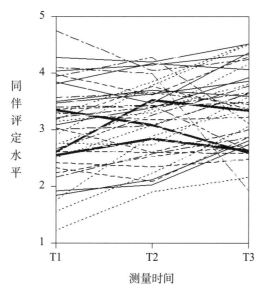

图 2-1-1　60 个儿童同伴评定分随时间的发展特征

表 2-1-4　同伴评定分三次测量的描述统计量

	T1	T2	T3
T1	1.000		
T2	0.782**	1.000	
T3	0.747**	0.751**	1.000
M	3.054	3.082	3.125
SD	1.015	0.985	0.947

注：*$p < 0.05$；**$p < 0.01$，下同。

此处的同伴评定分是重复测量的数据，基于这种情况，同一个儿童的不同次的测量由于受到同一儿童共同特征的影响，有较大的相似性，可以将它们看成是有嵌套结构的数据，可以用多层线性模型对数据进行分析。第一水平模型描述个体随时间的变化趋势，第二水平模型描述个体之间的变化差异。

多层线形模型对数据的处理通常依据模型的复杂程度分三次定义模型：模型 1 为无条件均值模型（即零模型），模型 2 为无条件增长模型，模型 3 为全模型（即含有第二水平预测变量的模型）。结合研究目的（探讨同伴交往各变量的发展稳定性），本研究只选择前两个模型。

模型 1：无条件均值模型（零模型）

第一水平方程为：

$$Y_{ij} = \pi_{0i} + \varepsilon_{ij}$$

第二水平方程为：

$$\pi_{0i} = \gamma_{00} + \mu_{0i}$$

其中 Y_{ij} 表示第 i 个学生第 j 次测量的同伴评定的观测值，模型假设学生同伴评定分随时间呈线性变化的趋势。与传统回归方程相比，这里的截距参数 π_{0i} 多了个下标 i，用来描述不同个体的不同截距，也就是说，这里的同伴评定随时间发展的截距不再是一个常数，而是一个随个体变化的随机变量。ε_{ij} 表示第一水平测量的随机误差，多层线性模型的标准假设是 ε_{ij}，服从均值为 0，方差为 δ_ε^2 的正态分布。

该模型将总的变异分解为个体内和个体之间两个部分，用来检验个体之间是否存在变异，以及计算个体之间变异在总变异中的比例，它是后面模型分析的基础。如果个体之间的变异不显著，则说明没有必要对数据进行多水平的分析了。

在无条件均值模型中，固定部分参数估计结果表明，三次测量的总体平均值的估计值为 3.088。从随机部分的参数估计结果也可以看出，个体之间存在显著的变异（方差 = 0.694，$\chi^2 = 1256.38$，$df = 245$，$p < 0.001$）。另外，可以通过个体间变异在总变异中所占的比例来描述个体内观测之间的相关，即跨级相关，个体之间变异占总变异的比例为：$0.694/(0.694 + 0.264) \approx 0.724$，说明个体之间变异占总变异的 72.4%。

模型 2：无条件增长模型

第一水平方程为：

$$Y_{ij} = \pi_{0i} + \pi_{1i}(time) + \varepsilon_{ij}$$

其中 Y_{ij} 和 π_{0i} 与零模型中所代表的意义一样，斜率参数 π_{1i} 用来描述不同的个体有不同斜率，也就是说，同伴评定分随时间发展的截距和斜率是一个随个体变化的随机变量。在模型中用学生的测量次数减去 1（即 T1、T2、T3 三个测量点对应为 0、1、2），是为了使得截距的解释更有意义。这里的截距（即取值为 0 时）表示 T1 时儿童的同伴评定分。

第二水平方程为：

$$\pi_{0i} = \gamma_{00} + \mu_{0i}$$
$$\pi_{1i} = \gamma_{10} + \mu_{1i}$$

其中 γ_{00} 和 γ_{10} 分别表示截距和斜率的整体均值，用来描述总体的变化趋势，随机部分 μ_{0i} 和 μ_{1i} 表示截距和斜率的残差。

总之，在无条件增长模型中，第一水平是用来描述个体随时间的线性变化趋势，第二水平用来解释个体之间增长参数截距和斜率的差异。

无条件增长模型的参数估计结果见表 2-1-5。从固定部分的参数估计结果可以看出，初始状态即 T1 时（2006 年）儿童同伴评定分的平均值为 3.082，由 T1 到 T3，同伴评定分呈上升趋势，但是未达到显著水平（$\gamma_{10} = 0.047$，$SE = 0.061$，$p > 0.05$）。

从随机部分的参数估计结果可以看出，第一水平的截距和斜率均存在显著的个体间差异（$\tau_{00} = 2.487$，$\chi^2 = 1351.475$，$p = 0.000$；$\tau_{11} = 0.875$，$\chi^2 = 1015.517$，$p < 0.001$）。说明初始状态学生的同伴评定分存在显著的个体间的差异，并且从 T1 到 T3 这三年中，个体同伴评定分的发展变化也存在显著的个体间差异。

表 2-1-5　同伴评定分的无条件增长模型参数估计结果

固定部分	系数	标准误	t 值	p 值
γ_{00}	3.082	0.112	15.17	0.000
γ_{10}	0.047	0.061	1.185	0.341
随机部分	方差	卡方	自由度	p 值
μ_{0i}	2.487	1351.475	332	0.000
μ_{1i}	0.875	1015.517	342	0.000

同时，截距和斜率的协方差 $\tau_{01} = 0.076$，说明截距和斜率之间存在正相关，即初始同伴评定分较高的学生，在 T1 到 T3 这三年期间，同伴评定分的上升速度相对较快。

（2）友谊质量的发展趋势。

友谊质量的发展趋势研究通过描述统计量和统计图，观察友谊质量随时间的发展趋势以及这种发展趋势在个体之间的差异。首先从 246 名被试中随机抽取 60 名儿童，描述他们三次测试的友谊质量的发展特点，如图 2-1-2。从 T1 到 T3，儿童的友谊质量随时间有上升的趋势，但是并不是所有儿童都随时间有上升趋势，个体之间上升的速度也不完全相同。另外，从表 2-1-6 可以看出，在 T1 到 T3 这一段时间内，个体的友谊质量从 13.514 上升到 15.127，标准差则随时间越来越小，从 3.752 下降到 3.708，表明个体间的差异在缩小。三次测量的友谊质量间存在极其显著的相关。

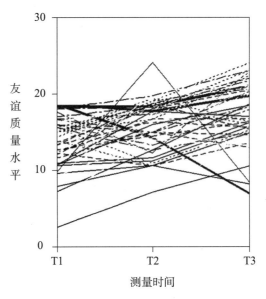

图 2-1-2　60 个儿童友谊质量随时间的发展特征

表 2-1-6　友谊质量三次测量的描述统计量

	T1	T2	T3
T1	1.000		
T2	0.685**	1.000	
T3	0.704**	0.711**	1.000
M	13.514	14.320	15.127
SD	3.752	3.733	3.708

类似地，通过无条件均值模型和无条件增长模型对友谊质量的发展趋势进行探讨。

模型 1：无条件均值模型（零模型）

第一水平方程为：

$$Y_{ij} = \pi_{0i} + \varepsilon_{ij}$$

第二水平方程为：

$$\pi_{0i} = \gamma_{00} + \mu_{0i}$$

在无条件均值模型中，固定部分参数估计结果表明，三次测量的总体平均值的估计值为 14.320。从随机部分的参数估计结果也可以看出，个体之间存在显著的变异（方差 = 1.245，χ^2 = 1551.48，df = 245，$p <$ 0.001）。另外，可以通过个体间变异在总变异中所占的比例来描述个体内观测之间的相关，即跨级相关，个体之间变异占总变异的比例为：1.245/（1.245 + 1.082）≈0.535，说明个体之间变异占总变异的 53.5%。

模型 2：无条件增长模型

第一水平方程为：

$$Y_{ij} = \pi_{0i} + \pi_{1i}（\text{time}）+ \varepsilon_{ij}$$

第二水平方程为：

$$\pi_{0i} = \gamma_{00} + \mu_{0i}$$

$$\pi_{1i} = \gamma_{10} + \mu_{1i}$$

第一水平是用来描述个体随时间的线性变化趋势，第二水平用来解释个体之间增长参数截距和斜率的差异。

　　无条件增长模型的参数估计结果见表 2-1-7。从固定部分的参数估计结果可以看出，初始状态即 T1 时儿童友谊质量的平均值 γ_{00} 为 13.521，由 T1 到 T3，友谊质量呈上升趋势，但是未达到显著水平（$\gamma_{10} = 0.032$，$SE = 0.084$，$p > 0.05$）。

　　从随机部分的参数估计结果可以看出，第一水平的截距和斜率均存在显著的个体间差异（$\tau_{00} = 0.985$，$\chi^2 = 1551.744$，$p = 0.000$；$\tau_{11} = 0.753$，$\chi^2 = 1225.603$，$p = 0.000$）。说明初始状态学生的友谊质量存在显著的个体间的差异，并且从 T1 到 T3 这三年中，个体友谊质量的发展变化也存在显著的个体间差异。

表 2-1-7　友谊质量的无条件增长模型参数估计结果

固定部分	系数	标准误	t 值	p 值
γ_{00}	13.521	1.112	18.47	0.000
γ_{10}	0.032	0.084	0.958	0.573
随机部分	方差	卡方	自由度	p 值
μ_{0i}	0.985	1551.744	332	0.000
μ_{1i}	0.753	1225.603	342	0.000

　　同时，截距和斜率的协方差 $\tau_{01} = 0.093$，说明截距和斜率之间存在正相关，即初始友谊质量较高的学生，在 T1 到 T3 这三年期间，友谊质量的上升速度也相对较快。

　　（3）亲社会行为的发展趋势。

　　亲社会行为的发展趋势研究通过描述统计量和统计图观察亲社会行为随时间的发展趋势以及这种发展趋势在个体之间的差异。首先从 246 名被试中随机抽取 60 名儿童，描述他们三次测试的亲社会行为的发展特点，如图 2-1-3。从 T1 到 T3 儿童的亲社会行为随时间有上升的趋势，但是并不是所有儿童都随时间有上升趋势，个体之间上升的速度也不完全相同。另外，从表 2-1-8 可以看出，在 T1 到 T3 这一段时间内，个体的亲社会行为从 1.973 上升到 1.982，标准差则随时间越来越大，从 3.138 增加到 3.760，表明个体间的差异加大。三次测量的亲社会行为间存在极其显著的相关。

表 2-1-8　亲社会行为三次测量的描述统计量

	T1	T2	T3
T1	1.000		
T2	0.851**	1.000	
T3	0.780**	0.852**	1.000
M	1.973	1.979	1.982
SD	3.138	3.488	3.760

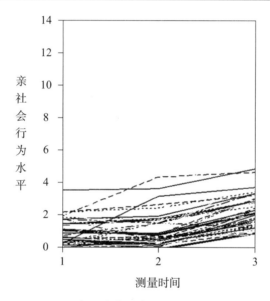

图 2-1-3　60 个儿童亲社会行为随时间的发展特征

类似地，通过无条件均值模型和无条件增长模型对亲社会行为的发展趋势进行探讨。

模型 1：无条件均值模型（零模型）

第一水平方程为：

$$Y_{ij} = \pi_{0i} + \varepsilon_{ij}$$

第二水平方程为：

$$\pi_{0i} = \gamma_{00} + \mu_{0i}$$

在无条件均值模型中，固定部分参数估计结果表明，三次测量的总体平均值的估计值为 1.978。从随机部分的参数估计结果也可以看出，个体之间存在显著的变异（方差 $= 0.985$，$\chi^2 = 1124.81$，$df = 245$，$p < 0.001$）。另外，可以通过个体间变异在总变异中所占的比例来描述个体内观测之间的相关，即跨级相关，个体之间变异占总变异的比例为：$0.985/（0.985 + 0.518）\approx 0.655$，说明个体之间变异占总变异的 65.5%。

模型 2：无条件增长模型

第一水平方程为：

$$\mathrm{Y}_{ij} = \pi_{0i} + \pi_{1i}（\text{time}）+ \varepsilon_{ij}$$

第二水平方程为：

$$\pi_{0i} = \gamma_{00} + \mu_{0i}$$

$$\pi_{1i} = \gamma_{10} + \mu_{1i}$$

第一水平是用来描述个体随时间的线性变化趋势，第二水平用来解释个体之间增长参数截距和斜率的差异。

无条件增长模型的参数估计结果见表 2-1-9。从固定部分的参数估计结果可以看出，初始状态即 T1 时儿童亲社会行为的平均值 γ_{00} 为 1.971，由 T1 到 T3，亲社会行为呈上升趋势，但是未达到显著水平（$\gamma_{10} = 0.037$，$SE = 0.084$，$p > 0.05$）。

从随机部分的参数估计结果可以看出，第一水平的截距和斜率均存在显著的个体间差异（$\tau_{00} = 1.251$，$\chi^2 = 1074.833$，$p = 0.000$；$\tau_{11} = 0.984$，$\chi^2 = 1253.257$，$p = 0.000$）。说明初始状态学生的亲社会行为存在显著的个体间的差异，并且从 T1 到 T3 这三年中，个体亲社会行为的发展变化也存在显著的个体间差异。

表 2-1-9　亲社会行为的无条件增长模型参数估计结果

固定部分	系数	标准误	t 值	p 值
γ_{00}	1.971	0.112	11.45	0.000
γ_{10}	0.037	0.084	1.304	0.423

续表

随机部分	方差	卡方	自由度	p 值
μ_{0i}	1.251	1074.833	332	0.000
μ_{1i}	0.984	1253.257	342	0.000

同时，截距和斜率的协方差 $\tau_{01}=1.004$，说明截距和斜率之间存在正相关，即初始亲社会行为较高的学生，在 T1 到 T3 这三年期间，亲社会行为的上升速度相对较快。

（4）外部攻击的发展趋势。

外部攻击的发展趋势研究通过描述统计量和统计图观察外部攻击随时间的发展趋势以及这种发展趋势在个体之间的差异。首先从 246 名被试中随机抽取 60 名儿童，描述他们三次测试的外部攻击的发展特点，如图 2-1-4。从 T1 到 T3，儿童的外部攻击随时间有上升的趋势，但是并不是所有儿童都随时间有上升趋势，个体之间上升的速度也不完全相同。另外，从表 2-1-10 可以看出，在 T1 到 T3，个体的外部攻击从 1.667 上升到 1.747，标准差则随时间越来越大，从 2.997 增加到 3.522，表明个体间的差异在加大。三次测量的外部攻击间存在极其显著的相关。

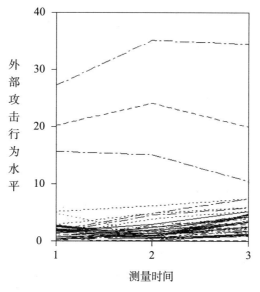

图 2-1-4 60 个儿童外部攻击行为随时间的发展特征

表 2-1-10　外部攻击三次测量的描述统计量

	T1	T2	T3
T1	1.000		
T2	0.896**	1.000	
T3	0.767**	0.909**	1.000
M	1.667	1.694	1.747
SD	2.997	3.367	3.522

类似地，通过无条件均值模型和无条件增长模型对外部攻击的发展趋势进行探讨。

模型 1：无条件均值模型（零模型）

第一水平方程为：

$$Y_{ij} = \pi_{0i} + \varepsilon_{ij}$$

第二水平方程为：

$$\pi_{0i} = \gamma_{00} + \mu_{0i}$$

在无条件均值模型中，固定部分参数估计结果表明，三次测量的总体平均值的估计值为 1.703。从随机部分的参数估计结果也可以看出，个体之间存在显著的变异（方差 = 1.421，χ^2 = 1658.88，df = 245，$p < 0.001$）。另外，可以通过个体间变异在总变异中所占的比例来描述个体内观测之间的相关，即跨级相关，个体之间变异占总变异的比例为：1.421/（1.421 + 0.847）≈0.627，说明个体之间变异占总变异的 62.7%。

模型 2：无条件增长模型

第一水平方程为：

$$Y_{ij} = \pi_{0i} + \pi_{1i}（time）+ \varepsilon_{ij}$$

第二水平方程为：

$$\pi_{0i} = \gamma_{00} + \mu_{0i}$$

$$\pi_{1i} = \gamma_{10} + \mu_{1i}$$

第一水平是用来描述个体随时间的线性变化趋势，第二水平用来解释个体之间增长参数截距和斜率的差异。

无条件增长模型的参数估计结果见表 2-1-11。从固定部分的参数估计结果可以看出，初始状态即 T1 时儿童外部攻击的平均值 γ_{00} 为 1.667，由 T1 到 T3，外部攻击呈上升趋势，但是未达到显著水平（$\gamma_{10} = 0.038$，$SE = 0.080$，$p > 0.05$）。

从随机部分的参数估计结果可以看出，第一水平的截距和斜率均存在显著的个体间差异（$\tau_{00} = 1.403$，$\chi^2 = 1515.711$，$p = 0.000$；$\tau_{11} = 1.325$，$\chi^2 = 1225.813$，$p = 0.000$）。说明初始状态学生的外部攻击存在显著的个体间的差异，并且从 T1 到 T3 这三年中，个体外部攻击的发展变化也存在显著的个体间差异。

表 2-1-11　外部攻击的无条件增长模型参数估计结果

固定部分	系数	标准误	t 值	p 值
γ_{00}	1.667	0.363	18.24	0.000
γ_{10}	0.038	0.080	1.008	0.392
随机部分	方差	卡方	自由度	p 值
μ_{0i}	1.403	1515.711	332	0.000
μ_{1i}	1.325	1225.813	342	0.000

同时，截距和斜率的协方差 $\tau_{01} = 0.081$，说明截距和斜率之间存在正相关，即初始外部攻击较高的学生，在 T1 到 T3 这三年期间，外部攻击的上升速度相对较快。

（5）关系攻击的发展趋势。

关系攻击的发展趋势研究通过描述统计量和统计图观察关系攻击随时间的发展趋势以及这种发展趋势在个体之间的差异。首先从 246 名被试中随机抽取 60 名儿童，描述他们三次测试的关系攻击的发展特点，如图 2-1-5。从 T1 到 T3 儿童的关系攻击随时间有上升的趋势，但是并不是所有儿童都随时间有上升趋势，个体之间上升的速度也不完全相同。另外，由表 2-1-12 可以看出，在 T1 到 T3 这一段时间内，个体的关系攻击从 1.339 上升到 1.405，标准差则随时间越来越大，从 1.837 增加到 2.376，表明个体间的差异在加大。

三次测量的关系攻击间存在极其显著的相关。

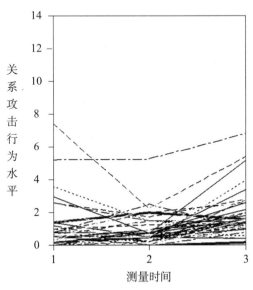

图 2-1-5　60 个儿童关系攻击行为随时间的发展特征

表 2-1-12　关系攻击三次测量的描述统计量

	T1	T2	T3
T1	1.000		
T2	0.793**	1.000	
T3	0.611**	0.823**	1.000
M	1.339	1.372	1.405
SD	1.837	2.171	2.376

类似地，通过无条件均值模型和无条件增长模型对关系攻击的发展趋势进行探讨。

模型 1：无条件均值模型（零模型）

第一水平方程为：

$$Y_{ij} = \pi_{0i} + \varepsilon_{ij}$$

第二水平方程为：

$$\pi_{0i} = \gamma_{00} + \mu_{0i}$$

在无条件均值模型中，固定部分参数估计结果表明，三次测量的总体平均值的估计值为 1.372。从随机部分的参数估计结果也可以看出，个体之间存在显著的变异（方差 = 0.904，χ^2 = 1426.47，df = 245，$p < 0.001$）。另外，可以通过个体间变异在总变异中所占的比例来描述个体内观测之间的相关，即跨级相关，个体之间变异占总变异的比例为：0.904/（0.904 + 0.388）≈0.700，说明个体之间变异占总变异的 70.0%。

模型 2：无条件增长模型

第一水平方程为：

$$Y_{ij} = \pi_{0i} + \pi_{1i}(\text{time}) + \varepsilon_{ij}$$

第二水平方程为：

$$\pi_{0i} = \gamma_{00} + \mu_{0i}$$

$$\pi_{1i} = \gamma_{10} + \mu_{1i}$$

第一水平是用来描述个体随时间的线性变化趋势，第二水平用来解释个体之间增长参数截距和斜率的差异。

无条件增长模型的参数估计结果见表 2-1-13。从固定部分的参数估计结果可以看出，初始状态（截距）即 T1 时儿童关系攻击的平均值 γ_{00} 为 1.341，由 T1 到 T3，关系攻击呈上升趋势，但是未达到显著水平（γ_{10} = 0.077，SE = 0.097，$p > 0.05$）。

从随机部分的参数估计结果可以看出，第一水平的截距和斜率均存在显著的个体间差异（τ_{00} = 1.414，χ^2 = 1653.208，$p = 0.000$；τ_{11} = 1.521，χ^2 = 1521.304，$p = 0.000$）。说明初始状态学生的关系攻击存在显著的个体间的差异，并且从 T1 到 T3 这三年中，个体关系攻击的发展变化也存在显著的个体间差异。

表 2-1-13　关系攻击的无条件增长模型参数估计结果

固定部分	系数	标准误	t 值	p 值
γ_{00}	1.341	0.148	18.41	0.000
γ_{10}	0.077	0.097	1.210	0.388

续表

随机部分	方差	卡方	自由度	p 值
μ_{0i}	1.414	1653.208	332	0.000
μ_{1i}	1.521	1521.304	342	0.000

同时，截距和斜率的协方差 $\tau_{01} = 0.073$，说明截距和斜率之间存在正相关，即初始关系攻击较高的学生，在 T1 到 T3 这三年期间，关系攻击的上升速度相对较快。

2.1.4　关于儿童同伴交往发展特点的讨论

本研究以童年期同伴交往的各水平变量为因变量，建构多层线性模型，通过考察各变量是否存在显著的增长或下降趋势，确定童年期同伴交往的稳定性特点。

对于同伴评定分，描述性统计图和统计表的结果表明，T1～T3 的同伴评定分三次测量间存在显著的高相关，且从 T1 到 T3，个体的同伴评定分呈现出上升的趋势。多层线性模型的分析结果则表明，由 T1 到 T3，个体的同伴评定分的上升趋势虽然存在个体间的差异，但总体而言，上升趋势并不显著，说明同伴评定分具有相对的稳定性，这与以往研究的结果是一致的。如鲁宾（Rubin，Raver，& Leadbeater，1998）的研究发现，儿童同伴接纳（受欢迎性）的发展表现出较高的稳定性，纵向研究结果显示，受欢迎儿童和一般的儿童具有中度的稳定性，被拒绝儿童则具有高度的稳定性。此外，国内学者周宗奎等人（2006）的以儿童同伴交往相关变量为中心的研究也发现，三年级、四年级儿童获得的积极提名、消极提名、受同伴欺负、消极／孤立分数在两年之内呈现出较高的固定性。上述研究结果说明，儿童同伴交往的特征一旦出现，将会一直稳定地持续下去，即同伴交往的稳定性主要是由它自身的特征维持的。赵冬梅（2007）区分了同伴评定者的性别特征，描述性统计和多层线性模型的分析结果都表明：儿童所得的男、女同伴评定分在这三年期间都有显著的上升趋势，这说明男生和女生对其同伴的喜欢程度在这三年中都有显著的增加，或者说儿童在这三年期间都越来越受同伴喜欢。另外，儿童所得的同性同伴评定分都显著高于他们所得的异性同伴评定分。同样地，研究者也证实了性别疏离现象的存在。研究发现，年幼的男孩和女孩都强烈地表现出对同性同伴的偏好（Fabes et al.，2003）。不仅如此，他们较少花时间与异性同伴游戏。一项对小学六年级儿童的研究也得到了类似的结果。研究者认为，男孩和女孩对同性同伴的评价都高于异性同伴的原因可能是同性同伴比异性同伴更符合他们的社会需要，并且同性同伴比异性同伴有更大的强化价值。此外，赵冬梅（2007）还发现，儿童初始所得的女生评定分对儿童所得的女生评定分对三年来的变化速度没有显著的预测作用。但是，这一趋势存在着显著的性别差异——男生所得的女生评定分在这三年的增加速度比女生快。对于这一结果，笔者认为，一方面是统计导致的。因为在她的研究中，儿童对同性同伴的喜爱胜于异性同伴，女生似乎表现得有点偏激，她们对同性同伴和异性同伴的评定分数差距比较大，男生相对温和些，他们对同性同伴和异性同伴的评定分数差距相对较小，而评定分的最高分不能超过6，所以女生对男生评定分数增加的余地就会大于男生对女生评定分增加的余地。另一方面，或许是随着年龄的增长，同伴之间的相互了解越来越全面深刻，再加上男生的外部攻击行为有所抑制，而他们其他的一些品质越来越受到女孩的认可和喜欢，所以相对女生对女生的评定分而言，女生对男生的评定分增加得比较快。

对于友谊质量，T1～T3的友谊质量三次测量间也存在显著的高相关，由T1到T3，个体的友谊质量得分呈现上升的趋势，但多层线性模型的分析结果表明，这一上升趋势在统计学上并不显著，即T1～T3的三次测量上，个体的友谊质量保持高度稳定。以往绝大多数研究的结果都表明，友谊具有一定的稳定性。如，对高中生互选友谊稳定性进行的两年的追踪研究表明，时间1是互选友谊而时间2仍然是互选友谊的被试占58.4%（Barry & Wentze，2006）；在学期开始时和学期末的朋友提名中，54%的低年级儿童和76%的高年级儿童在两次都提名了相同的朋友（Berndt & Hoyle，1985）；周宗奎等人（2006）的研究也表明，互选朋友数和友谊质量在两年内分别表现出高度和中度程度的稳定性。依据友谊发展阶段的划分，小学儿童尤其是高年级儿童，其友谊发展处于亲密的共享阶段，这一阶段的友谊具有强烈的排他性和独占性，已表现出一定的稳定性。但一项对小学三年级、四年级儿童的三年追踪研究（赵冬梅，2008）发现，小学儿童与男生、女生的互选友谊数量在三年间都有显著的上升趋势，随着儿童年龄的增长，他们不断壮大自己的朋友网络。同时，儿童与同性同伴的互选友谊数量显著多于他们跟异性同伴的互选友谊数，而且，从儿童所得的男、女同伴评分增长趋势之间的关系来看，两类同伴评分三次测量的均值之间存在显著的正相关——受男生喜欢的儿童也会受女生喜欢。而即使在控制了性别和年级的影响后，两类同伴评定分的截距之间也依然显著正相关，即初始儿童所得的男生评定分越高，他／她所得的女生评定分也越高。该结果表明，在童年中后期，男孩和女孩喜欢的同伴类型比较一致，或者说儿童身上的品质或特点如果受到男孩喜欢，同样也受到女孩喜欢，并且儿童所得的男、女同伴评分之间存在共生关系，这说明互选友谊数和同伴评定分是同伴关系中两个不同的维度，该研究中的被试没有像格斯特（Gest，Graham，& Hartup，2001）所认为的那样混淆了友谊和群体关系。

对于亲社会行为，从统计图和统计表的描述性结果可知，T1～T3的亲社会行为三次测量间存在显著的高相关，且由T1到T3，呈现出上升的趋势，但多层线性模型的分析结果表明，其上升趋势并未达到统计学上的显著性。以往大量研究表明，学前儿童的社会行为表现出较大的差异性，发展极其不稳定，但随着年龄的增长，儿童的社会行为日趋稳定（Eisenberg，1992；庞丽娟等，2001）。研究者发现，学龄儿童的互助和合作等积极行为并不随儿童年龄的增长而增多，有的甚至出现减少的趋势（李伯黍，1990；王美芳，庞维国，1997b）。国外的研究则发现，从小学低年级以后，分享、助人和其他亲社会行为越来越普遍（Eisenberg & Fabes，1998；Underwood & Moore，1982b；Whiting & Edwards，1988）。研究者还探讨了亲社会行为的性别差异。虽然人们通常认为，女孩比男孩更（或逐渐变得更）乐于助人、慷慨或富有同情心，但实证研究发现，尽管女孩报告的助人、安慰、分享等亲社会行为经常多于男孩，但二者间的差异并不大（Eisenberg & Fabes，1996），而且也不是在所有情景中都存在这种差异（Grusec，Goodnow，& Cohen，1996）。此外，人们认为女孩比男孩更关心别人的幸福，善于用面部表情和语言表达更强烈的同情（Hasting et al.，2000）。但当面对一个痛苦的人时，男孩的心理唤醒程度和女孩差不多（Eisenberg & Fabes，1998）。研究者发现，男孩比女孩更不合作、更爱竞争。如，一项研究发现，到童年中期，男孩比女孩更多地在游戏中做一些妨碍别人获得奖励的事，即使别人表现如何根本不会对他们获得的奖励产生影响（Roy，Benenson，& Lilly，2000）。

同样，在攻击行为上统计图表的描述性结果反映，无论外部攻击或关系攻击，T1～T3 的三次测量间均存在显著的高相关，且都呈现出随时间上升的趋势，但多层线性模型分析的结果揭示，外部攻击的上升趋势不显著，这与以往的研究结论一致（Vitaro，Brendgen，& Barker，2006），但本研究中，并未发现关系攻击行为的显著增长。研究者指出，伴随个体社会认知能力的不断发展，社会性攻击或关系攻击逐渐成为个体最基本的攻击策略，即个体的关系攻击行为应表现出不断增长的趋势，本研究虽然也发现了这一增长的趋势，但并未验证其统计学的显著性意义。是否关系攻击行为的发展存在关键年龄段，在此之前只表现为量变的积累？对于这一问题，还有待进一步的研究继续探讨。孙晓军等人（2013）对 430 名小学三年级到五年级儿童进行了为期一年的调查，研究将攻击行为的发展区分成四种不同的模式——持续高攻击、持续低攻击、先高后低和先低后高，在此基础上分析了攻击行为的不同发展轨迹。结果发现，攻击行为是可以改变的，并非所有高攻击性的儿童都会一直保持较高的攻击性，生活经验的作用或者教育的介入都可以在一定程度上改变儿童的攻击性。研究者（August，Egan，& Realmuto，2003）对较高攻击性的儿童进行了四年的干预研究，通过改善儿童的同伴关系来改变攻击性的发展轨迹，结果表明接受干预的儿童比控制组儿童对同伴表现出了更少的攻击性行为。此外，国外有关学前期儿童攻击性在实验室、看护中心等不同情境下的年龄变化的研究发现：一般性的脾气暴躁在学前期减弱，4 岁后就不再普遍；武力反抗行为的发生率（攻击性）在 2 岁到 3 岁达到高峰，学前期逐渐下降。但是，儿童 3 岁后对挑衅行为的报复性反应倾向急剧增加；攻击性随年龄增长发生变化的方式至少有两种：2 岁到 3 岁的儿童可能打、咬、踢对方。这个年龄段儿童间的争吵大多是关于玩具和所有物的，攻击通常是工具性的。大一点的幼儿园儿童以及小学低年级儿童表现出的身体攻击逐渐减少，取而代之的是嘲弄、奚落、散布谣言或是叫一些贬损性的绰号。虽然大多数年长儿童的争执很有工具性目的（例如拿到玩具），但他们那些敌意性质的活动（主要意图在于伤害别人）比率逐渐提高。

整个童年期，身体攻击和其他形式的反社会行为（例如不服从）持续减少，儿童逐渐能熟练地用友善的方式解决争执（Loeber & Stouthamer-Loeber，1998）。虽然工具性攻击和其他形式的任性行为减少了，但是敌意攻击（特别是男孩间的）呈现出随年龄增长而增长的趋势。对此，研究者的解释是：年长儿童更精通于承担角色，能更精确地推断别人的动机和意图（Hartup，1974）。

总之，童年期同伴交往各水平变量都表现出了一致的发展特点：总体呈现良性发展趋势，但发展趋势并不显著。本研究中同伴交往各变量总体上保持了较高的发展稳定性，相比于学前儿童不稳定的同伴交往状况，基于童年期同伴交往变量的进一步数据处理和相关问题的探讨更具实践与理论指导意义。

2.1.5　关于儿童同伴交往发展特点的小结

同伴评定分的发展趋势：从 T1 到 T3 的各个时间点，同伴评定分呈现上升的趋势，但未达到显著性水平，初始同伴评定分及其上升趋势在个体间存在显著差异。

友谊质量的发展趋势：从 T1 到 T3 的各个时间点，友谊质量呈现上升的趋势，但未达到显著性水平，初始友谊质量及其上升趋势在个体间存在显著差异。

亲社会行为的发展趋势：从 T1 到 T3 的各个时间点，亲社会行为呈现上升的趋势，但未达到显著性水平，初始亲社会行为及其上升趋势在个体间存在显著差异。

外部攻击的发展趋势：从 T1 到 T3 的各个时间点，外部攻击呈现上升的趋势，但未达到显著性水平，初始外部攻击及其上升趋势在个体间存在显著差异。

关系攻击的发展趋势：从 T1 到 T3 的各个时间点，关系攻击呈现上升的趋势，但未达到显著性水平，初始关系攻击及其上升趋势在个体间存在显著差异。

总之，同伴交往各水平变量都表现出了一致的发展特点：总体发展趋势（上升）不显著，但存在显著的个体间差异。因此，本研究中同伴交往各变量总体上保持了较高的发展稳定性，基于此变量的进一步数据处理和相关问题的探讨更具实践与理论指导意义。

2.2 儿童同伴交往与孤独感的关系

2.2.1　问题的提出

孤独和孤立是不同的，一些人过着与世隔绝的生活，却能发现隐居的乐趣，而一些人经常与他人交往，却仍体验到孤独。一般来说，孤独是对社会关系问题的一种消极情感体验（Uruk & Demir，2003）。尽管研究者对孤独感有多种形式的描述，但最常见的定义是：孤独是一种不愉快的情绪体验，当一个人的社会关系网络比预期的更小或更令人不满意时，孤独感就产生了（Peplau & Perlman，1984）。换句话说，当个体的人际交往需要在其社交网络内得不到满足时，就会出现这种缺失感。孤独感体验常常是情境性的，存在的时间较短。然而，有些人在许多场合下都能频繁地体验到孤独感，这样，孤独就会发展成为一种长期的人格特征（Nilsson et al.，2006）。尽管孤独感是一种痛苦的情绪体验，但它是一种有价值的信号，表明个体的人际关系在某些重要的方面存在缺陷。在同伴交往中产生的孤独感，是儿童在同伴群体中感到不安的重要指标（周宗奎、范翠英，2001）。

在以往关于同伴接纳与孤独感的研究中，研究者一般用社会测量法获得儿童的同伴接纳性水平，然后按一定的标准将儿童划分为五类：受欢迎型、矛盾型、一般受欢迎型、被忽视型以及被拒绝型（Coie，Dodge，& Coppotelli，

1982）。阿舍等（Asher，Hymel，& Renshaw，1984）考察孤独与社交地位的关系，以了解同伴接纳性较低的儿童是否比同伴接纳性较高的儿童更孤独或体验到更多的社交不满。结果发现，三年级到六年级不受欢迎的儿童报告了显著高于受欢迎儿童的孤独感。在随后的一项研究（Asher & Wheeler，1985）中，他们区分了不受欢迎儿童的子群体：被忽视型和被拒绝型儿童。被拒绝型儿童是最孤独的群体，而被忽视型儿童的孤独感与其他社交地位较高的儿童的孤独感没有显著差异。同伴接纳性较低的儿童体验到较高的孤独感，这一结论得到多项研究的支持。这些研究的被试有幼儿园到小学一年级的儿童（Cassidy & Asher，1992），有三年级到六年级的小学儿童（Crick & Ladd，1993），以及六年级到八年级的青少年早期儿童（Parkhurst & Asher，1992）。这些研究表明，即使是幼儿园的儿童也能察觉到在同伴群体内的交往困难，并体验到在学校遭同伴拒绝的不愉快感（Cassidy & Asher，1992）。国内也有较多研究对该领域做了探讨。周宗奎等（2006）的研究表明，儿童的孤独感与其同伴关系的相关非常显著，不受欢迎的儿童确实比其他儿童的孤独感更强；周宗奎、孙晓军等人（2005）的研究也发现，儿童的同伴接受性与孤独感间存在显著的负相关；周宗奎等人（2001）的研究表明，儿童的孤独感是按受欢迎儿童、一般型儿童、被忽视型儿童、被拒绝型儿童的顺序递增的，儿童的社交地位越不利，其孤独感就越强。

总之，国内外研究者在同伴接纳水平与孤独感的关系方面做了大量的实证研究，发现二者有显著的相关，并且儿童的社交地位不同，其孤独感也有差异。

在学校里，许多儿童和青少年与其同伴难以形成和维持友谊关系。友谊充满感情色彩，为双方提供亲密交流与坦露的机会，有助于消除儿童的孤独感。然而，那些同伴接纳性较低的儿童，每天去学校上学，看不到一个对自己来说很特别的人或者不能加入同伴群体的活动，他们会有强烈的孤独感（Asher，1990）。研究者（McWhirter，1990）认为，在青少年中孤独是最痛苦的而又很常见的，它与种种反社会行为（如吸毒、逃学、偷窃以及故意破坏等）相关（Brennan，1982）。有研究者（Parker & Asher，1993）的研究表明，除了较低的同伴接纳性外，只有少数几个朋友或者甚至没有朋友的儿童，他们的社交需要得不到满足，这会导致孤独感的产生。研究发现，对与异性或同性的友谊不满的青少年报告的孤独感高于对其感到满意的青少年，并且亲密朋友的数量越多孤独感水平就越低（Demir，1990）。其他研究（Uruk & Demir，2003；McVilly，Stancliffe，Parmenter et al.，2006）也表明，青少年的孤独感随着对同性和异性友谊的满意度的增加而下降。研究还发现，孤独感与自我坦露（Chelune et al.，1980；Franzoi & Davis，1985）、亲密交流（Chelune et al.，1980；Uruk & Demir，2003）有显著的负相关。周宗奎、孙晓军等（2005）的研究表明，儿童的友谊质量与孤独感间存在显著的负相关；邹泓（1998）的研究也表明，没有最好朋友的中学生显然比有最好的朋友的中学生更为孤独，并且友谊质量的不同维度对孤独感的不同侧面的预测作用也是不同的。相对来说，国内对友谊与孤独感的研究较少，这方面的研究有待进一步加强。

辛自强、池丽萍（2003）研究表明，儿童的外部问题行为通过社会喜好和社会影响两个中介变量实现对孤独感的间接影响，其直接作用不显著，而内部问题行为则直接影响孤独感。在此基础上，他们提出，在同伴交往过程中，外部问题行为较多的儿童是因为被同伴拒绝或不被同伴喜欢而感到孤独，而内部问题行为较多的儿童却是"主动"闭锁自己，加之他们往往比较敏感，孤独体验的"阈限"较低，因而报告出更高的孤独感。可见，儿童社会行为、同伴关系、社交自我知觉及孤独感间存在着密切的联系，这一领域的研究有待进一步加强。

回顾同伴关系研究的历史，儿童社会行为对其同伴关系的影响研究，以及同伴关系对其后期适应的影响研究是同伴关系研究中的两大经典领域。大量研究表明，儿童的同伴关系与其后期适应（学校适应和心理适应）间也存在显著的关系，具体而言，同伴接纳能显著预测儿童后期良好的学校适应及心理健康，儿童体验到更少的孤独感和社交焦虑，而同伴拒绝则往往预测了儿童不良的学校适应及不健康的心理，儿童体验到更多的孤独感和社交焦虑。

这些研究为我们理解和把握儿童的同伴关系提供了大量有意义的结论，

但同时，该领域的研究也存在一定的问题。长期以来，围绕同伴关系与心理适应的研究主要集中在同伴关系中的同伴接纳这一层面（邹泓，1997），社会行为与同伴关系的研究也是如此。然而，同伴接纳与友谊在儿童的社会性发展中有着不同的功能，二者在儿童的心理适应中所起的作用也不同。具有积极社会行为的儿童是否一定同伴接纳性较高，并且友谊质量也较高，而表现出消极社会行为的儿童是否一定被同伴的拒绝，并且友谊质量也较低呢？同时，心理适应与同伴接纳、与友谊的关系是否一致？这些问题都有待进一步的探讨。因此，有必要考察友谊与社会行为及其与孤独感间的联系。其次，社交自我知觉的作用未受充分重视。社交自我知觉作为儿童同伴经历个体水平的指标，对孤独感具有重要意义。以往的研究普遍表明，相比儿童的同伴接纳和友谊质量，社交自我知觉对孤独感预测效力最大。但相比儿童同伴接纳和友谊质量的研究，社交自我知觉的研究很少，因此有必要加强。最后，社会行为、同伴关系、社交自我知觉及孤独感的关系研究较少。研究表明，儿童的社会行为影响同伴关系，积极的社会行为往往与同伴接纳相关显著，而消极社会行为则导致同伴拒绝；同时同伴接纳与孤独感间存在显著的负相关。因此，研究者往往据此做出推论，认为拥有积极社会行为的儿童，其同伴接纳性较高，因此体验到更低的孤独感；而拥有消极社会行为的儿童往往遭受同伴的拒绝，并进而导致其体验到更高的孤独感。这种推论是否合适还有待进一步的研究证实，而目前该领域研究较少，有必要进行深入的探讨。

另一方面，纵向研究的结果表明，儿童社会行为、同伴关系、社交自我知觉与孤独感间存在相互预测的作用。儿童友谊质量和社交自我知觉在控制了其他变量的作用后，与孤独感存在显著的交叉滞后效应，即前测的友谊质量和社交自我知觉能显著预测后测的孤独感；而前测孤独感也能显著预测后测的友谊质量和社交自我知觉（周宗奎，赵冬梅，陈晶，等，2003）。

基于以上论述，本节重点关注儿童社会行为、同伴关系、社交自我知觉与孤独感的关系。通过前文可知，社会行为与同伴关系、同伴关系与孤独感间存在一定的预测作用。前人的研究表明，社会行为与同伴关系呈正相关，而与孤独感呈负相关；同伴关系与孤独感则呈负相关。当社会行为、同伴关系（社会喜好、友谊质量）与孤独感间彼此影响显著时，可以推测同伴关系为社会行为与孤独感变量间的中介变量。同时，笔者所在的研究小组做过一项研究表明，社交自我知觉是同伴关系（社会喜好、友谊质量）和孤独感间的中介变量（周宗奎，孙晓军，赵冬梅等，2005），因此，社会行为与孤独感间可能存在多重中介的作用。对这种多重中介作用的检验有利于研究者清晰、深入地认识社会行为、同伴关系、社交自我知觉和孤独感的内在联系，从而为制定孤独的干预策略提供重要的理论基础。

以下是本研究的主要假设：

假设一：儿童的社会行为对同伴关系和社交自我知觉具有显著的解释力。具体而言，具有积极社会行为的儿童其同伴接纳性较高，友谊质量也较高，同时，其主观体验的社交自我知觉也较高，而具有消极社会行为的儿童其同伴接纳性、友谊质量及社交自我知觉都较低。

假设二：儿童的社会行为对孤独感具有显著预测力。具有积极社会行为的儿童体验到的孤独感较低，而具有消极社会行为的儿童，其体验到的孤独感较高。

假设三：社会喜好、友谊质量、社交自我知觉能显著预测其孤独感水平。

假设四：儿童的社会行为通过同伴关系的多重中介作用影响其孤独感。

假设五：在控制了社交自我知觉的影响后，社会行为、社会喜好、友谊质量与孤独感间的相互作用关系会发生变化。

2.2.2　研究方法

本研究主要探讨、分析儿童社会行为、同伴关系、社交自我知觉与孤独感间的内在联系。整个研究分为两个部分：第一部分为横断研究设计，这部分的研究通过对国内研究数据的分析、建模、模型比较，构建儿童社会行为、同伴关系、社交自我知觉及孤独感的内部模型；第二部分为纵向研究设计，这部分的研究在第一部分研究的基础上通过控制对孤独感具有独特（最大）预测作用的社交自我知觉的影响，进一步探讨社会行为、同伴关系与孤独感的相互作用关系。

测量工具

同伴提名（peer nomination） 给儿童提供一份班级名单表，要求他们选出自己在班内最喜欢的 3 个同学和最不喜欢的 3 个同学。然后，将每个学生获得的最喜欢和最不喜欢的提名数除以班级的总人数，分别得到积极提名和消极提名的比例，二者之差表示社会喜好，即受欢迎程度，作为被试同伴接纳性的指标。这种计分方法得到了研究者的认可，具有较高的效度（Warman & Cohen，2000）。

友谊质量问卷 同 2.1.2 节。

儿童自我知觉量表（the perceived competence scale for children） 该量表包含四个维度：社交自我知觉、认知自我知觉、运动技能自我知觉和一般自我知觉。本研究只选用社交自我知觉这一维度。该量表给被试同时呈现两个描述性的句子，首先要求被试确定他／她更符合哪一句的描述，然后再确定他／她是有点符合该描述还是完全符合，分别记为 1～4 分。计算该维度所有项目总分的平均分，得到儿童的社交自我知觉分。

儿童孤独量表（children's loneliness scale） 采用阿舍等人 1984 年编制的专用于三年级到六年级学生的儿童孤独量表，该量表包括 16 个关于孤独的项目（10 条指向孤独，6 条指向非孤独）和 8 个关于个人爱好的插入项目（为使被试在回答时放松一些），因子分析表明插入项目与负荷于单一因子上的 16 个项目无关。计算 16 个项目的平均分（反向计分的题目先要进行转换），得到儿童的孤独感得分，得分越高，表示孤独感越强。这一计分方法在国内外都被广泛采用（俞国良等，2000；Schwatz et al.，2000；Warman & Cohen，2000；温忠麟等，2004）。

班级戏剧量表 同 2.1.2 节。

方法与统计

本研究主要采用提名法和问卷法。全部数据由 SPSS10.5 和 LISREL8.30 进行统计分析。使用 SPSS10.5 进行多元方差分析、相关分析及部分描述统计；使用 LISREL8.30 进行验证性因素分析、路径分析及模型比较。

2.2.3　研究结果

2.2.3.1　横断研究结果

本研究中所有数据均来自华中师范大学和孟菲斯大学合作的儿童社会化研究数据库。本研究选取了 2004 年 6 月的施测数据，被试为武汉市一所小学四年级到六年级的学生。

本研究的主要目的是考察当综合控制社会行为、社会喜好、友谊质量、社交自我知觉间的相互影响后，它们各自对孤独感的预测作用。

（1）测量工具的信、效度分析。

考察社会行为量表各维度的内部一致性信度，Cronbach's α 系数基本都在 0.90 以上（消极退缩为 0.791），高于 0.70 的推荐值，说明测量具有较高的信度。

采用验证性因素分析的方法来考察测量的结构效度，分别比较虚模型（单指标潜变量）、单因素模型、两因素模型（外部攻击、关系攻击、受欺负、消极/孤立和被拒绝因子合并）和六因素模型的拟合度。从表 2-2-1 可知，六因素模型对于数据的拟合是最佳的，90% 的 RMSEA 置信区间估计为 0.061～0.081，GFI、IFI、CFI、NNFI 都高于或等于 0.90，卡方与自由度的比值小于 3，而虚模型、单因素模型和两因素模型对数据的拟合很差，各指数均未达到临界值。这验证了社会行为量表的六因素结构，表明测量具有较高的结构效度。

表 2-2-1　社会行为测量的验证性因素分析结果（37 个项目，N＝430）

	χ^2	df	χ^2/df	RMSEA	GFI	IFI	CFI	NNFI
虚模型	22635.01	666						
单因素模型	10265.88	629	16.32	0.15～0.16	0.32	0.42	0.42	0.35
两因素模型	6152.94	628	9.80	0.16～0.17	0.57	0.61	0.61	0.59
六因素模型	1663.38	614	2.71	0.061～0.081	0.90	0.92	0.92	0.90

注：RMSEA 为 90% 的置信区间估计，下同。

同样考核友谊质量量表各维度的内部一致性信度，Cronbach's α 系数都在 0.80 左右，高于 0.70 的推荐值，说明测量具有较高的信度。

同样采用验证性因素分析的方法考察友谊质量测量的结构效度，分别比较虚模型、单因素模型、两因素模型（积极友谊质量和消极友谊质量维度，即将前五个维度的因子合并）和六因素模型的拟合度。由表 2-2-2 可知，六因素模型对数据的拟合是最佳的，90% 的 RMSEA 置信区间估计为 0.055～0.071，GFI、IFI、CFI、NNFI 都在 0.90 左右，卡方与自由度的比值小于 3，而单因素模型和三因素模型对数据的拟合要差很多，各拟合指数基本均未达到临界值。这验证了友谊质量测量的六因素结构，表明测量具有较高的结构效度。

表 2-2-2　友谊质量量表的验证性因素分析结果（18 个项目，N = 430）

	χ^2	df	χ^2/df	RMSEA	GFI	IFI	CFI	NNFI
虚模型	1696.05	153						
单因素模型	512.81	135	3.80	0.073～0.088	0.88	0.77	0.77	0.74
两因素模型	442	134	3.30	0.066～0.081	0.90	0.79	0.79	0.76
六因素模型	325.39	120	2.71	0.055～0.071	0.92	0.90	0.90	0.86

考察社交自我知觉测量的内部一致性信度，Cronbach's α 系数为 0.78，高于 0.70 的推荐值，说明测量具有较高的信度。

采用验证性因素分析的方法考察社交自我知觉测量的结构效度，分别比较虚模型、单因素模型和两因素模型（分别将正向计分和反向计分题各归为一个维度）的拟合度。从表 2-2-3 可以很容易地发现，单因素模型对于数据的拟合是最佳的，90% 的 RMSEA 置信区间估计为 0.034～0.076，GFI、IFI、CFI、NNFI 都在 0.90 左右，卡方与自由度的比值小于 3，而两因素模型对于数据的拟合较差，各指数基本均未达到临界值。这验证了社交自我知觉测量的单因素结构，表明测量具有较高的结构效度。

表 2-2-3　社交自我知觉量表的验证性因素分析结果（6 个项目，N = 430）

	χ^2	df	χ^2/df	RMSEA	GFI	IFI	CFI	NNFI
虚模型	288.92	15						
单因素模型	25.53	9	2.84	0.034～0.076	0.98	0.93	0.93	0.89
两因素模型	24.70	8	3.09	0.046～0.11	0.91	0.86	0.86	0.81

在本研究中，对社会喜好的施测采用的是同伴提名的方法，这一方法广泛运用于国内外研究中（Warman & Cohen，2000；Uruk & Demir，2003），研究者一致认为同伴提名法具有较高的信度和内容效度。

孤独感测量的内部一致性信度分析表明，Cronbach's α 系数为 0.939，高于 0.70 的推荐值，说明孤独感的测量具有较高的信度；同时，阿舍等人所编制的专用于三年级到六年级儿童的孤独感量表也得到了国内外学者的广泛运用（俞国良、辛自强等，2000；Schwatz et al.，2000；Warman & Cohen，2000；温忠麟等，2004），受到研究者的一致认可，这表明该测量具有较高的内容效度。

（2）儿童社会行为、同伴关系、社交自我知觉与孤独感的相关。

横断研究中社会行为六个维度分数（社交/领导性、外部攻击、关系攻击、受欺侮、消极/孤立、被排斥）同伴关系两个指标（社会喜好、友谊质量，其中友谊质量包括肯定与关心、陪伴与娱乐、帮助与指导、冲突解决、亲密袒露及冲突与背叛六个维度）、社交自我知觉及孤独感间的相关见表 2-2-4。

由表 2-2-4 可知，孤独感除了和外部攻击及关系攻击相关不显著外，与其他所有变量均存在显著的相关，其中，与社交/领导性、社会喜好、社交自我知觉、友谊质量的积极维度（肯定与关心、陪伴与娱乐、帮助与指导、冲突解决、亲密袒露）具有显著负相关，而与受欺侮、消极/孤立、被排斥及友谊质量的消极维度（冲突与背叛）则存在显著的负相关；社会喜好和所有变量间存在显著相关，其中，和社交/领导性、社交自我知觉、友谊质量的积极维度均为显著正相关，而与外部攻击、关系攻击、受欺侮、消极/孤立、被排斥、友谊质量消极维度及孤独感则为显著负相关；社交自我知觉与社交/领导性、社会喜好及友谊质量积极维度存在显著正相关，而与受欺侮、被排斥、友谊质量消极维度及孤独感存在显著负相关；社会行为与友谊质量的绝大多数变量间也存在显著相关。

结果表明，儿童社会行为、同伴关系、社交自我知觉及孤独感间存在广泛的相关。同时，各问卷的 Cronbach's α 均大于推荐值（0.70），表明其信度较高。

表 2-2-4　儿童社会行为、同伴关系、社交自我知觉与孤独感的相关矩阵（N = 430，T2）

| | M | SD | 社会行为（0.942） | | | | | | | 7 社会喜好 | 8 社交自我知觉 |
			1 社交/领导性	2 外部攻击	3 关系攻击	4 受欺侮	5 消极/孤立	6 被排斥			
1	0.016	1.016	(0.954)								
2	0.048	1.013	0.019	(0.965)							
3	0.008	1.014	0.123***	0.858***	(0.939)						
4	0.007	1.015	-0.052	0.532***	0.518***	(0.961)					
5	0.004	1.016	0.028	0.255***	0.314***	0.592***	(0.791)				
6	-0.006	1.003	-0.137**	0.592***	0.531***	0.913***	550***	(0.920)			
7	0.0008	0.099	0.375***	-0.698***	-0.549***	-0.636***	-0.263***	-0.735***			
8	2.750	0.506	0.194***	-0.077	0.038	-0.103*	-0.086	-0.167**	0.182***	(0.781)	
9	3.635	1.009	0.240***	0.037	0.069	-0.051	-0.043	-0.090	0.134**	0.278***	
10	4.153	0.948	0.189***	-0.092	-0.058	-0.166**	-0.069	-0.219***	0.242***	0.258***	
11	3.758	0.975	0.143**	-0.002	0.023	-0.106*	-0.035	-0.138***	0.166**	0.206***	
12	3.926	1.041	0.184***	-0.042	0.024	-0.143**	-0.065	-0.163**	0.174***	0.213***	
13	3.735	1.062	0.175***	0.040	0.083	-0.090	0.005	-0.133**	0.152**	0.241***	
14	0.833	0.958	-0.075	-0.164**	0.110*	0.058	0.016	0.076	-0.124*	-0.189***	
15	1.803	0.802	-0.240***	0.057	-0.059	0.193***	0.179***	0.251***	-0.218***	-0.577***	

| | M | SD | 友谊质量（0.781） | | | | | | 15 孤独感 |
			9 肯定与关心	10 陪伴与娱乐	11 帮助与指导	12 冲突解决	13 亲密袒露	14 冲突与背叛	
9			(0.727)						
10			0.603***	(0.752)					
11			0.531***	0.546***	(0.754)				
12			0.438***	0.499***	0.405***	(0.763)			
13			0.533***	0.590***	0.568***	0.467***	(0.816)		
14			-0.163**	0.232***	-0.099*	-0.156**	-0.096	(0.795)	
15			-0.287***	-0.283***	-0.232***	-0.308***	-0.255***	0.235***	(0.939)

注：*$p < 0.05$；**$p < 0.01$；***$p < 0.001$，下同。括号内数据为各量表的内部一致性系数。

（3）儿童社会行为、同伴关系、社交自我知觉与孤独感的年级和性别差异。

由于本研究中各因变量（社会行为各维度、社会喜好、友谊质量各维度、社交自我知觉、孤独感）之间存在显著相关，所以不应通过多次方差分析来对年级和性别的差异进行检验，这一过程应通过 MANOVA 进行多元方差分析来完成。多元方差分析的检验统计量通常用威尔克斯的 Λ，得到的是精确的 F 值。首先考虑全模型，结果表明年级和性别的交互效应不显著（$\Lambda = 0.896$，$F = 1.414$，$df = (30 \quad 754)$，$p = 0.071$）。然后设置非饱和模型，即除去不显著的交互效应项，结果显示年级和性别的主效应都显著（表 2-2-5）。进一步采用一元方差分析来对年级和性别的主效应进行检验。

表 2-2-5　年级和性别差异的多元方差分析结果（非饱和模型）

	Λ	F	df		p
年级	0.884	1.609	30	758	0.022*
性别	0.768	7.636	15	379	0.000***

对年级效应进行 post hoc 检验，结果表明，年级只在社交自我知觉和友谊质量的冲突与背叛维度上主效应显著。在社交自我知觉上，五年级学生的得分显著高于四年级学生的得分（$M_{五年级} = 2.850$，$M_{四年级} = 2.641$，$SE = 0.069$，$p < 0.01$）；而在冲突与背叛维度上，六年级学生得分显著高于四年级学生得分（$M_{六年级} = 0.958$，$M_{四年级} = 0.694$，$SE = 0.116$，$p < 0.05$）。年级对各因变量变异的贡献见表 2-2-6。

对性别主效应的进一步分析表明，男生和女生分别在外部攻击、消极 / 孤立和亲密袒露维度上得分存在显著差异。在外部攻击上，男生得分显著高于女生［$M_{男生} = 0.077$，$M_{女生} = -0.176$，$F(1, 393) = 8.002$，$p < 0.01$，$\eta^2 = 0.020$］；消极 / 孤立维度上，女生得分则要显著高于男生得分［$M_{男生} = -0.240$，$M_{女生} = 0.274$，$F(1, 393) = 26.85$，$p < 0.001$，$\eta^2 = 0.064$］；而在亲密袒露维度上，女生得分同样要显著高于男生得分［$M_{男生} = 3.542$，$M_{女生} = 3.975$，$F(1, 393) = 16.58$，$p < 0.001$，$\eta^2 = 0.040$］。性别对各因变量变异的贡献见表 2-2-6。

（4）儿童社会行为、同伴关系、社交自我知觉与孤独感的结构方程模型分析。

从相关分析的结果可知，本研究中涉及的所有变量间均存在显著的相关，这就满足了中介效应检验的前提条件（温忠麟等，2004；辛自强、池丽萍，2003），同时，文献综述部分提到，儿童社会行为与同伴关系的研究基本是在这样一个假设的基础上进行的，即儿童的社会行为会影响其同伴关系的形成（Ladd，1999），而儿童的同伴关系又能显著预测其孤独感体验（Asher et al.，1984；俞国良、辛自强等，2000；Bush & Ladd，2001；Hodge et al.，1999；Parker & Asher，1993；Schwatz et al.，2000），研究者推论同伴关系为社会行为和孤独感的中介变量；周宗奎、孙晓军等人（2005）的研究还发现了社交自我知觉在社会喜好、友谊质量与孤独感间的中介作用。

表 2-2-6　年级、性别对各因变量变异的贡献及比较

变量		社交/领导性		外部攻击		关系攻击		受欺侮		消极/孤立	
	df	MS	η^2	MS	η^2	MS	η^2	MS	η^2	MS	η^2
年级	2	0.067	0.000	0.016	0.000	0.100	0.001	0.065	0.000	0.104	0.001
性别	1	3.760	0.009	6.315	0.020	0.671	0.002	0.013	0.000	26.03	0.064
R^2		0.009		0.020		0.002		0.000		0.064	

变量		被排斥		肯定与关心		陪伴与娱乐		帮助与指导		冲突解决	
	df	MS	η^2	MS	η^2	MS	η^2	MS	η^2	MS	η^2
年级	2	0.086	0.001	1.590	0.008	0.723	0.004	0.701	0.004	1.795	0.009
性别	1	0.086	0.000	0.007	0.000	1.369	0.004	3.709	0.010	1.075	0.003
R^2		0.001		0.008		0.008		0.013		0.010	

变量		亲密袒露		冲突与背叛		社会喜好		社交自我知觉		孤独感	
	df	MS	η^2	MS	η^2	MS	η^2	MS	η^2	MS	η^2
年级	2	0.674	0.003	3.106	0.017	0.001	0.001	1.130	0.022	0.487	0.004
性别	1	17.98	0.040	2.584	0.007	0.023	0.007	0.210	0.002	0.003	0.000
R^2		0.045		0.022		0.008		0.025		0.004	

注：MS：均方；η^2：某个自变量单独的贡献率，$\eta^2 = SSH/(SSH + SSE)$；R^2：

effect size，统计效应大小。下同。

综上所述，依据文献综述及相关理论，构建了如图 2-2-1 所示的完全中介模型。

图 2-2-1　完全中介模型 M0

为了验证本研究的实验假设，将分别检验社会行为对社交自我知觉和孤独感的直接作用以及社会喜好和友谊质量对孤独感的直接作用。为此，将依次以 6 个部分中介模型与构建的完全中介模型进行比较，结果见表 2-2-7。

表 2-2-7　模型比较结果（18 个项目，N = 430）

	χ^2	df	χ^2/df	RMSEA	GFI	IFI	CFI	NNFI
完全中介模型 M0	367.83	130	2.83	0.0631～0.0811	0.873	0.904	0.904	0.901
部分中介模型 M1	361.53	129	2.80	0.0622～0.0803	0.874	0.904	0.904	0.901
部分中介模型 M2	355.47	129	2.76	0.0541～0.0791	0.875	0.906	0.906	0.903
部分中介模型 M3	354.83	128	2.77	0.0572～0.0800	0.875	0.906	0.906	0.903
部分中介模型 M4	342.90	128	2.67	0.0463～0.0712	0.877	0.907	0.907	0.904
部分中介模型 M5	342.73	127	2.70	0.0557～0.0783	0.876	0.906	0.906	0.903
部分中介模型 M6	342.59	127	2.70	0.0558～0.0785	0.876	0.906	0.906	0.903

注：部分中介模型 M1：基于 M0 增加社会行为→孤独感；

部分中介模型 M2：基于 M0 增加社会行为→社交自我知觉；

部分中介模型 M3：基于 M2 增加社会喜好→孤独感；

部分中介模型 M4：基于 M2 增加友谊质量→孤独感；

部分中介模型 M5：基于 M4 增加社会行为→孤独感；

部分中介模型 M6：基于 M4 增加社会喜好→孤独感。

温忠麟等人（2004）提出，模型比较时应采用卡方检验，只是针对不同的样本量应选取不同的临界值：N ≤ 150 时 α = 0.01，N = 200 时 α = 0.001，

N = 250 时 α = 0.0005，N ⩾ 500 时 α = 0.0001。本研究中，样本量为430，所以应选取 α = 0.0005 作为临界值。

由表 2-2-7 可知，M1 与 M0 相比，$\Delta \chi^2 = 6.30$，$\Delta df = 1$，α = 0.012 > 0.0005，即在完全中介模型 M0 的基础上，加入社会行为→孤独感的直接作用路径后，模型拟合程度并未得到显著改善，M1 予以排除；M2 与 M0 相比，$\Delta \chi^2 = 12.36$，$\Delta df = 1$，α = 0.00044* < 0.0005，即在完全中介模型 M0 的基础上，加入社会行为→社交自我知觉的路径后，模型的拟合程度得到显著改善，M2 予以保留。

M3 与 M2 相比，$\Delta \chi^2 = 0.64$，$\Delta df = 1$，α = 0.4237 > 0.0005，即在部分中介模型 M2 的基础上，加入社会喜好→孤独感的直接作用路径后，模型拟合程度并未得到显著改善，M3 予以排除；M4 与 M2 相比，$\Delta \chi^2 = 12.57$，$\Delta df = 1$，α = 0.00039* < 0.0005，即在部分中介模型 M2 的基础上，加入友谊质量→孤独感的直接作用路径后，模型拟合程度得到显著的改善，M4 予以保留。

M5 与 M4 相比，$\Delta \chi^2 = 0.17$，$\Delta df = 1$，α = 0.6801 > 0.0005，即在部分中介模型 M4 的基础上，加入社会行为→孤独感的直接作用路径后，模型拟合程度并未得到显著改善，M5 予以排除；M6 与 M4 相比，$\Delta \chi^2 = 0.31$，$\Delta df = 1$，α = 0.5777 > 0.0005，即在部分中介模型 M4 的基础上，加入社会喜好→孤独感的直接作用路径后，模型拟合程度并未得到显著改善，M6 予以排除。

经过上述的依次比较，最后确定了 M4 作为最终的模型予以保留，如图 2-2-2 所示。

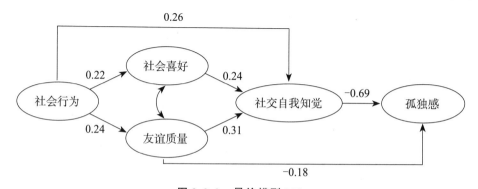

图 2-2-2　最终模型 M4

由图 2-2-2 可知，社会行为以四组中介作用的路径模式对孤独感产生影响：社会行为→社会喜好→社交自我知觉→孤独感，社会行为→友谊质量→社交自我知觉→孤独感，社会行为→友谊质量→孤独感，社会行为→社交自我知觉→孤独感，各组路径模式的预测效应分别为 -0.036、-0.051、-0.013、-0.179（即各组路径模式中相应路径系数的乘积，下同）；而在控制了社会喜好、友谊质量和社交自我知觉对孤独感的影响的前提下，社会行为对孤独感不具有直接的预测作用，社会行为对孤独感的总体预测效应为 -0.279。

社会喜好只通过社交自我知觉的中介作用对孤独感产生影响，其预测效应为 -0.166，社会喜好对孤独感不存在直接的预测作用。这一结果也再一次证实了周宗奎、孙晓军等（2005）的研究结果。

除了通过社交自我知觉的中介作用对孤独感产生影响之外，友谊质量还能直接预测儿童的孤独感，中介效应值为 -0.214，直接效应值为 -0.180，中介效应与总效应的比值为 0.543，总效应为 -0.394。这一结果与周宗奎、孙晓军等（2005）的研究结论也是一致的。

2.2.3.2　纵向研究结果

本研究中所有数据均来自华中师范大学和孟菲斯大学合作的儿童社会化研究数据库。纵向研究中，选取了一所小学三年级、四年级和五年级的学生为研究对象。2003 年 6 月（T1）测查三年级、四年级和五年级年级的儿童，平均年龄分别为 9.15 岁、10.13 岁、11.12 岁，2004 年 6 月（T2）对这些儿童再次施测，这时他们已经分别升入四年级、五年级和六年级，有效被试共有 430 人。被试具体情况见表 2-2-8，χ^2 检验表明，被试的性别和年级分布不存在显著差异（$\chi^2 = 2.844$，$df = 2$，$p = 0.241$）。

表 2-2-8　被试的性别、年级分布

被试	三年级	四年级	五年级	总计
男生（人）	68	69	98	235
女生（人）	47	51	97	195
总计（人）	115	120	195	430

　　本研究的主要目的是考察社会行为、同伴关系分别与孤独感之间的交互影响，进一步验证横断研究的结论。

　　2004 年 6 月（T2）测量获得的变量间的相关矩阵如表 2-2-4 所示，前文已说明；表 2-2-9 为 2003 年 6 月（T1）测量的各变量间相关分析结果。

表 2-2-9　儿童社会行为、同伴关系、社交自我知觉与孤独感的相关矩阵（N＝430，T1）

	M	SD	社会行为（0.959）						7 社会喜好	8 社交自我知觉
			1 社交/领导性	2 外部攻击	3 关系攻击	4 受欺侮	5 消极/孤立	6 被排斥		
1	0.018	1.019	（0.957）							
2	0.046	1.016	0.018	（0.958）						
3	0.009	1.013	0.127***	0.861***	（0.943）					
4	0.007	1.015	-0.053	0.545***	0.531***	（0.955）				
5	0.005	1.013	0.030	0.261***	0.321***	0.583***	（0.813）			
6	-0.005	1.006	-0.141**	0.597***	0.534***	0.931***	0.553***	（0.911）		
7	0.0008	0.100	0.363***	-0.698***	-0.563***	-0.639***	-0.263***	-0.731***		
8	2.754	0.503	0.189***	-0.073	0.032	-0.105*	0.186***	-0.073	-0.171**	（0.774）
9	3.664	1.010	0.245***	0.033	0.032	-0.034	-0.054	-0.092	0.132**	0.282***
10	4.243	0.952	0.193***	-0.093	-0.057	-0.165**	-0.071	-0.219***	0.246***	0.255***
11	3.762	0.979	0.143**	-0.004	0.022	-0.107*	-0.037	0.138***	0.158**	0.221***
12	3.927	1.116	0.186***	-0.045	0.023	-0.148**	-0.063	-0.163**	0.168**	0.233***
13	3.747	1.089	0.179***	0.040	0.082	-0.090	0.007	-0.135**	0.154**	0.241***
14	0.844	0.987	-0.072	-0.164**	0.114*	0.058	0.013	0.073	-0.123*	-0.189***
15	1.805	0.857	-0.242***	0.063	-0.061	0.193***	0.179***	0.251***	-0.232***	-0.579***

	M	SD	友谊质量（0.798）						15 孤独感
			9 肯定与关心	10 陪伴与娱乐	11 帮助与指导	12 冲突解决	13 亲密袒露	14 冲突与背叛	
9			（0.747）						
10			0.661***	（0.756）					
11			0.584***	0.551***	（0.758）				
12			0.446***	0.499***	0.408***	（0.773）			

续表

M	SD	友谊质量（0.798）						15 孤独感
		9 肯定与关心	10 陪伴与娱乐	11 帮助与指导	12 冲突解决	13 亲密袒露	14 冲突与背叛	
13		0.546***	0.593***	0.572***	0.469***	（0.836）		
14		-0.181**	-0.245***	-0.099*	-0.162**	-0.098	（0.812）	
15		0.289***	-0.287***	-0.237***	-0.318***	-0.245***	0.241***	（0.942）

比较表 2-2-4 和表 2-2-9 可以发现，两次测量所获得的变量间的相关关系完全一致，各量表均有较高的信度（Cronbach's α 均大于 0.70）。

为了验证研究假设，本研究构建了如图 2-2-3、图 2-2-4 和图 2-2-5 所示的三组模型，分别考察在控制社交自我知觉的前提下，社会行为、社会喜好、友谊质量与孤独感的相互预测关系。图中双向箭头实线表示相关显著，虚线表示相关不显著，单向箭头表示变量间的预测关系，实线表示作用显著，虚线表示作用不显著。图中所有的路径系数全部采用结构方程模型分析获得。各模型的 SEM 统计分析结果见表 2-2-10。

表 2-2-10　交叉滞后效应分析结果（N = 430）

	χ^2	df	χ^2/df	RMSEA	GFI	IFI	CFI	NNFI
图 2-2-3	1011.46	337	3.00	0.67-0.082	0.93	0.89	0.89	0.86
图 2-2-4	509.27	157	3.24	0.070-0.088	0.90	0.87	0.87	0.85
图 2-2-5	456.24	157	2.91	0.058-0.074	0.95	0.91	0.91	0.87

由表 2-2-10 可知，这三个模型的拟合指数均不是特别理想，尤其是前两个模型，这主要与数据的处理有关。例如，无论哪个模型中，除了变量对孤独感的相互关系外，变量间也可能存在相互作用，而在本研究中并未给予考察，这就可能导致模型的拟合程度不高。不过从数据本身来看，各模型的拟合程度并不是特别差，模型中各路径的显著性意义（实线或虚线）是可以接受的（在考察了变量间相互预测关系后，模型中各路径的显著性检验并无差异）。而且，本研究的主要目的是探讨在控制社交自我知觉影响的前提下，各变量与孤独感是否存在相互预测关系（即各路径是否显著），所以，基于此前提，本研究的结论是具有参考意义的。

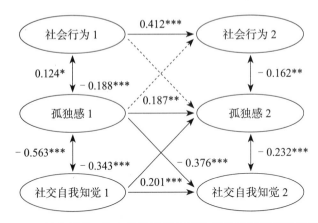

图 2-2-3　社会行为、社交自我知觉与孤独感的交叉滞后效应分析

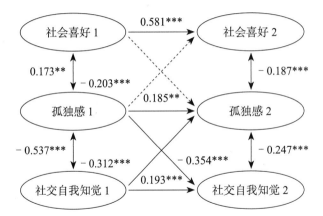

图 2-2-4　社会喜好、社交自我知觉与孤独感的交叉滞后效应分析

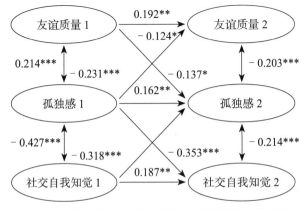

图 2-2-5　友谊质量、社交自我知觉与孤独感的交叉滞后效应分析

图 2-2-3 的结果表明，在控制了社交自我知觉的影响后，前测的社会行为与孤独感的交叉滞后效应不显著，即前测的社会行为对后测的孤独感没有显著的预测效应，同时，前测的孤独感也不能显著预测后测的社会行为。

图 2-2-4 的结果表明，在控制了社交自我知觉的影响后，前测的社会喜好与孤独感并不存在显著的交叉滞后效应，即前测的社会喜好不能显著预测后测的孤独感，而前测的孤独感对后测的社会喜好也不存在显著的预测效应。

图 2-2-5 的结果表明，在控制了社交自我知觉的影响后，前测的友谊质量与孤独感存在显著的交叉滞后效应，即前测的友谊质量能显著预测后测的孤独感，同时，后测的孤独感也能显著预测前测的友谊质量。

图 2-2-3、图 2-2-4 和图 2-2-5 的结果共同表明，社交自我知觉与孤独感间存在显著的交叉滞后效应，即前测的社交自我知觉能显著预测后测的孤独感，而前测的孤独感也能显著预测后测的社交自我知觉。

对于本研究中考察的所有变量，SEM 分析结果表明，它们都存在一定程度的稳定性，即变量的前测水平能显著预测其后测水平。

本研究的结果部分验证了假设五。在控制了社交自我知觉的影响后，社会行为、社会喜好与孤独感间都不存在显著的交叉滞后效应，但友谊质量与孤独感存在显著的交叉滞后效应，即在控制了社交自我知觉的影响后，前测友谊质量能显著预测后测孤独感，同时，前测孤独感也能显著预测后测友谊质量。

2.2.4　关于儿童同伴交往与孤独感关系的讨论

2.2.4.1　儿童社会行为、同伴关系、社交自我知觉与孤独感的相关

从相关分析的结果来看，本研究中考察的各变量间（社会行为、社会喜好、友谊质量、社交自我知觉、孤独感）具有极其显著的相关。

积极社会行为（社交 / 领导性）与孤独感呈显著负相关，而消极社会行为（外部攻击、关系攻击、受欺侮、消极 / 孤立、被排斥）则与孤独感呈显著正相关。儿童的问题行为往往反映在自身的社交行为和策略上，这样就很容易导致其较差的同伴关系或得不到朋友的支持，从而增强孤独感体验（李幼穗，孙红梅，2007；魏华等，2011）。这一结果和很多研究的结论是一致的（Asher

& Wheeler，1985；Warman & Cohen，2000）。

社会喜好与孤独感则呈现出显著的负相关。社会喜好作为儿童社会接纳性的指标，得分越高表示儿童的社会接纳水平越高，儿童越能体验到较强的归属感，从而可以缓解内心的孤独。这一结果与大多数研究的结果也是一致的（周宗奎等，2005；孙晓军，周宗奎，2007；Sing et al.，1999；Shaffer，2002；陈会昌等，2004；Uruk & Demir，2003）

友谊质量的五个积极维度（肯定与关心、陪伴与娱乐、帮助与指导、冲突解决、亲密袒露）与孤独感呈显著负相关，而冲突与背叛维度则与孤独感呈显著正相关。这与以往的多数研究一致。研究发现，孤独感与自我袒露（Chelune，Sultan，& Williams，1980；Franzoi & Davis，1985）以及亲密交流（Chelune et al.，1980；Boivin et al.，1995；Uruk & Demir，2003）有显著的负相关。Gauze 等（1996）也发现友谊质量越高，情绪适应就越好。

所有变量中，社交自我知觉与孤独感的相关最高。阿舍曾指出，孤独感是个体对自己社交状况的一种主观体验（Asher et al.，1984）。人本主义者也认为当一个人的社会关系网络的数量和质量低于他的期望时，孤独感就产生了（陈会昌等，2004）。社交自我知觉作为儿童对自己社交状况的主观评价，它与个体主观的孤独感体验的联系要比社会喜好、友谊质量等客观的同伴关系指标要强。

2.2.4.2　儿童社会行为、同伴关系、社交自我知觉与孤独感的年级和性别差异

本研究表明，儿童的社会行为和孤独感呈稳定态势，不存在年级差异；而儿童的社交自我知觉和冲突与背叛维度则存在显著的年级差异。在社交自我知觉上，五年级儿童的得分显著高于四年级儿童，而哈特（Harter，1982）的研究表明小学儿童的社交自我知觉水平不存在年级差异，这种不一致可能是由抽样误差导致的，这一问题有待进一步的研究来探讨。在冲突与背叛上，六年级学生的得分要显著高于四年级儿童的得分。李淑湘等（1997）的研究表明，学前儿童意识不到友谊的冲突特性，他们认为，有冲突就不是友谊，这种状态一直维持到小学四年级，而从小学六年级到初中三年级，儿童逐渐认识到

友谊的消极方面，因此，相比于四年级的儿童，六年级儿童对冲突与背叛的认识要更强烈些，他们报告的得分也要显著高于四年级儿童。

性别差异检验表明，儿童在外部攻击、消极 / 孤立的得分上存在显著的性别差异，分别表现为男生的外部攻击得分显著高于女生，而女生的消极 / 孤立得分则要显著高于男生。大量研究表明，男女儿童在攻击行为的表现形式上存在着差异：男孩更有可能采取对抗等直接的攻击形式，而女孩更倾向于采取关系攻击的形式（Crick & Grotpeter，1995；Crick，Casas，& Mosher，1997）。本研究的结果与这些结论是一致的。相比较而言，男生更爱在操场上玩，离成人更远，独立性更强，身体攻击更多（Crick & Grotpeter，1995），倾向于支配他人，而女生交往更紧密、更多间接性竞争，倾向于关注关系和亲密的问题（Feingold，1994；Crick & Grotpeter，1995）。总之，男女生活在不同的文化中（Crombie，1988），他们的行为模式表现出很大的差异性。

同时，女生的亲密袒露得分要显著高于男生。研究表明，女孩的友谊往往更为亲密、更多自我揭露（Hartup，1992）；邹泓等（1998）研究了中国青少年友谊质量的性别差异，结果发现，女生在亲密袒露方面的得分要高于男生；沃建中等（2001）的研究则发现，由于社会角色期望的不同，男生比女生要表现出更多的独立性和情感的内隐性。本研究的结果和这些结论都是一致的。文化传统往往要求男生更独立，不鼓励他们表露自己的情绪；而社会化的过程使女生乐群性更突出，有更强的亲和动机，更重视建立亲密的同伴关系，因此女生更倾向于表露自己的情绪。

2.2.4.3　儿童社会行为、同伴关系、社交自我知觉与孤独感的结构方程模型分析

儿童的社会行为会影响其同伴关系的形成（Ladd，1999），研究表明，儿童的积极行为和同伴接受性呈正相关，而其消极行为则导致同伴拒绝（Tomada & Schneider，1997）。大量的研究证实了社会行为对同伴关系的这种影响模式，即儿童消极的社会行为是他们被同伴拒绝、孤立和忽略的主要原因（陈欣银等，1994）；而积极的社会行为则会使他们受到同伴的欢迎（陈欣银等，1992；李幼穗，孙红梅，2007）。在本研究的结构方程模型的分析中

也发现了社会行为对同伴关系的这种作用，社会行为能显著地预测儿童的社会喜好、友谊质量及社交自我知觉，各预测效应分别为 0.22、0.24 和 0.26，这些结果是一致的。

社会喜好和友谊质量共同对儿童的孤独感产生影响。其中，社会喜好通过社交自我知觉的完全中介作用对孤独感产生影响，不存在直接作用，而友谊质量既能通过社交自我知觉的中介作用对孤独感产生影响，又对孤独感具有直接效应。值得注意的是，从模型中各条路径系数的值来看，当综合社会喜好和友谊质量来考察同伴关系对孤独感的影响时，同伴接纳性较低的儿童体验到的孤独感会因为较高的友谊质量而降低；相似地，友谊质量较低的儿童体验到的孤独感也会由于其较高的同伴接纳性而降低。谢弗（Shaffer，2002）指出，拥有一个或多个亲密的朋友可以为儿童提供一个情感上的安全网络，这种安全感可以帮助儿童更积极地迎接新的挑战，而且有助于儿童承受压力（如父母离异、同伴拒绝等）；一些研究则发现，受欺侮儿童受到的伤害以及体验的孤独感会因为拥有一个支持性的朋友而减轻（Hodge et al.，1999；Parker & Asher，1993；Schwatz et al.，2000）。因此，如果儿童同伴接纳性较低并且友谊质量也较差，那么，从整个模型来看，他体验到的孤独感就会更加强烈，心理学工作者也应对这类儿童给予更多的关注。此外，大量研究发现，良好的友谊质量可以促进个体的社会适应，从而降低孤独感的水平。而许多研究认为孤独感会直接或间接地与人际关系或者社交水平相联系，已有的许多关于孤独感的量表也通过个体对社交关系的评价来衡量孤独感的水平。因此友谊关系作为社会关系中最核心的关系之一，其质量的高低能显著地预测孤独感水平的高低。已有关于孤独感的元分析显示，降低孤独感水平的方法包括提高社会技能、寻找社会支持等。友谊关系既有助于个体提高社会支持，又令个体寻找到社会支持。友谊质量能预测孤独感水平，可以从发展个体之间的友谊关系以及提高友谊的质量来减少个体所体验到的孤独感。

在控制了同伴关系变量对孤独感的作用后，社会行为对孤独感并没有直接的影响。社会行为对孤独感的影响完全是通过社会喜好、友谊质量和社交自我知觉的中介作用来实现的。这一结果有利于进一步认识社会行为和孤独感的内在联系。

2.2.4.4　儿童社会行为、同伴关系、社交自我知觉和孤独感的相互作用

在横断研究中，社会行为和社会喜好对孤独感的影响是大部分或完全通过社交自我知觉的中介作用实现的，同时，社交自我知觉对孤独感的预测效应也是所有变量中最大的，因此，在纵向研究中，在控制了社交自我知觉对孤独感的影响后考察各变量对孤独感是否还存在显著效应。结果表明，除了友谊质量和社交自我知觉与孤独感存在交叉滞后效应外，其他变量与孤独感都不具有显著的联系。

这一结果具有重要的意义。一方面，它验证了儿童的社交自我知觉是一个重要的中介变量。海梅尔等人认为，儿童的孤独感与儿童在同伴中的实际社交地位之间是以社会认知为中介的，个人的人际关系知觉水平是重要的中介变量之一（邹泓，1998）。研究发现，客观上人缘好的学生，有主观上低估自己人缘关系的倾向（叶泽川，1993）。周宗奎等人（2003）考察了童年中期不同社交地位儿童在孤独感上的组内差异，结果也表明，有21.8%的高接纳组儿童体验到较高的孤独感；在低接纳组儿童中，也有22.1%的儿童主观上并不认为自己孤独。因此，只有当一个人的社会关系网络比预期的更小或更不满意时，孤独感才会出现（陈会昌等，2004）。

另一方面，它也进一步表明社交自我知觉对孤独感的预测力最大。阿舍指出，孤独是个体对自己社交状况的一种主观体验。同伴关系作为一种客观的社交地位，在预测主观孤独感时可能存在偏差。例如，有研究发现，一些受欢迎儿童报告了极高水平的孤独感，而一些被拒绝型儿童却报告了极低水平的孤独感（Asher & Wheeler，1985），这一结果表明，只有当儿童意识到自己不被同伴接纳时才会体验到孤独感；那些未意识到自己遭到同伴拒绝的儿童是不会体验到与此相关的孤独感的。而社交自我知觉作为个体对自身社交地位的主观评价，在预测主观的孤独感体验时，其效果比客观的同伴关系状况要好。

2.2.4.5　中介变量的意义

从横断研究中最后获得的模型可以发现，社交自我知觉是一个重要的中介变量。本研究进一步证实了作为认知因素的社交自我知觉的中介作用。

研究者一直很关注认知成分在同伴关系和情绪体验间的中介作用，也做过一定的研究，结果基本都证实了这一中介作用的存在。例如，消极的同伴关系对儿童抑郁的影响依赖于其体验到的孤独感及其对社交环境的认知（Boivin，Hymel，& Bukowski，1995）；同伴拒绝与情绪体验（孤独、抑郁）间的联系是复杂的，依赖于儿童对他的社交情境的知觉（Hymel et al.，2004）；儿童对自己的社交情境的知觉有助于解释社会行为和同伴拒绝对其内在情绪体验的作用机制（Valas & Sletta，1996）。这些研究的共同之处是认为认知成分在儿童的同伴关系和情绪体验间存在中介作用，本研究的结果与这些研究的结论也是一致的。

发现认知成分在同伴关系和情绪体验间的中介作用具有一定的实际意义。它提示研究者，同伴关系对情绪体验的影响是复杂的，并不是简单的一一对应的关系，会受到其他因素（例如认知因素）的影响。另外，发现这种中介作用有助于儿童消极情绪体验的干预，它提示一方面要对在人际交往方面有障碍的儿童采取行之有效的社会技能训练，改善其同伴关系；另一方面要从认知层面入手，通过引导儿童积极、客观地评价自己的社交状况，从而促进其心理的健康发展（周宗奎等，2003）。

2.2.5　关于儿童同伴交往与孤独感关系的小结

横断研究的结果揭示，当综合控制社会行为、社会喜好、友谊质量和社交自我知觉的相互影响后，各变量独自对孤独感的作用有显著差异。从统计分析的结果发现，在控制了相互影响之后，社会行为和社会喜好都不能直接预测孤独感体验，它们对孤独感的影响都是通过相应的中介变量的作用实现的；而友谊质量和社交自我知觉对孤独感则有显著的直接作用。这一结果基本验证了假设一、假设二、假设三和假设四。需要说明的是，对于假设二：社会行为对孤独感具有显著的预测力，本研究的结果虽然验证了这一假设，但社会行为对孤独感的影响主要是通过同伴关系的中介来实现的；同样，对于假设三：社会喜好能显著预测孤独感，社会喜好也是通过社交自我知觉的中介作用对孤独感产生影响。

本研究的结果证实了周宗奎、孙晓军等（2005）的研究中社交自我知觉存在中介作用的观点；同时，本研究就社会行为和同伴关系变量对儿童孤独感的影响进行了总结和分析，为该领域的进一步研究提供了相应的参考。

需要强调的一点是，本研究考察的各变量（社会行为、社会喜好、友谊质量、社交自我知觉、孤独感）间可能存在更为复杂的关系，它们之间可能存在与假设完全相反的关系。具体来说，有可能孤独感导致儿童社交自我知觉较低，进一步造成其同伴关系较差，而较差的同伴关系又可能使得儿童缺乏同伴交往、模仿、学习，从而导致较差的社会行为。在本研究中，假设的模型是依据已有理论构建的，属于典型的相关范式研究。作为相关研究，本研究并不能从严格意义上确定变量间的因果关系，只是提供了这些变量间可能存在的关系，严格的因果关系必须通过实验研究才能获取。

纵向研究的结果揭示，当控制了社交自我知觉的影响后，社会行为、社会喜好与孤独感均不存在显著的相互预测关系，即前测的社会行为或社会喜好不能显著预测后测的孤独感，而前测的孤独感也不能显著预测后测的社会行为和社会喜好；控制了社交自我知觉的影响后，友谊质量和孤独感则存在显著的交叉滞后效应，即前测的友谊质量能显著预测后测的孤独感，而前测的孤独感也能显著预测后测的友谊质量。

本研究的结果进一步验证了横断研究的结论。在横断研究中，社会行为和社会喜好都不能直接预测其孤独感体验，它们对孤独感的影响都是通过相应的中介变量的作用实现的；而友谊质量和社交自我知觉对孤独感则有显著的直接作用。纵向研究的结论表明，在控制了社交自我知觉的影响后，社会行为和社会喜好对孤独感不存在显著的预测作用。两项研究的结果是一致的。

2.3 儿童同伴交往与孤独感的中美跨文化比较

2.3.1 问题的提出

回顾儿童同伴交往与孤独感的研究发现，这一领域的跨文化研究相对较少，而针对儿童社会行为、同伴关系、社交自我知觉和孤独感的跨文化研究则几乎是一片空白，本研究的目的之一就是填补这一空白。

这一部分的主要目的是探究中美儿童的同伴交往与孤独感的一致性和差异性。研究建立在横断研究所获取的最终模型的基础上，通过对中美两种文化背景下变量间的模型形态、预测效应的对比，找出跨文化的一致性和差异性，并初步探讨造成差异的原因，为制定具有跨文化普遍适用性的孤独干预策略提供理论依据。

2.3.2　研究方法

被试

本研究中所有数据均来自华中师范大学和孟菲斯大学合作的儿童社会化研究数据库。研究选取了中国和美国各一所小学四年级、五年级和六年级的学生为研究对象。中国被试的具体情况见表 2-2-8，美国被试的具体情况如表 2-3-1，χ^2 检验表明，被试的性别和年级分布不存在显著差异（$\chi^2 = 0.794$，$df = 2$，$p = 0.672$）。

表 2-3-1　**被试的性别、年级分布**

被试	四年级	五年级	六年级	总计
男生（人）	22	29	34	85
女生（人）	25	23	32	80
总计（人）	47	52	66	165

测量工具

同伴提名　同 2.2.2 节。

友谊质量问卷　同 2.1.2 节。

儿童自我知觉量表　同 2.2.2 节。

儿童孤独量表　同 2.2.2 节。

班级戏剧量表　同 2.1.2 节。

2.3.3　研究结果

中国背景下，测量所获数据的相关矩阵如表 2-2-4 所示，美国背景下测量所获数据的相关矩阵见表 2-3-2。

表 2-3-2　美国儿童社会行为、同伴关系、社交自我知觉与孤独感的相关矩阵（N ＝ 165）

	M	SD	社会行为（0.901）						7 社交喜好	8 社交自我知觉
			1 社交／领导性	2 外部攻击	3 关系攻击	4 受欺侮	5 消极／孤立	6 被排斥		
1	0.018	1.019	（0.945）							
2	0.046	1.016	0.023	（0.962）						
3	0.009	1.013	0.114***	0.893***	（0.936）					
4	0.007	1.015	-0.083	0.391***	0.462***	（0.968）				
5	-0.005	1.013	0.033	0.164***	0.283***	0.487***	（0.882）			
6	-0.005	1.006	-0.214**	0.379***	0.475***	0.887***	0.565***	（0.931）		
7	0.0008	0.100	0.407***	-0.601***	-0.601***	-0.651***	-0.258***	-0.681***		
8	2.754	0.503	0.217***	-0.147**	0.048	-0.125*	-0.062	-0.190**	0.182***	（0.780）
9	3.664	1.010	0.212***	0.051	0.055	-0.045	-0.046	-0.094	0.141**	0.291***
10	4.243	0.952	0.100	-0.134	-0.142**	-0.170**	-0.085	-0.221***	0.252***	0.234***
11	3.762	0.979	0.143**	-0.011	0.034	-0.115*	-0.041	-0.082	0.163**	0.245***
12	3.927	1.116	0.186***	-0.062	0.033	-0.162**	-0.067	-0.181**	0.185***	0.254***
13	3.747	1.089	0.179***	0.051	0.091	-0.101	0.009	-0.145**	0.172**	0.268***
14	0.844	0.987	-0.072	-0.171**	0.142*	0.063	0.021	0.079	-0.144*	-0.209***
15	1.805	0.857	-0.242***	0.173**	-0.087	0.193***	0.192***	0.242***	0.212***	-0.501***

	M	SD	友谊质量（0.798）						15 孤独感
			9 肯定与关心	10 陪伴与娱乐	11 帮助与指导	12 冲突解决	13 亲密袒露	14 冲突与背叛	
9			（0.793）						
10			0.642***	（0.727）					
11			0.587***	0.562***	（0.775）				
12			0.448***	0.471***	0.401***	（0.782）			

续表

	M	SD	友谊质量（0.798）						15 孤独感
			9 肯定与关心	10 陪伴与娱乐	11 帮助与指导	12 冲突解决	13 亲密袒露	14 冲突与背叛	
13			0.501***	0.585***	0.584***	0.481***	（0.827）		
14			−0.172**	−0.246***	−0.010	−0.177**	−0.099	（0.817）	
15			−0.256***	−0.288***	−0.254***	−0.335***	−0.263***	0.258***	（0.778）

比较表 2-2-4 和表 2-3-2 可知，在两种文化背景下测量所得的变量间的相关基本一致，只在少部分变量间存在差异。与中国的测量一致，美国文化背景下，各测量都普遍存在较高的信度（Cronbach's α 均大于 0.70）。

本研究中，由于各因变量（社会行为各维度、社会喜好、社交自我知觉、友谊质量各维度、孤独感）之间存在显著相关，所以不应通过多次方差分析来对文化的差异进行检验，而应采用 MANVOA 进行多元方差分析。结果表明，文化因素的主效应显著（$\Lambda = 0.499$，$F = 35.986$，$df = (15, 537)$，$p = 0.000$）。进一步采用一元方差分析来对文化因素的主效应进行检验。

结果表明，不同文化的儿童在友谊质量各维度、社交自我知觉及孤独感的得分上存在显著差异。在友谊质量的所有维度上（其中冲突与背叛维度得分已反转），中国儿童的得分都要显著高于美国儿童，分别是肯定与关心维度［$M_{中国} = 3.649$，$M_{美国} = 3.075$，$F(1, 551) = 38.457$，$p < 0.001$，$\eta^2 = 0.065$］、陪伴与娱乐维度［$M_{中国} = 4.183$，$M_{美国} = 3.103$，$F(1, 551) = 153.040$，$p < 0.001$，$\eta^2 = 0.217$］、帮助与指导维度上［$M_{中国} = 3.764$，$M_{美国} = 2.790$，$F(1, 551) = 104.844$，$p < 0.001$，$\eta^2 = 0.160$］、冲突解决维度［$M_{中国} = 3.948$，$M_{美国} = 2.524$，$F(1, 551) = 201.426$，$p < 0.001$，$\eta^2 = 0.268$］、亲密袒露维度［$M_{中国} = 3.743$，$M_{美国} = 2.227$，$F(1, 551) = 216.506$，$p < 0.001$，$\eta^2 = 0.282$］、冲突与背叛维度［$M_{中国} = 4.168$，$M_{美国} = 3.446$，$F(1, 551) = 66.025$，$p < 0.001$，$\eta^2 = 0.107$］；而在社交自我知觉上，美国儿童的得分则要显著高于中国儿童［$M_{中国} = 2.745$，$M_{美国} = 3.115$，$F(1, 551) = 47.990$，$p < 0.001$，$\eta^2 = 0.080$］；孤独感

得分上，美国儿童同样要高于中国儿童 [$M_{中国} = 1.795$，$M_{美国} = 2.05$，$F(1, 551) = 13.983$，$p < 0.001$，$\eta^2 = 0.025$]。文化因素对各因变量变异的贡献见表 2-3-3。

表 2-3-3　文化因素对各因变量变异的贡献及比较

变量		社交/领导性		外部攻击		关系攻击		受欺侮		消极/孤立	
	df	MS	η^2	MS	η^2	MS	η^2	MS	η^2	MS	η^2
文化	1	0.025	0.000	0.012	0.000	0.002	0.000	0.128	0.000	0.113	0.000
R^2		0.000		0.020		0.002		0.000		0.064	

变量		被排斥		肯定与关心		陪伴与娱乐		帮助与指导		冲突解决	
	df	MS	η^2	MS	η^2	MS	η^2	MS	η^2	MS	η^2
文化	1	0.010	0.000	36.88	0.065	130.74	0.217	106.45	0.160	227.10	0.268
R^2		0.001		0.065		0.217		0.160		0.268	

变量		亲密袒露		冲突与背叛		社会喜好		社交知觉		孤独感	
	df	MS	η^2	MS	η^2	MS	η^2	MS	η^2	MS	η^2
文化	1	257.73	0.282	58.45	0.107	0.005	0.001	15.34	0.080	7.360	0.025
R^2		0.282		0.107		0.001		0.080		0.025	

　　为了进一步了解中美儿童社会行为、同伴关系及孤独感间相互关系的异同，本研究采用 SEM 多组数据比较的方法对不同文化下变量间的预测效应进行检验。采用该方法的目的是检验各组变量的因子结构是否相同，同时比较某些路径参数在不同的组是否存在显著差异，类似于比较各组的回归系数是否相同。本研究运用该方法的目的是检验中美儿童的社会行为、同伴关系与孤独感的作用模式是否等同，各路径的预测系数是否等同。

　　在横断研究中，建立在一定的理论基础上，通过对 6 组模型的比较，最后获得了如图 2-2-1 所示的变量间的一组作用模式。跨文化研究中，对中美文化下变量间的模型比较就建立在该模型的基础上。

　　在本研究中，组别变量为文化变量，设置 NG = 2（表示有两组被试，中国和美国），然后输入第二组被试的 LX = PS、LY = PS、TD = PS、TE =

PS、PH = PS、PS = PS、GA = PS，以及 BE = PS 即可（表示设置第二组模型的八大矩阵形态与第一组等同），在比较模型形态时，各组模型的参数都是单独自由估计的。

统计结果表明，中美两国文化下，儿童社会行为、同伴关系及孤独感的作用模式（即模型形态或因子结构）是等同的，两者不存在显著差异（χ^2 = 351.4，df = 128，χ^2/df = 2.75，RMSEA = 0.473 - 0.746，GFI = 0.897，IFI = 0.906，CFI = 0.906，NNFI = 0.904）。表明用中国文化下所获取的变量间的关系模型能较好地拟合美国的数据。中美两国文化下的模型参数估计分别见图 2-2-1 和图 2-3-1。

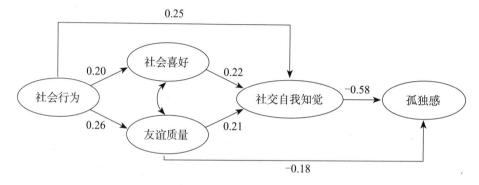

图 2-3-1　美国文化中的模型及其参数估计

预测效应的等同性检验的目的是考察因子间的路径系数大小是否存在显著性差异，因此，本研究中研究者最为关心的是因子（潜变量）间的路径大小，即 GA 和 BE 两个矩阵。语法命令的设置和形态等同性检验大体相似，只要把 PS（表示形体等同的语法，并不是内生潜变量的残差相关矩阵）换成 IN（表示参数相等）即可。

对预测效应的等同性检验，第一步是设置两模型的 LX 和 LY 等同，即各因子预测相应指标的负荷相等，其他参数自由估计。结果表明，模型拟合得不太好（χ^2 = 453.04，df = 146，χ^2/df = 3.10，RMSEA = 0.0707 - 0.0861，GFI = 0.887，IFI = 0.896，CFI = 0.896，NNFI = 0.884），检查发现，LX11（社会行为因子在社交/领导社指标上的负荷）和 LY42（友谊因子在消极友谊质量指标上的负荷）的修正指数最大，允许 LX11 和 LY42 自由估计后，模型的拟合程度得到了较大改善（$\chi^2 = 419.04$，$df = 144$，$\chi^2/df = 2.91$，RMSEA $= 0.0501 - 0.0703$，GFI $= 0.919$，IFI $= 0.937$，CFI $= 0.937$，NNFI $= 0.924$），表明两模型的因子负荷基本等同。

　　在验证了因子负荷等同的假设后，第二步是对因子间路径系数的大小进行等同性检验，检验的过程及结果如表 2-3-4 所示。

表 2-3-4　路径系数等同性检验步骤及结果（18 个项目，N = 430）

	χ^2	df	$\chi2/df$	RMSEA	GFI	IFI	CFI	NNFI
第一步：								
M0	453.04	146	3.10	0.0707～0.0861	0.887	0.896	0.896	0.884
M1	419.04	144	2.91	0.0501～0.0703	0.919	0.937	0.937	0.924
第二步：								
M2	427.77	147	2.91	0.0664～0.0795	0.921	0.938	0.938	0.925
M3	477.16	151	3.16	0.0773～0.0983	0.871	0.896	0.896	0.891
M4	466.50	150	3.11	0.0758～0.0942	0.875	0.898	0.898	0.892
M5	448.37	150	2.99	0.0674～0.0813	0.896	0.912	0.912	0.904
M6	448.09	149	3.01	0.0728～0.0887	0.883	0.896	0.896	0.887
M7	438.06	149	2.94	0.0667～0.0799	0.918	0.932	0.932	0.921

　　注：模型 M0：负荷等同；

　　模型 M1：负荷等同，LX11 和 LY42 自由估计；

　　模型 M2：负荷等同，LX11 和 LY42 自由估计，GA 等同；

　　模型 M3：负荷等同，LX11 和 LY42 自由估计，GA 等同，BE 等同；

　　模型 M4：负荷等同，LX11 和 LY42 自由估计，GA 等同，BE 等同，BE31 自由估计；

　　模型 M5：负荷等同，LX11 和 LY42 自由估计，GA 等同，BE 等同，BE32 自由估计；

　　模型 M6：负荷等同，LX11 和 LY42 自由估计，GA 等同，BE 等同，BE32、BE42 自由估计；

　　模型 M7：负荷等同，LX11 和 LY42 自由估计，GA 等同，BE 等同，BE32、BE43 自由估计。

　　由表 2-3-4 可知，两国文化下 GA 系数并不存在显著差异，即中美文化中社会行为对社会喜好、友谊质量和社交自我知觉的预测系数等同；而 BE 系数在两国文化间部分一致，社会喜好对社交自我知觉、友谊质量对孤独感的预测效应不存在文化差异，但友谊质量对社交自我知觉的预测效应以及社交自我知觉对孤独感的预测效应表现出显著的差异性。在允许这两条路径自由估计的基础上，模型的参数估计见图 2-3-2。

从图 2-3-2 来看，中国文化中儿童友谊质量对社交自我知觉的预测效应及社交自我知觉对孤独感的预测效应都要显著高于美国儿童。

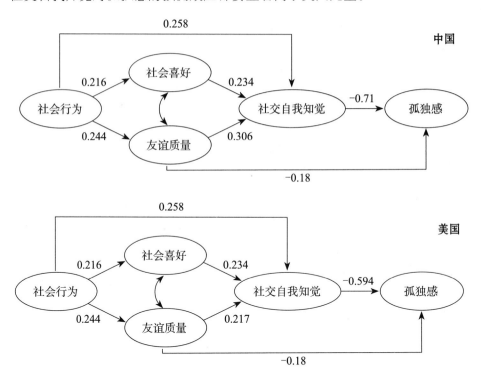

图 2-3-2　中美文化中的变量模型及其参数估计

2.3.4　关于儿童同伴交往与孤独感跨文化比较的讨论

本研究既发现了两种文化背景下儿童社会行为、同伴关系、社交自我知觉与孤独感的关系间的某些差异，也发现了它们之间的某些一致性。下面将围绕跨文化的差异性和一致性展开讨论。

2.3.4.1　跨文化的差异性

（1）儿童友谊质量、社交自我知觉与孤独感的跨文化差异。

在本研究中，中国儿童友谊质量得分显著高于美国儿童，而美国儿童的社交自我知觉和孤独感得分则要显著高于中国儿童。

在友谊质量问卷上，中国儿童在所有维度上的得分均显著高于美国。这一结果可能主要由中美两国的文化价值取向不同所导致。作为集体主义价值取向的代表，中国的传统文化强调人际的合作、集体的和谐（Ho，1986；Triandis，1989；Yang，1986），鼓励人际交往（Kim，1997；Triandis，1989）；而作为个人主义价值取向的代表，美国的传统文化强调个人定向（Larson，1999；Triandis，1989），鼓励儿童与他人竞争，争取自己的权利，努力满足个人的需要（Stevenson & Stigler，1992；Whiting & Whiting，1975）。在这两种文化的影响下，儿童对同伴的态度及行为必然表现出某种差异。中国儿童更多地表现出与同伴的和谐相处，期望与同伴建立亲密的人际网络，因此，在友谊质量的得分上，中国儿童要高于美国儿童。研究表明，中国儿童对身边出色的同伴往往表现出尊重的态度，期望能效仿他们，而美国儿童则常表现出消极的行为（Li & Wang，2004）；相比美国，强调集体主义的国家（如韩国、印度尼西亚）大学生的友谊更为亲密（French，et al.，2006）；韩国儿童比加拿大儿童也报告了更高水平的亲密袒露（Koh，Mendelson，& Rhee，2003）；Benjamin 等人（2001）的研究则发现，中国台湾儿童比加拿大儿童报告了更低的冲突与背叛得分。本研究的结论和这些研究结果都是一致的。

在社交自我知觉的得分上，美国儿童要显著高于中国儿童。这和本研究的预期并不一致。社交自我知觉是对自己社交状况和地位的主观评价，相比中国儿童，美国儿童的同伴交往或人际交流水平略低，因此，本研究预测美国儿童的社交自我知觉得分会更低。这可能是由于文化价值取向的不同。中国儿童更注重集体的和谐（Ho，1986；Triandis，1989；Yang，1986）和人际交往（Kim，1997；Triandis，1989），和个人主义文化影响下的美国儿童相比，中国儿童往往缺乏竞争意识，自信心不够，行为上表现出顺从、谦虚、忍让、退缩等特征（Triandis，1989），因此，在对自己的社交状况进行主观评定时，出于谦虚或自信心不足，评分较低，从而导致中国儿童的社交自我知觉得分显著低于美国儿童。这一问题还有待进一步探讨。

在孤独感得分上，美国儿童也要显著高于中国儿童。孤独具有跨文化的普遍性，并且在北美文化中可能表现得更为广泛和深刻（Schneider，1998）。例如，加拿大儿童的孤独感得分要显著高于土耳其儿童的得分（Rokach，et al.，2000）。北美的文化更强调个人的成就及竞争性，因此，在这样一种人际关系较疏远的社会中，更可能产生孤独感，而且孤独体验更为强烈（Ostrov & Offer，1980）。

（2）变量间预测效应的跨文化差异。

本研究发现，儿童友谊质量对社交自我知觉的预测力及社交自我知觉对孤独感的预测力表现出跨文化的差异性。

在中国文化中，友谊质量对社交自我知觉的预测力更大。这主要可能是由中美文化的价值取向不同所致。如前文所述，中国传统文化强调集体主义，注重人际合作、集体的和谐（Ho，1986；Triandis，1989；Yang，1986）；而美国文化则强调个人主义，更关注个人需要（Stevenson & Stigler，1992；Whiting & Whiting，1975）。不同文化下集体主义范畴的内容对于个人的意义和作用是不一样的，对于集体主义价值取向下的中国儿童，其意义及作用必将更大。本研究中的友谊质量属于集体主义范畴，而社交自我知觉则属于个人范畴，因此，中国文化中，友谊质量对社交自我知觉的预测力更大。

在中国文化中，社交自我知觉对孤独感的预测力也更大。社交自我知觉是个体对自身社交状况或地位的主观评价。相比中国儿童，美国儿童的人际交往、沟通较少，相应社会经验也偏低，因此，美国儿童的社交自我知觉准确性会较差；而中国儿童在集体主义文化的影响下，人际交往频繁，因此，基于客观社交经验基础上的社交自我知觉就更为客观、准确，这样就导致其对孤独感的预测力更大。另一方面，也可能是因为美国文化中，文化因素对孤独感具有更大的解释力（前文已讨论），从而导致社交自我知觉的预测力相对减弱。由于缺乏相关文献，这一结论有待进一步证实。

2.3.4.2　跨文化的一致性

本研究发现，儿童社会行为、同伴关系及孤独感间的作用模式（变量模型形态）存在跨文化的一致性（如图 2-3-2 所示），这种一致性的发现具有重要意义。

一方面，它是对以往研究结论的验证。在以往的研究中，研究者普遍发现，不同文化下儿童的社会行为能显著影响其同伴关系的形成。儿童消极的社会行为特征是他们被同伴拒绝、孤立和忽略的主要原因，而积极的社会行为则会使他们受到同伴的欢迎（陈欣银等，1992；陈欣银等，1994；Tomada & Schneider，1997；辛自强等，2003；王美芳、陈会昌，2003；Ladd，1999），本研究的结果与这些研究结论是一致的，中美两国儿童的社会行为都能显著预测其同伴关系（社会喜好、友谊质量、社交自我知觉）；同时，基于不同文化群体的研究均表明，儿童的同伴关系能显著预测其孤独感水平（Asher & Wheeler，1985；Cassidy & Asher，1992；Parkhurst & Asher，1992；邹泓，1993；周宗奎、孙晓军等，2005；周宗奎等，2001；Asher，1990；Parker & Asher，1993；邹泓，1998），本研究也发现在中美两种不同文化中儿童的同伴关系均能有效预测其孤独感。

另一方面，它是对以往研究结论的拓展。本研究发现，在中美两种不同文化中，儿童同伴关系都是其社会行为与孤独感间的中介变量，而同伴关系变量又通过社交自我知觉的中介作用对孤独感产生影响，因此，儿童的社会行为通过同伴关系和社交自我知觉的多重中介作用对孤独感产生影响。当控制了变量间的影响后，社会行为、社会喜好对孤独感不存在直接的预测作用，而友谊质量和社交自我知觉则能直接预测其孤独感体验。这些结论都表现出跨文化的一致性。

值得注意的是，在中美两种文化下，社交自我知觉对孤独感的预测力都是最大的。这一发现对制定儿童孤独感干预策略具有重要意义。它表明，着眼于对孤独感有最大预测力的社交自我知觉来制定儿童孤独感干预措施将具有较高的效率，同时，更为重要的是，这种效率具有跨文化的一致性。

2.3.5　关于儿童同伴交往与孤独感跨文化比较的小结

跨文化比较的研究既发现了一些相似点，又找出了一些不同点。

在相似点上，不同文化背景下，社会行为、同伴关系与孤独感间普遍存在广泛的相关，研究工具在不同文化下都具有较高的信效度；社会行为各维度及社会喜好的得分上不存在文化差异；儿童社会行为、同伴关系与孤独感的作用模式（模型形态）在中美文化下也表现出较高的一致性；同时，除了友谊质量对社交自我知觉及社交自我知觉对孤独感的预测效应存在显著差异外，其他路径的预测效应都不存在显著差异。

在不同点上，中国儿童友谊质量各维度的得分都要显著高于美国儿童，而美国儿童在社交自我知觉和孤独感的得分上则要显著高于中国儿童；在预测效应上，中国文化下友谊质量对社交自我知觉以及社交自我知觉对孤独感的预测效应都要显著高于美国。

本研究中，所有的模型比较分析都是建立在图 2-2-2 所示的模型基础上的，在横断研究中已经提到，该模型只是这些变量间可能存在的一种作用模式，不具有唯一性和必然性，变量间有可能存在其他作用模式。这有待进一步的研究来检验。

\ 第三章 \ 儿童心理理论的发展特点

3.1 儿童心理理论测量工具的编制及信效度检验

3.1.1 问题的提出

心理理论研究是继皮亚杰的儿童认知发展研究和元认知研究之后又一个探讨儿童心理表征和心理理解的崭新角度（刘希平，唐卫海，方格，2000）。

研究心理理论的范式有许多种。探察儿童认识"错误信念"常用的研究方法有：意外转移任务、欺骗外表任务范式、二级错误信念、失言识别任务（罗杰，卿素兰，2005）。本研究的主要目的是参照国内外相关理论和任务范式，编制适当的测量工具测量童年期儿童心理理论水平，并检验所编工具，进行相应的信效度测量。

在本研究中，童年期儿童心理理论测量工具的编制框架主要受以下思路的启发：

（1）传统错误信念实验对儿童回答的评估是一种全有或全无的实验方式，无法测评儿童心理理论的发展程度，错误回答某些问题并不表明儿童没有任何心理理论能力（Mitchell，1997）。

（2）因传统错误信念任务存在局限，提出对儿童心理理论能力的测量应采用多实验任务，逐级增加任务难度，以提高实验的灵敏度（王益文，林崇德，2004）。

（3）儿童心理理论的发展经历连续的五个阶段：第一阶段，儿童获得相关心理概念；第二阶段，儿童认识到心理世界与外部物理世界的联系；第三阶段，儿童认识到心理与外部物理世界不同，且能独立于外部物理世界（如可以想象现实根本不存在的事物）；第四阶段，儿童认识到其对外部世界的心理表征既可能正确也可能错误；第五阶段，儿童认识到在对现实世界进行解释时，心理过程积极扮演重要的中介作用。他们认为，前三个阶段代表心理理论的萌芽或预兆，从第三到第四阶段的发展，代表"真正的"心理理论出现了，第五阶段则代表出现了更成熟的心理理论（Flavell，Miller，& Miller，1993）。

（4）TOM 测验正是基于弗拉维尔等人的理论（Steerneman，et al.，1994）。该测验包含三个维度，分别对应心理理论发展的三个重要阶段：心理理论的萌芽（如情绪识别）、心理理论的真正显现（如理解错误信念）和成熟的心理理论（如形成二级错误信念等）。施测范围为 5~12 岁。该测验具有较高的信度和效度指标；有研究者（Happé，1994）使用的自编工具同样包含上述思想，他们的自编工具测验任务难度逐级增加，施测对象年龄范围较广，测验效果理想。

综合上述观点，本研究工具编制的前提假设是：心理理论的发展是连续的过程，不仅表现为对更复杂心理状态认识程度上的差异，也表现为在使用过程中的个体差异上。本研究工具参照了以上部分测量任务，同时加入了某些经典测量任务（如，失言探测、三级错误信念任务、两可情境的理解等），逐级增加任务难度（类似韦氏智力测验），施测对象为小学生（童年期儿童）。

3.1.2　研究方法

预测被试选取武汉市 3 所小学的一年级到六年级学生，每个年级各 10 名共 60 名学生。正式施测被试为湖北、浙江和湖南三省的一年级到六年级共 125 名学生，被试具体情况见表 3-1-1。

表 3-1-1　被试具体情况

	一年级	二年级	三年级	四年级	五年级	六年级	
男	9	10	10	11	11	11	62
女	10	10	11	10	11	11	63
总计	19	20	21	21	22	22	125

研究工具及程序

自编童年期儿童心理理论测量任务：该任务共包含 18 个具体的测量项目，分别测量被试的一级错误信念、二级错误信念、失言检测、幽默识别等能力，任务难度在 0.08～0.82 间分布。施测时，要求被试对自己或他人的心理状态或行为进行适当的推测，主试依据被试的回答评分（0 分或 1 分），18 个项目的总分即为心理理论的得分，得分范围为 0～18 分，得分越高，表明其心理理论水平越高。

程序：参照国内外已有的学龄后个体心理理论的测量工具，选取具有代表性的测量项目共 25 项，形成预测工具。首先对自编童年期儿童心理理论测量任务的预测数据进行总体分析，检验并剔除明显不符研究假设的任务内容 7 项（如欺骗识别任务，难度为 0），形成正式测验任务（共 18 个测量项目）。

正式施测：125 名被试接受正式施测，施测时，在被试较为熟悉的安静的教室或办公室内，主试与被试面对面坐。主试通过言语（部分任务配合图片或道具）向被试陈述故事，每项测验任务都设置了相应的记忆控制问题①，以确认被试的注意力是否集中。在确认被试注意力高度集中的前提下，主试向被试提出具体的测验问题，如果不能确认被试注意力高度集中，主试则重复陈述故事，直至其注意力达到高度集中。主试依据被试的回答评分，通过为 1 分，不通过为 0 分。正式施测 2 周后，随机选取 30 名被试再次进行自编儿童心理理论测量任务的施测。

---

① 如，在意外地点测量任务中问被试，主人公最初将巧克力放在何处。

3.1.3 研究结果

3.1.3.1 信度分析

首先，考察自编童年期儿童心理理论测量任务的内部一致性信度，对 125 名正式被试的施测结果进行统计分析，Cronbach's α 系数为 0.842。

其次，检验自编童年期儿童心理理论测量任务的重测信度，随机选取 125 名正式被试中的 30 名学生，在正式施测 2 周后再次进行测试，两次测验结果的相关为 0.962（$p < 0.01$），表明自编工具具有较好的重测信度。两次测验的具体结果见表 3-1-2。

表 3-1-2　自编心理理论测量任务的两次测量结果

被试	性别	年龄	心理理论得分		被试	性别	年龄	心理理论得分	
			测试一	测试二				测试一	测试二
1	男	6	6	6	16	女	9	13	13
2	女	6	8	8	17	女	9	14	14
3	女	6	8	9	18	女	10	16	15
4	男	7	7	8	19	男	10	12	12
5	男	7	7	7	20	男	10	12	13
6	男	7	8	8	21	女	11	14	15
7	女	7	7	8	22	男	11	13	14
8	女	7	9	10	23	男	11	14	14
9	男	8	9	10	24	女	11	15	13
10	女	8	10	11	25	男	12	15	15
11	女	8	11	12	26	女	12	15	15
12	男	8	10	13	27	女	12	16	17
13	男	9	12	13	28	女	12	16	15
14	女	9	14	14	29	男	12	16	16
15	男	9	12	12	30	男	13	17	16

最后，由于自编童年期儿童心理理论测量任务的评分是由主试依据被试的回答确定的，因此，必须检验工具的评分者一致性信度。为此，随机选取 30 名学生，详细记录其回答情况，然后由两位主试依据记录的被试的回答评分。统计结果表明，两位主试的评分的相关系数为 0.928（$p < 0.01$），表明工具具

有较高的评分者一致性信度。两位主试的评分具体见表3-1-3。

表 3-1-3　不同评分者的具体评分结果

被试	性别	年龄	心理理论得分		被试	性别	年龄	心理理论得分	
			评分者一	评分者二				评分者一	评分者二
1	男	6	6	6	16	女	9	13	13
2	女	6	8	8	17	女	9	14	14
3	女	6	8	9	18	女	10	16	15
4	男	7	7	8	19	男	10	12	12
5	男	7	7	7	20	男	10	12	13
6	男	7	8	8	21	女	11	14	15
7	女	7	7	8	22	男	11	13	14
8	女	7	9	10	23	男	11	14	14
9	男	8	9	10	24	女	11	15	13
10	女	8	10	11	25	男	12	15	15
11	女	8	11	12	26	女	12	15	15
12	男	8	10	13	27	女	12	16	17
13	男	9	12	13	28	女	12	16	15
14	女	9	14	14	29	男	12	16	16
15	男	9	12	12	30	男	13	17	16

3.1.3.2　效度分析

（1）结构效度。

自编童年期儿童心理理论测量任务的前提假设之一为"心理理论是连续发展的"。为检验这一假设，考察在心理理论得分上年龄是否存在显著的主效应，不同年龄段儿童心理理论的得分情况如表3-1-4和图3-1-1所示。方差分析的结果表明，年龄存在显著的主效应 $[F(7, 125) = 14.125, p < 0.01]$。具体表现为：7～10岁的儿童心理理论得分显著高于6岁儿童，而11～13岁的儿童心理理论得分则显著高于6～10岁的儿童。上述结果表明，自编童年期儿童心理理论测量工具符合前提假设，具有合适的结构效度。

表 3-1-4　不同年龄段儿童的心理理论得分

	6岁	7岁	8岁	9岁	10岁	11岁	12岁	13岁
M	7.5	10.5	11.2	12.1	12.8	14.8	15.4	15.7
SD	4.5	3.9	3.6	3.3	3.4	3.1	2.8	2.7

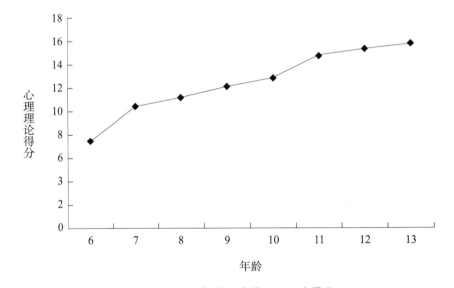

图 3-1-1　不同年龄儿童的心理理论得分

同时，对儿童在不同测量任务上的表现进行相关分析，结果见表 3-1-5。从表中可见，每一项任务与所有其他任务间均存在显著相关，相关系数在 0.404~0.812 之间。

表 3-1-5　心理理论各测量任务间的相关

	一级误念	二级误念	三级误念	四级误念	失言	陌生故事	模糊信息
一级误念	1.000						
二级误念	0.812**	1.000					
三级误念	0.512**	0.554**	1.000				
四级误念	0.404**	0.515**	0.782**	1.000			
失言	0.744**	0.792**	0.571**	0.472**	1.000		
陌生故事	0.687**	0.812**	0.544**	0.441**	0.744**	1.000	
模糊信息	0.411**	0.533**	0.712**	0.778**	0.501**	0.488**	1.000

为检验不同任务是否包含了共同的成分，对所有被试在各任务上的得

分进行探索性因素分析，数据的 KMO 值为 0.774，巴特利特球形检验 p < 0.001，说明数据适合进行因素分析。采用主成分法进行因素分析，结果得到 3 个主成分，共解释了总变异的 78.40%，表明各测量任务存在潜在的一致性，反映个体的某种公共的底层能力。

（2）效标关联效度。

选取一级错误信念任务（意外内容、意外地点）、二级错误信念任务、失言探测任务为外部效标，考察本研究自编工具与选取的经典心理理论测量工具间的效标关联效度。由表 3-1-6 可知，自编心理理论测量工具与经典心理理论测量工具间均存在显著的相关，在控制年龄因素后（所有研究工具都与年龄存在显著相关），这一相关虽有下降，但仍保持在显著性水平以上，预示不同测量工具间，确实存在某种程度的一致性。上述结果表明自编工具具有较高的效标关联效度。

表 3-1-6　自编心理理论测量工具与经典心理理论测量工具的相关分析

	意外内容	意外地点	二级错误信念	失言探测
自编工具	0.52**	0.54**	0.69**	0.72**
	（0.36*）	（0.37*）	（0.52**）	（0.56**）

注：括号内数据为控制年龄因素后的相关。

3.1.4　关于儿童心理理论测量工具编制的讨论

近年来，研究者围绕心理理论的发生机制、影响因素等问题进行了大量研究，并取得了丰富的成果。这些研究的研究对象多为 4 岁左右或学龄前的儿童，且多采用"错误信念任务"范畴的测量工具来考察儿童何时才真正拥有心理理论能力。但随着研究的不断深入，研究者普遍认为，儿童在 4 岁左右获得心理理论后，该能力还将继续发展、成熟。如个体对他人所传达的信息进行心理归因的能力是需要不断学习的，解释他人心理是一个永无止境的事情，因此，任何人都无法完全具备解释他人心理的能力（Freeman，Antonucci，& Lewis，2000）。不同的研究也从多个方面证明了学龄后儿童心理理论的进一步发展（Baron-Cohen, et al., 1997；Happé, 1994；

Baron-Cohen et al., 1999；Liddle & Nettle，2006）。研究者（Happé，1998）甚至发现，老年人在心理理论上的得分高于年轻成年人。由此可见，心理理论的发展是一个毕生的过程。近年来，研究者也逐渐转变研究的视角，开始关注学龄后个体心理理论的进一步发展。伴随这一研究趋势，不同的学龄后个体心理理论工具逐渐问世（Happé，1994；Baron-Cohen et al.，1999；Happé，Winner，& Brownell，1998；Liddle & Nettle，2006；Steerneman，1994）。本研究在回顾相关文献的基础上，依据国内外已有测量工具，汇编成童年期儿童心理理论测量工具，工具的各项信度和效度指标检验表明，本研究自编工具具有良好的信度和效度，符合测量学的基本要求。

关于自编童年期儿童心理理论测量工具，有以下几点需要说明：

第一，最初设计本研究时，笔者的愿望是能完全独立地自编童年期儿童心理理论测量任务，但随着文献回顾的不断深入，这一设想被逐渐击破，根本原因在于缺乏足够的理论指导。心理理论的早期研究过多关注学前儿童心理理论的发生、发展机制及其影响因素，这一系列的研究发展了成熟的理论及测量工具；而学龄后个体心理理论的发展近些年才逐渐引起研究者的关注，目前这一领域存在各种不同的理论观点、假设，缺乏系统发展观。基于这一理论背景，加之笔者是初涉心理理论领域，自编童年期儿童心理理论测量工具的设想不太切合实际。

第二，心理理论早期研究关注个体何时真正具有心理理论能力，因此，其对应的"错误信念任务"以全有或全无的实验方式考察儿童是否具有心理理论能力（Mitchell，1996），而在心理理论毕生发展观的影响下，研究者对学龄后个体心理理论的兴趣不再停留在个体是否具有心理理论能力上，他们更关注其心理理论能力的发展程度，即从量上确定学龄后儿童心理理论的发展水平。因此，经典"错误信念任务"的研究范式显然不适合进一步探讨学龄后个体心理理论。回顾国内外已有研究，研究者们编制了各种不同形式的学龄后个体心理理论测量工具，它们存在相似之处：使用更复杂、难度更大的任务情境考察个体心理理论能力的水平，且所有任务情境的内容都与错误信念、知觉和意图理解等相关，同时，研究者开始关注个体在真实生活情境中心理理论的运用能力（Astington & Barriault，2001）。

第三，国内学者王益文和林崇德（2004）因传统错误信念任务存在局限，提出对儿童心理理论能力的测量应采用多实验任务，逐级增加任务难度，以提高实验的灵敏度。本研究中，我们依据预测项目的难度分布，筛选了不同难度任务（任务难度分布在 0.08～0.82 间）的心理理论任务共 18 项，保证任务难度的分布较均匀，任务难度逐级增加，这一处理与韦氏智力测验的中国修订版类似，它使本工具的适用对象年龄范围更广（相对国内外研究中单一的测量任务）。本研究自编童年期儿童心理理论测量工具的目的是在数量程度上确定个体心理理论能力的发展水平，并进而探讨其与同伴交往的相互作用机制。

需要指出的是，研究者提出了很多研究方法。具体而言，有临床法、访谈法以及非言语行为测量、认知神经科学测量。这些方法可以测试儿童对不同心理状态的理解程度。随着年龄增长，儿童心理理论能力得到发展，到了某个年龄阶段，当一种测试任务的成绩普遍达到"天花板水平"时，便不再适用于测量较年长的被试者。相应地，测量儿童对不同心理状态的理解的任务也有多种。具体而言，对不同心理状态的理解包括儿童对目的和意图的理解、信念理解、视觉观点理解、愿望理解和情绪理解，测试任务包括失言理解范式、矩阵博弈范式和"思想泡"技术。

3.1.5　关于儿童心理理论测量工具编制的小结

（1）自编童年期儿童心理理论测量工具共 18 个项目，包含一级错误信念、二级错误信念、三级错误信念、失言检测、幽默与反语识别等，任务难度在 0.08～0.82 间分布。

（2）自编童年期儿童心理理论测量工具具有较好的内部一致性信度、重测信度和评分者一致性信度，同时，结构效度及效标关联效度也符合测量学的要求，表明该工具适合测量童年期儿童的心理理论水平，适用对象范围为小学一年级到六年级。

3.2 儿童心理理论的发展特点

3.2.1 问题的提出

本研究主要目的是了解童年期儿童心理理论的一般发展特点及其群体类型差异等。研究假设如下：

（1）随着年龄的增长，童年期儿童心理理论水平不断提高。

（2）童年期儿童心理理论表现出显著的群体类型差异性，如女孩的心理理论水平显著高于男孩，非独生子女的心理理论水平显著高于独生子女等。

（3）童年期儿童在心理理论不同方面的表现也存在显著差异，如一级错误信念的掌握较早，高阶错误信念的掌握较晚等。

3.2.2 研究方法

被试

在两所小学的一年级到六年级学生中，随机挑选每个年级各 20 名学生，共 120 名童年期儿童为本研究的被试。被试的具体情况如表 3-2-1 所示。

表 3-2-1　被试具体情况

年级	平均年龄	性别		来源		是否独生子女	
		男	女	农村	城市	是	否
1	6.65	11	9	11	9	8	12
2	7.58	11	9	8	12	11	9
3	8.47	10	10	8	12	12	8
4	9.77	10	10	9	11	11	9
5	10.65	10	10	8	12	11	9
6	11.58	9	11	7	13	12	8
总计		61	59	51	69	65	55

研究工具

自编童年期儿童心理理论测量任务：共 18 个项目，包括 1～4 级错误信念任务、失言检测任务、幽默、善意的谎言、模糊信息任务等。采用故事陈述法，在每段故事后，主试向儿童提出相应的问题，并依据被试的回答评分（每次提问前，都先提出相应的记忆控制问题，检测个体是否保持高度注意），每题 1 分，总分为 18 分。得分越高，表明儿童的心理理论水平越高。

数据处理

本研究所有数据的录入、管理及统计、分析均由 SPSS10.5 完成。主要进行 t 检验、方差分析等差异检验。

3.2.3　研究结果

如表 3-2-2 所示，童年期儿童心理理论水平随着年龄的增长或年级的升高而逐渐提高。这表明学龄后个体心理理论能力是不断发展并逐渐成熟的，心理理论的发展是毕生发展的过程。

表 3-2-2　不同年龄、年级儿童的心理理论得分

	6 岁	7 岁	8 岁	9 岁	10 岁	11 岁	12 岁	13 岁
M	7.2	10.1	10.7	11.4	12.1	15.1	15.4	15.7
SD	3.9	3.7	3.6	3.4	3.3	3.1	2.8	2.7

	一年级	二年级	三年级	四年级	五年级	六年级
M	8.2	10.7	11.4	12.1	13.8	15.6
SD	4.5	3.9	3.8	3.6	4.4	2.8

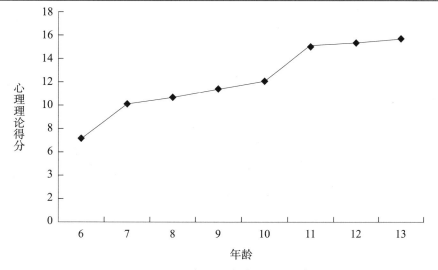

图 3-2-1　不同年龄儿童的心理理论得分

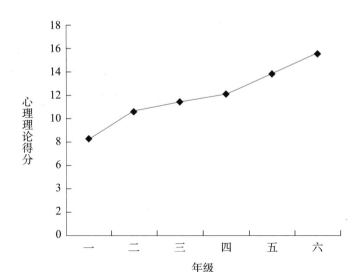

图 3-2-2　不同年级儿童的心理理论得分

为进一步清晰地展示个体心理理论随年级或年龄的发展趋势，本研究绘制了发展趋势图。由图 3-2-1 可知，心理理论总分由 6 至 13 岁一直处于上升趋势，其中，6~7 岁和 10~11 岁这两个阶段的上升趋势明显加快；与此对应，心理理论在一年级到六年级的增长过程中，一年级到二年级和四年级到五年级的增长趋势明显加快。上述结果共同表明，心理理论随着个体的成长而不断发展、成熟，在此过程中，不同阶段的发展速度存在差异，提示心理理论可能存在某些发展的关键年龄段。

本部分主要关注小学生心理理论发展的差异性，包括心理理论总分的群体类型差异（性别、年级等）和心理理论不同方面（一级误念、二级误念等）得分的群体类型差异。

3.2.3.1　总分的群体类型差异检验

首先考察心理理论总分的群体类型差异，以儿童的心理理论总分为因变量，进行 2（性别）×6（年级）/8（年龄）×2（是否独生）×2（来源地）的多因素方差分析，结果表明，性别$[F(1, 120) = 19.741, p < 0.01]$、年级$[F(5, 120) = 21.413, p < 0.01]$、是否独生$[F(1, 120) = 28.554, p < 0.01]$和来源地$[F(1, 120) = 14.713, p < 0.01]$均存在显著的主效应，所有的双向、三向和四向交互效应均不显著。进一步分析各显著的主效应如下：

性别差异

男女生心理理论得分情况如表 3-2-3 和图 3-2-3 所示，心理理论总分的性别差异表现为：女生得分显著高于男生。

表 3-2-3　不同性别儿童的心理理论总分

	男性	女性
M	11.2	13.3
SD	3.6	3.2

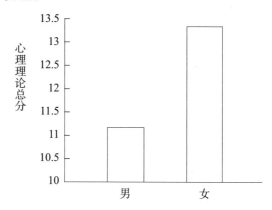

图 3-2-3　不同性别儿童的心理理论总分

年级、年龄差异

不同年级儿童心理理论的总分情况如表 3-2-2 和图 3-2-2 所示，心理理论总分年级差异的具体表现如表 3-2-4 所示。

表 3-2-4　心理理论总分的年级差异

	一年级	二年级	三年级	四年级	五年级	六年级
一年级	0					
二年级	-2.5**	0				
三年级	-3.2**	-0.7	0			
四年级	-3.9**	-1.4	-0.7	0		
五年级	-5.6**	-3.1**	-2.4**	-1.7*	0	
六年级	-7.4**	-4.9**	-4.2**	-3.5**	-1.8*	0

注：表中各数值表示相应年级得分间的差值，为列减行的分值，如一年级、二年级对应的 -2.5 表示一年级得分低于二年级得分 2.5 分，下同。

由表 3-2-4 可知：二年级到六年级儿童的得分均显著高于一年级儿童；五年级到六年级儿童的得分显著高于一年级到四年级儿童；六年级儿童的得分显著高于五年级儿童；而二年级、三年级、四年级儿童的得分间彼此差异不显著。

不同年龄儿童心理理论的得分情况如表 3-2-2 和图 3-2-1 所示，心理理论总分年龄差异的具体表现如表 3-2-5 所示。

表 3-2-5　心理理论总分的年龄差异

	6 岁	7 岁	8 岁	9 岁	10 岁	11 岁	12 岁	13 岁
6 岁	0							
7 岁	-2.9**	0						
8 岁	-3.5**	-0.6	0					
9 岁	-4.2**	-1.3	-0.7	0				
10 岁	-4.9**	-2.0*	-1.4	-0.7	0			
11 岁	-7.9**	-5.0**	-4.4**	-3.7**	-3.0**	0		
12 岁	-8.2**	-5.3**	-4.7**	-4.0**	-3.3**	-0.3	0	
13 岁	-8.5**	-5.6**	-5.0**	-4.3**	-3.6**	-0.6	-0.3	0

由表 3-2-5 可知：7～13 岁儿童的得分均显著高于 6 岁儿童；11～13 岁儿童的得分显著高于 6～10 岁儿童；10 岁儿童的得分显著高于 7 岁儿童；而 7～9 岁及 11～13 岁儿童的得分彼此间差异不显著。

对比年级与年龄差异的结果可知，两类差异的结果基本吻合，不同年级与年龄的对应较一致。因此，以后的分析中，我们将只考虑年级差异，而不再对年龄差异做进一步的分析。

是否为独生子女的差异

独生与非独生子女的心理理论得分情况如表 3-2-6 和图 3-2-4 所示，独生子女与非独生子女在心理理论总分上的差异具体表现为：非独生子女的得分显著高于独生子女。

表 3-2-6　独生子女与非独生子女的
心理理论总分

	独生子女	非独生子女
M	11.8	14.4
SD	3.1	3.8

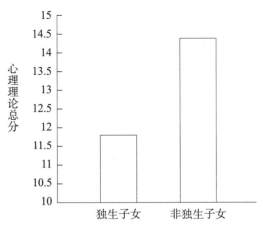

图 3-2-4　独生子女与非独生子女的心理理论
总分

来源地差异

不同来源地的被试心理理论得分情况如表 3-2-7 和图 3-2-5 所示，心理理论总分的不同来源地差异具体表现为：城市儿童的心理理论得分显著高于农村儿童。

表 3-3-7　不同来源地儿童的心理理论总分

	城市	农村
M	13.5	11.0
SD	3.9	3.2

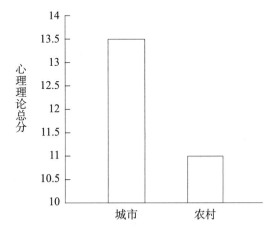

图 3-2-5　不同来源地儿童的心理理论总分

3.2.3.2　心理理论不同方面得分的群体类型差异检验

自编心理理论测量任务包括一级误念、二级误念、三级误念、四级误念、失言检测、陌生故事及模糊信息的解释。本研究中，为了使不同任务得分的比较更清晰、直观，我们计算了不同类测量任务的多项目的平均分，以此表示个体在该任务上的平均表现。经此转换后，个体在每一类任务上的得分范围为 0～1 分。重复测量方差分析的结果表明，任务类型的主效应显著［$F(6, 113)=65.563, p<0.01$］，一级误念得分显著高于其他所有任务得分，二级误念、失言检测和陌生故事得分显著高于三级误念和四级误念得分，三级误念得分高于四级误念得分。

表 3-2-8　不同心理理论任务得分间的差异

	1. 一级误念	2. 二级误念	3. 三级误念	4. 四级误念
M	0.920[2, 3, 4, 5, 6, 7]	0.756[1, 3, 4, 7]	0.444[1, 2, 4, 5, 6, 7]	0.183[1, 2, 3, 5, 6, 7]
SD	0.110	0.352	0.443	0.231

续表

	5. 失言检测	6. 陌生故事	7. 模糊信息
M	$0.700^{(1, 3, 4)}$	$0.679^{(1, 3, 4)}$	$0.638^{(1, 2, 3, 4)}$
SD	0.348	0.412	0.132

注：一级信念平均数 0.920 的上标（2，3，4，5，6，7）表示一级误念得分与二级误念、三级误念、四级误念、失言检测、陌生故事和模糊信息解释的得分都存在显著差异，p 至少小于 0.05，下同。

个体不同类测量任务得分的相关如表 3-2-9 所示，由表可知，心理理论不同测量任务间均存在显著的正相关，表明各测量任务间确实存在某种潜在的一致性。

表 3-2-9　心理理论各测量任务间的相关

	一级误念	二级误念	三级误念	四级误念	失言检测	陌生故事	模糊信息
一级误念	（0.668）						
二级误念	0.808**	（0.712）					
三级误念	0.514**	0.538**	（0.654）				
四级误念	0.410**	0.521**	0.768**	（0.651）			
失言检测	0.738**	0.801**	0.568**	0.475**	（0.785）		
陌生故事	0.677**	0.805**	0.555**	0.439**	0.747**	（0.812）	
模糊信息	0.408**	0.527**	0.733**	0.782**	0.505**	0.488**	（0.671）

注：括号内数据为各类测量任务的内部一致性系数。

以个体在各类测量任务上的得分为因变量，由表 3-2-9 已知，各因变量间均存在显著相关，所以不应通过多次方差分析来对个体的差异（年级、性别、是否独生等）进行检验，这一过程应通过 MANOVA 进行多元方差分析来完成。在 MANOVA 分析中，主要有四个统计检验值，即 Pillai 迹、Wilks λ、Hotelling 迹和 Roy 的最大特征根。在选取这些统计值时，必须是以方差是否齐性为前提条件的，如果方差不齐，就要选用 Pillai 迹，反之，则选取后面的三个检验值。本研究中，Levene 方差齐性检验的结果表明，各因变量方差无显著差异（表 3-2-10）。

表 3-2-10　Levene 方差齐性检验结果

	一级误念	二级误念	三级误念	四级误念	失言检测	陌生故事	模糊信息
F	2.231	0.887	1.254	1.685	2.022	2.188	1.855
p	0.086	0.519	0.287	0.164	0.091	0.089	0.154

以个体的各类测量任务得分为因变量，进行 2（性别）×6（年级）×2（是否是独生子女）×2（来源地）的多元方差分析。首先考虑全模型，结果表明，所有的双向、三向和四向交互效应都不显著。然后设置非饱和模型，即除去不显著的交互效应项，结果显示各自变量的主效应都显著（表 3-2-11）。进一步采用一元方差分析对各自变量的主效应进行检验。

表 3-2-11　群体类型差异的多元方差分析结果（非饱和模型）

	Λ	τ	F	df	p
性别		0.16	8.015	4，103	0.000
年级	0.712		24.514	16，406	0.000
是否独生		0.835	23.231	4，103	0.000
来源地		0.522	12.914	4，103	0.000

注：Λ 表示 Wilks'Lambda 检验值，τ 表示 Hotelling's Trace 检验值，下同。

对性别主效应的进一步分析表明，男女生分别在三级误念、四级误念、失言检测、陌生故事和模糊信息解释任务上得分存在显著差异，均表现为女生得分显著高于男生（表 3-2-12）。性别对各因变量变异的贡献见表 3-2-16。

表 3-2-12　不同心理理论任务得分的性别差异

	一级误念	二级误念	三级误念	四级误念	失言检测	陌生故事	模糊信息
男	0.916	0.748	0.386	0.122	0.635	0.633	0.581
女	0.924	0.764	0.503	0.244	0.765	0.725	0.694
Δ（男－女）	-0.008	-0.016	-0.117*	-0.122**	-0.130**	-0.092*	-0.113*

对年级效应进行 post hoc 检验，结果表明，年级在所有心理理论任务上主效应均显著，具体表现为（表 3-2-13 和图 3-2-6）：在一级误念上，一年级学生的得分显著低于二年级到五年级学生的得分，二年级学生的得分显著低于五年级、六年级学生的得分，而三年级学生得分则显著低于五年级学生的得分；在二级误念上，一年级学生得分显著低于二年级到六年级学生的得

分，二年级、三年级学生得分显著低于四年级到六年级学生的得分，四年级学生得分则显著低于五年级、六年级学生的得分；在三级误念上，一年级、二年级学生的得分显著低于三年级到六年级的得分，三年级、四年级学生的得分显著低于五年级、六年级学生的得分，而五年级学生的得分也显著低于六年级学生的得分；在四级误念上，一年级学生的得分显著低于二年级到六年级学生的得分，二年级学生的得分显著低于五年级、六年级学生的得分，三年级、四年级学生的得分显著低于六年级学生的得分，五年级学生的得分也显著低于六年级学生的得分；在失言检测上，一年级学生的得分显著低于二年级到六年级学生的得分，二年级到四年级学生的得分显著低于五年级、六年级学生的得分，同时，五年级学生的得分也显著低于六年级学生的得分；在陌生故事上，一年级学生的得分显著低于二年级到六年级学生的得分，二年级学生的得分显著低于四年级到六年级学生的得分，三年级学生的得分显著低于五年级、六年级学生的得分，四年级、五年级学生的得分也显著低于六年级学生的得分；在模糊信息解释上，一年级学生的得分显著低于三年级到六年级学生的得分，二年级学生的得分显著低于四年级到六年级学生的得分，三年级到五年级学生的得分显著低于六年级学生的得分。年级对各因变量变异的贡献见表 3-2-16。

表 3-2-13　不同心理理论任务得分的年级差异

	一级误念	二级误念	三级误念	四级误念
一年级	0.818[2, 3, 4, 5, 6]	0.498[2, 3, 4, 5, 6]	0.204[3, 4, 5, 6]	0.006[2, 3, 4, 5, 6]
二年级	0.888[1, 5, 6]	0.676[1, 4, 5, 6]	0.204[3, 4, 5, 6]	0.147[1, 5, 6]
三年级	0.922[1, 5]	0.696[1, 4, 5, 6]	0.312[1, 2, 5, 6]	0.179[1, 6]
四年级	0.942[1]	0.820[1, 2, 3, 5, 6]	0.341[1, 2, 5, 6]	0.211[1, 6]
五年级	0.988[1, 2, 3]	0.892[1, 2, 3, 4]	0.682[1, 2, 3, 4, 6]	0.233[1, 2, 6]
六年级	0.962[1, 2]	0.954[1, 2, 3, 4]	0.871[1, 2, 3, 4, 5]	0.322[1, 2, 3, 4, 5]

	失言检测	陌生故事	模糊信息
一年级	0.452[2, 3, 4, 5, 6]	0.458[2, 3, 4, 5, 6]	0.524[3, 4, 5, 6]
二年级	0.658[1, 5, 6]	0.625[1, 4, 5, 6]	0.548[4, 5, 6]

三年级	$0.698^{(1, 5, 6)}$	$0.657^{(1, 5, 6)}$	$0.612^{(1, 6)}$
四年级	$0.700^{(1, 5, 6)}$	$0.699^{(1, 2, 6)}$	$0.645^{(1, 2, 6)}$
五年级	$0.801^{(1, 2, 3, 4, 6)}$	$0.760^{(1, 2, 3, 6)}$	$0.654^{(1, 2, 6)}$
六年级	$0.892^{(1, 2, 3, 4, 5)}$	$0.874^{(1, 2, 3, 4, 5)}$	$0.844^{(1, 2, 3, 4, 5)}$

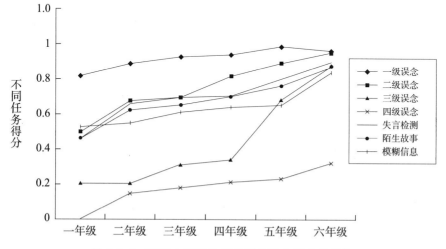

图 3-2-6　不同心理理论任务得分随年龄变化趋势

对是否为独生子女主效应的进一步分析表明，独生与非独生子女分别在三级误念、四级误念、失言检测和陌生故事任务上得分存在显著差异，均表现为非独生子女得分显著高于独生子女（表 3-2-14）。是否独生对各因变量变异的贡献见表 3-2-16。

表 3-2-14　不同心理理论得分的独生子女与非独生子女差异

	一级误念	二级误念	三级误念	四级误念	失言检测	陌生故事	模糊信息
独生	0.908	0.733	0.361	0.133	0.642	0.614	0.613
非独生	0.932	0.779	0.528	0.233	0.758	0.744	0.663
Δ（独生-非独生）	-0.024	-0.046	-0.147**	-0.100*	-0.116*	-0.130**	-0.050

对来源地主效应的进一步分析表明，城市和农村儿童分别在三级误念、四级误念、失言检测和陌生故事任务上得分存在显著差异，均表现为城市儿童得分显著高于农村儿童（表 3-2-15）。来源地对各因变量变异的贡献见表 3-2-16。

表 3-2-15　不同心理理论得分的来源地差异

	一级误念	二级误念	三级误念	四级误念	失言检测	陌生故事	模糊信息
城市	0.934	0.784	0.534	0.240	0.767	0.754	0.675
农村	0.906	0.728	0.355	0.126	0.633	0.604	0.601
Δ（城市 - 农村）	0.028	0.056	0.179**	0.114*	-0.134**	0.150**	0.074

表 3-2-16　性别、年级、是否独生及来源地对各因变量变异的贡献及比较

变量	df	一级误念		二级误念		三级误念		四级误念	
		MS	η^2	MS	η^2	MS	η^2	MS	η^2
性别	1	0.755	0.002	1.736	0.006	12.758	0.042	14.461	0.045
年级	5	1.894	0.007	18.144	0.052	26.033	0.064	12.737	0.042
是否独生	1	1.011	0.003	1.784	0.006	22.461	0.058	9.883	0.033
来源地	1	1.023	0.003	2.035	0.012	34.892	0.078	11.491	0.039
R^2		0.015		0.076		0.242		0.159	

变量	df	失言检测		陌生故事		模糊信息	
		MS	η^2	MS	η^2	MS	η^2
性别	1	16.715	0.049	8.461	0.030	11.477	0.039
年级	5	17.275	0.050	17.846	0.051	12.122	0.040
是否独生	1	12.733	0.042	16.724	0.049	1.788	0.006
来源地	1	17.172	0.050	24.138	0.061	1.988	0.007
R^2		0.191		0.191		0.092	

注：MS 表示均方，η^2 表示某个自变量单独的贡献率，$\eta^2 = SSH/（SSH + SSE）$，R^2 即为 effect size，表示统计效应大小。

3.2.4　关于儿童心理理论发展特点的讨论

3.2.4.1　一般发展特点

描述性统计的结果表明，童年期儿童心理理论的总分随年级或年龄的增长而呈现逐渐升高的趋势。这验证了个体心理理论能力的毕生发展观。

伴随研究的进一步深入，越来越多的研究者相信，儿童通过错误信念任

务（4 岁左右），并不代表其心理理论发展达到成熟状态。学龄前儿童在步入校园后，其心理理论的发展逐步由"获得"心理理论转变为"使用"心理理论，在生理成熟与经验的共同作用下，个体心理理论得到进一步发展，其精细程度也不断增强。6 岁前儿童的心理理论中还不包含特质概念，但已出现特质概念的萌芽，而七八岁之后，儿童就开始用人格特质概念来解释、预测个体的行为了（Wellman，1990）。研究者（Stone，Baron-Cohen，& Knight，1998）设计了"失言检测任务"测量 7～11 岁儿童心理理论的发展，研究发现，11 岁儿童的失言检测能力显著高于 9 岁儿童，9 岁儿童的失言检测能力则显著高于 7 岁儿童，这表明失言检测能力随年龄的增长而增长。国内学者王异芳和苏彦捷（2008）采用相同方法考察 5～8 岁儿童失言探测与理解的发展特点，结果同样发现失言探测和理解能力在不同年龄段表现出不同的发展特点。此外，高秀苹（2008）的研究也得出了类似结论。有研究者（Freeman，et al.，2000）提出，作为心理理论中介的心理表征具有可习得性，且没有证据表明儿童在 4 岁已经获得对他人心理进行推断的全部技能，也没有证据表明心理理论的发展到何种程度是终点，因此，心理理论发展应是毕生的过程。本研究的结果进一步验证了上述论点。

同时，研究还发现，童年期儿童不同阶段心理理论的增长速度不一致。在 7 岁（大致对应二年级）和 11 岁（大致对应五年级）这两个年龄段，个体心理理论的增长较为迅速，其他时间段的发展则相对较为平缓。以往研究揭示，儿童大约在 6 岁开始理解二级错误信念（Perner & Wimmer，1985），本研究中 7 岁儿童心理理论的迅速增长是否与其对应？ 11 岁儿童心理理论的迅速增长又与心理理论哪一方面能力的获得对应？童年期儿童心理理论的发展是否存在关键期？这些问题都有待今后的研究进一步探讨。

3.2.4.2　群体类型差异

本研究从心理理论的总分和不同任务得分这两个方面考察了群体类型差异。在结果分析时，为便于清晰地呈现结果，本研究分别探讨了这两个方面。为了叙述的方便，本节对这两方面的结果合并讨论。

群体类型差异的检验结果表明，无论心理理论的总分或不同心理理论任务的得分，都存在显著的性别、年级（或年龄）、是否为独生子女及来源地的差异。

在性别差异上，本研究发现，女生的表现显著强于男生。无论是在心理理论的总分上，还是在三级误念、四级误念、失言检测、陌生故事和模糊信息解释等具体任务上，女生的得分都显著高于男生。对于这一结果，笔者认为可以用进化心理学的朴素心理观加以解释。

进化心理学认为，在长期的进化过程中，由于面临不同的生存压力，男性与女性在行为及人格上表现出不同特点。由于承担繁育后代的任务，进化压力要求女性能更好地理解孩子或他人的需要，即在进化压力下，女性心理理论发展优于男性（张雷等，2006）。有研究者（Baron-Cohen，2005）进一步提出了"移情"和"系统化"这两个概念来描述此类个体差异。"移情"使个体能预测他人的行为并理解他人的情感；"系统化"则使个体能理解现象的因果关系。从认知心理学的角度而言，"系统化"代表"男性大脑"的认知特征，而"移情"则代表着"女性大脑"的认知特征，两者不同比例的融合导致普遍的个体差异。以往大量研究表明，女性总体上更多表现出女性大脑的认知风格，因此女性理解他人的目的与意图的能力强于男性。如女孩比男孩更多与他人进行目光接触（Lutchmaya & Baron-Cohen，2004），女孩喜欢长时间注视人脸，而男孩则更关注无生命的东西（Woodbury-Smith，et al.，2005）等。本研究的结果为进化心理学的朴素心理观提供了进一步的证据。

同时，语言能力的差异也可能是导致男女儿童心理理论差异的重要因素之一。本研究的自编测量工具以语言陈述的方式测查个体的心理理论水平。研究者一般都认同女性语言能力强于男性的事实，生理学的研究也证实了女性大脑的成熟先于男性大脑，而语言发展与心理理论能力间的密切联系早已得到了大量研究的支持（Freeman，Lewis，& Doherty，1991；隋晓爽，苏彦捷，2003；莫书亮，苏彦捷，2002）。基于此，女性语言能力的优势地位可能是导致儿童心理理论性别差异的原因之一。

在一级误念及二级误念任务上，本研究并未发现性别差异的存在。这或许是由于测验任务难度较低、区分度不够等。该问题有待进一步的研究证实。

在年级或年龄差异上，本研究发现，个体心理理论的总分在 6 年间不断上升，但上升的速度存在一定的差异。总体而言，整个小学阶段，二年级（7 岁）和五年级（11 岁）是两个重要的时间点。在这两个时间点上，个体的心理理论能力得到迅速发展，而在其他时间点上，心理理论的发展相对较为平缓。这些结果表明，随着儿童年龄的增长，童年期儿童的心理理论水平在发展并成熟。同时，研究发现，即使是六年级的儿童也不能全部通过各项心理理论测量任务，这说明此时个体的心理理论能力远未达到较为成熟的水平。这一结果进一步支持了心理理论的毕生发展观。

另外，本研究还发现，儿童在不同心理理论测量任务上的表现有差别。虽然伴随年龄或年级的增长，个体在各项心理理论任务上的成绩都在不断增长，但各任务间的发展速度存在一定的差别。如，本研究中，六年级儿童在一级误念、二级误念、三级误念、失言检测等任务上的平均分都在 0.870（总分为 1）以上，表明六年级儿童已基本或完全具备了上述各项心理理论能力，但他们在四级误念上的得分仅为 0.322，显然，其四级误念的发展速度较慢。以往研究也发现，个体在四五岁开始掌握一级误念，六七岁开始理解二级误念，11 岁左右通过失言检测任务（王异芳，苏彦捷，2005）。本研究的结果与以往研究一致，它揭示了个体心理理论能力的不同方面的发展差异，表明心理理论不同方面的发展轨迹存在差异，某些方面发展较快，而某些方面则发展相对较慢。

同时，本研究中不同心理理论任务得分的发展曲线也为我们了解不同心理理论能力发展的关键年龄提供了重要的依据。如前所述，二年级（7 岁）和五年级（11 岁）儿童的心理理论表现出迅速增长的趋势。结合不同心理理论任务得分的发展曲线可知，二年级儿童的二级错误信念得分表现出显著的增长，而五年级儿童的三级错误信念得分也同样表现出迅速增长的趋势。上述结果是否表明二年级和五年级分别为个体二级误念能力和三级误念能力发展的关键期？这一结论还有待研究的进一步检验。

需要指出的是，本研究关于个体心理理论不同方面的发展阶段和关键年龄的发现与以往研究存在部分差异，这与心理理论领域的研究现状是一致的。发展心理学家虽然在心理理论发展的一般模式和趋势上意见基本一致，但在发阶段和关键年龄等细节问题上依然存在较大的分歧（王益文，张文新，2002）。

在是否为独生子女的差异上，本研究发现，非独生子女的表现显著强于独生子女，非独生子女无论是在心理理论的总分，还是在三级误念、四级误念、失言检测和陌生故事等具体任务上的得分上都显著高于独生子女的得分。这一结果与以往研究的结论是一致的。帕纳等人对 76 名儿童的研究结果表明，拥有两名兄弟姐妹的 3 岁儿童的心理理论能力与 4 岁儿童相当（Perner，et al.，1994）。詹金斯等人进一步验证了帕纳等人的结果，他们发现，即使控制了年龄和语言能力，个体的兄弟姐妹数量与其心理理论水平间依然存在紧密的联系（Jenkins & Astington，1996）。刘易斯等人的研究同样表明，个体拥有的兄弟姐妹数量与其心理理论能力显著相关（Lewis，et al.，1996）。

进化心理学认为，个体开始掌握心理理论的根本原因在于同胞间的竞争。由于父母提供给子女的资源有限，为争夺这有限的资源，必然导致同胞竞争。为获取竞争的胜利，个体需要理解同胞对手的想法、意图等，以便采取适当的策略，这使得个体的心理理论得到发展。在进化心理学看来，心理理论的一个进化功能即为处理同胞间的竞争（张雷等，2006）。依据进化心理学的上述观点，有兄弟姐妹的个体由于同胞间激烈的竞争，其心理理论水平显著高于无兄弟姐妹的儿童，而有兄弟姐妹的个体间，因兄弟姐妹基因相似性程度不同，其心理理论发展水平也不同（基因越相似，竞争越小），如双胞胎个体心理理论水平低于拥有非双胞胎同胞个体的心理理论水平。

本研究的结论与进化心理学的理论观点一致，非独生子女由于同胞间的竞争，其心理理论的发展水平显著高于独生子女儿童。

在来源地的差异上，本研究发现，城市儿童的表现显著强于农村儿童，城市儿童无论是在心理理论的总分，还是在三级误念、四级误念、失言检测和陌生故事等具体任务上的得分上都显著高于农村儿童。这一结果与大多数研究的结论也是一致的。研究发现，高收入家庭或经济发达地区的儿童比低收入家庭或落后地区的儿童表现出了更高的心理理论水平（Cutting & Dunn，1999）。对于这一结果，笔者认为，一方面，可能是城市更为丰富的社交背景促进了个体心理理论的发展；另一方面，以往大量研究表明（Brown，

Donelon-McCall，& Dunn，1996；Hughes & Dunn，1998），家庭言语交流中，心理状态术语的运用能促进儿童心理理论的进一步发展。城市父母因其受教育水平偏高，与子女的交流中，心理状态术语的运用也更为普遍，由此导致城市与农村儿童的心理理论水平出现上述差异。

3.2.5 关于儿童心理理论发展特点的小结

（1）童年期儿童心理理论总分随年级增高或年龄增长而呈现逐渐增长的趋势，这提示心理理论能力的发展是毕生的过程；同时，不同阶段心理理论的增长速度不同，存在增长迅速的阶段，这提示在心理理论发展过程中可能存在关键时间点。

（2）在心理理论总分的群体类型差异上，女生的心理理论总分显著高于男生的，非独生子女的心理理论总分显著高于独生子女的，而城市儿童的心理理论总分也显著高于农村儿童的。

在年级差异上，二年级到六年级儿童的得分均显著高于一年级儿童的得分，五年级到六年级儿童的得分显著高于一年级到四年级儿童的得分，六年级儿童的得分显著高于五年级儿童的得分，而二年级、三年级、四年级儿童的得分彼此差异不显著。

在年龄差异上，7～13岁儿童的得分均显著高于6岁儿童，11～13岁儿童的得分显著高于6～10岁儿童，10岁儿童的得分显著高于7岁儿童，而7～9岁及11～13岁儿童的得分彼此间差异不显著。

（3）多元方差分析结果表明，个体在不同心理理论任务的得分上存在显著的群体类型差异。具体而言，在性别差异上，女生在三级误念、四级误念、失言检测、陌生故事和模糊信息解释任务上得分显著高于男生；在独生与非独生子女差异上，非独生子女在三级误念、四级误念、失言检测和陌生故事任务上的得分高于独生子女；在来源地差异上，城市儿童在三级误念、四级误念、失言检测和陌生故事任务上的得分显著高于农村儿童；年级差异的结果较为复杂，但总体呈现出一定的趋势：不同心理理论任务得分在二年级增长迅速，然后趋于平缓，之后于五年级再次出现迅速增长。

\ 第四章 \ 儿童同伴交往与心理理论的关系：孰因孰果

4.1 儿童同伴交往与心理理论的相关研究

4.1.1 问题的提出

早期心理理论的研究集中于探讨学前儿童在通过标准错误信念任务得分上的年龄差异和修改任务对得分的影响（Watson et al.，1999）。由于研究结果不一致，研究者开始考察儿童心理理论发展的个体差异及其影响因素。其中，社会交往成为研究者重点关注的因素之一。

社会文化观（Brunner，1995；Dunn，1988）认为，儿童不能自发获得心理理论，他们必须通过社会活动的参与、成人的教导，以及与同伴的合作才能逐渐获得心理理论。随着年龄的增长，儿童社会活动的范围不断扩大，逐渐发展起一种不同于儿童早期亲子交往（或与其他成人的交往）的特殊交往形式——同伴交往。在与成人的交往中，更多的是成人控制、儿童服从，儿童寻求帮助、成人主动提供帮助，体现的是一种"权威-服从"的关系（垂直关系），双方在心理和地位上不平等；而在与同伴的交往中，儿童之间是彼此平等互惠的关系（水平关系）（Hartup，1989）。他们只有理解同伴的想法、意图、情绪等基本心理状态，并据此预测和解释同伴的行为，才能与同伴建立正常友好的交往（Astington & Barriault，2001）。显然，与同伴间正常友好交往的实现，有赖于个体对他人的想法、意图和情绪等基本心理状态的理解。关于儿童同伴交往与其心理理论间的关系，研究者做了大量的研究工作，在探讨并证实了同伴交往与心理理论间存在密切联系的基础上，研究者尝试从不同角度对这一相关机制进行解释，从而分化出两大研究领域：同伴交往对心理理论的影响研究和心理理论对同伴交往的影响研究。

回顾以往的研究，研究者在探讨同伴交往与心理理论间的关系时，选取的同伴交往变量主要包括同伴接纳、社会行为或社交技能等。在选取同伴接纳为变量的研究中，研究者通常依据个体的同伴提名情况，将儿童划分为五种不同的同伴关系类型：受欢迎型、被拒绝型、被忽视型、矛盾型和一般型，继而考察各个变量之间的相关。大量研究表明，儿童同伴关系类型与其心理理论水平间存在密切联系。如对 4～6 岁儿童的研究发现，"被拒绝型儿童"与"一般型"儿童在各种心理理论任务上表现极为相似，儿童的同伴交往类型与其心理理论间存在相关，且女孩受欢迎的程度与其欺骗能力呈正相关（Badenes，2010）；对 4～6 岁儿童的年龄、心理理论能力、社会偏好和社会影响的相关分析也表明，在控制年龄变量的前提下，社会偏好（或社会影响）和心理理论能力间依然存在显著的相关（Slauhgter，et al.，2002）。

在选取社会行为或社交技能的研究中，大量研究也证实了其与心理理论间的密切联系。研究者指出，儿童行为发生变化的年龄与他们开始通过错误信念任务的年龄相同（Perner，1991；Wellman，1990）。有研究者（Astington & Jenkins，1995）明确提出了儿童社会行为与其心理理论水平的密切联系；对 20 名 34～45 个月大的儿童的追踪研究发现，儿童在错误信念任务上的表现能显著预测其角色分配等行为（Jenkins，et al.，1996）；研究者（Denham，1986）通过个别访谈和自然观察法也发现，儿童认知观点采择、情绪认知等与其亲社会行为存在显著相关；国内学者刘明等人（2002）对 3～4 岁儿童的短期追踪研究也发现，心理理论与个体亲社会行为存在显著正相关，在控制年龄效应后，这一相关依然成立。

综上所述,同伴交往和心理理论间的密切联系(相关)得到了大量研究的证实。但是国内外大量研究表明(郑信军,2004;Badenes,2010;Dekovic & Gerris,1994),年幼儿童的同伴交往与其心理理论的联系并不紧密,这一方面是由于同伴交往对心理理论影响的累积效应,另一方面则提示,年幼儿童的同伴交往或同伴关系并不稳定,童年期相对稳定的同伴关系更适合探讨儿童同伴交往与心理理论的复杂联系。再者,上述研究主要集中在4岁左右或学龄前儿童展开,考察的是儿童有或无("质"的层面)心理理论的差异,忽略了儿童心理理论在量上或发展程度上可能存在的差异。心理理论是一个毕生发展的过程,但目前有关心理理论毕生发展方面的研究尚处于起步阶段,该领域的理论假设还有待实证研究来证实,因此,有必要扩展研究对象的年龄范围,如考察童年期心理理论的发展及其特点。

根据上述分析,本研究拟考察童年期同伴交往与心理理论的相关关系,比较不同性别和年级的儿童同伴交往与心理理论关系的异同,分析并检验不同同伴交往背景下的心理理论差异。

4.1.2 研究方法

被试为武汉市一所小学的三年级到六年级学生,随机挑选每个年级各50名学生,共200名童年期儿童为本研究的被试。被试的具体情况如表4-1-1所示。

表 4-1-1　被试的具体情况

年级	平均年龄	性别	
		男	女
三	8.74	24	26
四	9.81	23	27
五	10.73	26	24
六	11.68	25	25
总计		98	102

研究工具

自编童年期儿童心理理论测量任务　同3.2.2节。

同伴提名　同 2.1.2 节。

友谊质量问卷　同 2.1.2 节。

班级戏剧量表　同 2.1.2 节。

自编情境故事　描述日常生活、学习中，个体间的一次无意的身体碰撞。故事主人公有两位，被试及其同学（依据同伴提名，选取其喜欢和不喜欢的同学各一名），其中，被试是固定不变的主人公，而另一名主人公则分别由被试喜欢的同伴和不喜欢的同伴替代。考察相同情境下，在面对不同主人公时，被试的行为表现。

数据处理

本研究使用 Filemaker6.0 和 SPSS10.5 录入和管理所有数据，使用SPSS10.5、LISREL8.30 和 HLM6.0 对数据进行统计和分析。主要进行相关分析、方差分析及回归分析。

4.1.3　研究结果

童年期同伴交往各水平变量与心理理论的相关见表 4-1-2。

表 4-1-2　变量的相关矩阵

	社会喜好	友谊质量	亲社会行为	外部攻击	关系攻击	心理理论
社会喜好	1.000					
友谊质量	0.215**	1.000				
亲社会行为	0.711**	0.608**	1.000			
外部攻击	-0.601**	-0.091	0.022	1.000		
关系攻击	-0.553**	-0.088	0.114	0.813**	1.000	
心理理论	0.648**	0.542**	0.423**	-0.344**	-0.141*	1.000

相关分析结果表明，即使控制了年龄效应后，心理理论与所有水平的同伴交往变量的相关仍然显著。其中，与外部攻击和关系攻击呈显著负相关，而与其他各变量则呈显著正相关。

进一步分析个体同伴交往与心理理论相关的年级、性别差异，结果如表4-1-3 所示。

表 4-1-3　同伴交往与心理理论相关的年级、性别差异

		社会喜好	友谊质量	亲社会行为	外部攻击	关系攻击
心理理论	三年级	0.551[5, 6]	0.444[5, 6]	0.397	-0.278[6]	0.165[5, 6]
	四年级	0.587[5, 6]	0.477[5, 6]	0.409	-0.323	0.121[5, 6]
	五年级	0.713[3, 4]	0.607[3, 4]	0.449	-0.365	-0.399[3, 4]
	六年级	0.751[3, 4]	0.641[3, 4]	0.455	-0.411[3]	-0.449[3, 4]
	男	0.577**	0.447**	0.441**	-0.547**	0.077
	女	0.719**	0.637**	0.405**	-0.141	-0.214**
	Z	2.01*	2.62**	0.68	4.05**	3.75**

由表 4-1-3 可知，在年级差异上，社会喜好、友谊质量与心理理论的相关均表现为三年级、四年级显著低于五年级、六年级；外部攻击与心理理论的相关表现为六年级显著高于三年级；关系攻击与心理理论的相关在三年级、四年级表现为正相关，而在五年级、六年级则表现为负相关；亲社会行为与心理理论的相关则不存在年级差异。

在性别差异上，外部攻击与心理理论的相关表现为男生显著高于女生，而在社会喜好、友谊质量和关系攻击与心理理论的相关上均表现为女生显著高于男生，亲社会行为与心理理论的相关不存在性别差异。

为进一步比较不同社交地位、不同友谊质量及不同社会行为的心理理论水平的差异，对数据做如下处理：

将友谊质量得分在班内进行标准化，依标准分将儿童分为友谊质量较高组、友谊质量一般组和友谊质量较低组，划分标准：$Z \geq 1$ 为友谊质量较高组；$-1 < Z < 1$ 为友谊质量一般组；$Z \leq -1$ 为友谊质量较低组。

依据二维五分法，将社交地位划分为以下五类：受欢迎型（$S_P \geq 1.0$，$Z_p \geq 0$，$Z_n \leq 0$）、被拒绝型（$S_P \leq -1.0$，$Z_p \leq 0$，$Z_n \geq 0$）、被忽视型（$S_I \leq -1.0$，$Z_p \leq 0$，$Z_n \leq 0$）、矛盾型（$S_I \geq 1.0$，$Z_p \geq 0$，$Z_n \geq 0$）和普通型（除上述四种类型以外的其他学生）。其中，S_P 和 S_I 分别表示社会喜好和社会影响得分；而 Z_p、Z_n 则分别为积极提名和消极提名的标准分数。

将外部攻击 Z 分数 ≤ -1 划分为低外部攻击组，外部攻击 Z 分数 ≥ 1 划分

为高外部攻击组，其余为一般外部攻击组。依据同样的标准分别将关系攻击划分为低关系攻击组、一般关系攻击组和高关系攻击组，亲社会行为划分为低亲社会行为组、一般亲社会行为组和高亲社会行为组。

经上述分组后，以儿童心理理论得分为因变量，进行社交地位（5）× 友谊质量（3）× 攻击行为（外部攻击或关系攻击）（3）× 亲社会行为（3）的被试间方差分析（Univariate），结果见表 4-1-4。

表 4-1-4　不同同伴交往条件下心理理论差异的方差分析

变异来源	平方和	自由度	均方	F 值	P
社交地位	35.417	4	8.854	4.451	0.003
友谊质量	16.255	2	8.128	4.086	0.021
外部攻击	14.417	2	7.209	3.624	0.032
关系攻击	23.156	2	11.578	5.173	0.008
亲社会行为	24.511	2	12.256	6.162	0.004
社交地位 × 外部攻击	36.155	8	4.519	2.272	0.033
社交地位 × 关系攻击	44.957	8	5.620	2.511	0.019
残差	129.285	65	1.989		
总体	1988.576	200			

注：所有不显著项并未列入，表中所列残差各项值对应外部攻击的分析结果，关系攻击对应残差方差为 145.443。

方差分析的结果表明，社交地位 [$F(4, 65) = 4.451$，$p < 0.01$]、友谊质量 [$F(2, 65) = 4.086$，$p < 0.05$]、外部攻击 [$F(2, 65) = 3.624$，$p < 0.05$]、关系攻击 [$F(2, 65) = 5.173$，$p < 0.01$] 和亲社会行为 [$F(2, 65) = 6.162$，$p < 0.01$] 的主效应都显著，同时，社交地位与外部攻击的交互效应 [$F(8, 65) = 2.272$，$p < 0.05$] 及社交地位与关系攻击的交互效应也显著 [$F(8, 65) = 2.511$，$p < 0.05$]。其他所有双向、三向和四向交互效应均不显著。进一步采用一元方差分析对各显著的主效应和交互效应进行检验。

对社交地位的主效应进行 post hoc 检验，结果表明，受欢迎组、矛盾组、一般组、被忽视组、被拒绝组儿童的心理理论水平依次递减。具体而言，受欢迎组儿童的心理理论得分显著高于一般组、被忽视组和被拒绝组；矛盾组儿童的心理理论得分显著高于被忽视组和被拒绝组；一般组儿童的心理理论得分则显著高于被忽视组和被拒绝组。表 4-1-5 是对不同社交地位的儿童心理理论的多重比较结果。

表 4-1-5　不同社交地位的儿童心理理论的多重比较

	1. 受欢迎组	2. 矛盾组	3. 一般组	4. 被忽视组	5. 被拒绝组
M	14.727[3, 4, 5]	14.106[4, 5]	13.425[1, 4, 5]	12.183[1, 2, 3]	11.684[1, 2, 3]
SD	2.110	3.352	2.443	2.231	2.348

对于有矛盾组儿童较高水平的心理理论的结果，有研究者提出了假设。如赵红梅、苏彦捷（2003）提出，这类儿童能根据自己的喜好采取让同伴喜欢或厌恶的交往策略，即既采取积极的交往行为与自己喜欢的儿童相处，使得对方喜欢和接纳自己，又采取消极的交往行为与自己不喜欢的儿童相处，使得对方拒绝和排斥自己。基于这一假设，本研究通过设计情境故事进一步深入分析了矛盾组儿童的行为表现，以期为矛盾组儿童的心理理论水平提供可能的解释。

本研究共筛选出 18 名矛盾型儿童，他们在情境故事上的行为表现如表 4-1-6 所示，卡方检验的结果表明，在不同主人公条件下，个体的行为表现有显著差异，具体而言，当与被试发生身体碰撞的是自己喜欢的同伴时，个体明显趋向做出积极的回应，而当与被试发生身体碰撞的是不喜欢的同伴时，个体则明显趋向于做出消极的回应。上述结果表明，矛盾型儿童在同伴交往中确实存在选择交往策略现象。

表 4-1-6　矛盾型儿童在情境故事上的表现

	主人公（变化）	
	喜欢的同伴	不喜欢的同伴
中性或积极	18	2
消极	0	16

对友谊质量的主效应进行 post hoc 检验，结果表明，友谊质量较高组、一般组和较低组儿童的心理理论水平依次递减，组间两两差异都显著。表 4-1-7 是对不同友谊质量的儿童心理理论的多重比较结果。

表 4-1-7　不同友谊质量的儿童心理理论的多重比较

	友谊质量较高组	友谊质量一般组	友谊质量较低组
M	14.437[2, 3]	13.155[1, 3]	10.083[1, 2]
SD	3.112	3.014	3.417

外部攻击主效应的 post hoc 检验表明（表 4-1-8），高外部攻击组、一般外部攻击组和低外部攻击组儿童的心理理论得分依次递增，组间两两差异均显著。

关系攻击主效应的 post hoc 检验表明（表 4-1-8），一般关系攻击组、低关系攻击组和高关系攻击组儿童的心理理论得分依次递减，具体而言，一般关系攻击组儿童的心理理论得分显著高于低关系攻击组和高关系攻击组，而低关系攻击组和高关系攻击组间不存在显著差异。

表 4-1-8　不同攻击行为的儿童心理理论的多重比较

	1. 高外部攻击组	2. 一般外部攻击组	3. 低外部攻击组
M	12.131[2, 3]	13.215[1, 3]	14.329[1, 2]
SD	2.104	2.027	2.318

	1. 高关系攻击组	2. 一般关系攻击组	3. 低关系攻击组
M	12.379[3]	14.428[3]	12.868[1, 2]
SD	1.984	3.011	2.173

对亲社会行为的主效应进行 post hoc 检验，结果表明，高亲社会行为组、一般亲社会行为组和低亲社会行为组儿童的心理理论水平依次递减，组间两两差异都显著。表 4-1-9 是对不同亲社会行为的儿童心理理论的多重比较结果。

表 4-1-9　不同亲社会行为的儿童心理理论的多重比较

	1. 高亲社会行为组	2. 一般亲社会行为组	3. 低亲社会行为组
M	14.844（2，3）	13.218（1，3）	11.613（1，2）
SD	2.308	2.426	2.384

对社交地位与攻击行为（外部攻击和关系攻击）间显著的交互效应进行简单效应的分析。结果表明（表 4-1-10），不同攻击行为组别的儿童在心理理论

得分上均存在显著的社交地位差异，进一步分析简单简单效应。

表 4-1-10　社交地位在不同攻击水平上的简单效应分析（F 值）

	低攻击组儿童	一般攻击组儿童	高攻击组儿童
外部攻击	8.471**	15.936**	19.784***
关系攻击	9.562**	13.581**	18.174**

简单简单效应的分析结果表明，无论外部攻击或关系攻击，对于一般攻击组儿童和低攻击组儿童，心理理论得分在不同社交地位间的差异均表现为：受欢迎组显著高于一般组、被忽视组和被拒绝组；矛盾组显著高于被忽视组和被拒绝组；一般组显著高于被忽视组和被拒绝组，上述结果与社交地位主效应的分析结果一致。区别在于，对高攻击组（外部攻击或关系攻击）儿童而言，被拒绝组儿童的心理理论得分与受欢迎组和矛盾组儿童的得分并无显著差异，同时高于一般组和被忽视组儿童（图 4-1-1）。

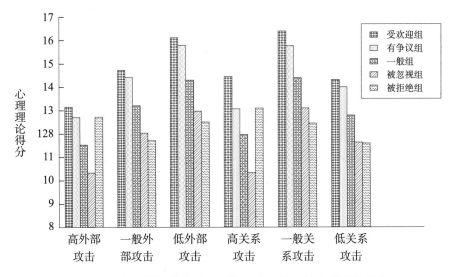

图 4-1-1　不同社交地位儿童不同攻击水平上的心理理论得分

本研究将考察同伴交往与心理理论间可能存在的复杂联系，重点检验两者间是否存在某些中介变量。文献综述部分已提到，研究者认为，同伴关系本身并不能直接影响儿童的发展，而是通过在关系形成过程中进行的同伴交往活动而产生作用（Astington & Jenkins，1995； Badenes，2010；赵红梅，苏彦捷，2003）。据此，本研究假设同伴关系通过社会行为（同伴交往活动）的中介作用对心理理论产生作用。

如果自变量 X 通过影响变量 M 来影响 Y，则我们就称 M 为中介变量（温忠麟等，2004）。本研究中，我们假设社会行为是同伴关系与心理理论间的中介变量（图 4-1-2），图中 a、b、c、c′ 均表示相应的标准回归系数。

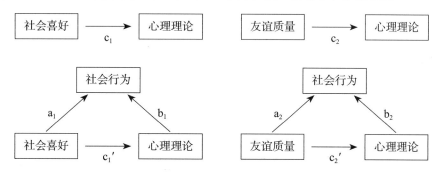

图 4-1-2　社会行为在同伴关系与心理理论间的中介作用模式图

研究者对中介效应进行检验时较多地运用了三种方法：Sobel 检验（$Z = ab/\sqrt{b^2 S_a^2 + a^2 S_b^2}$）、Goodman Ⅰ 检验（$Z = ab/\sqrt{b^2 S_a^2 + a^2 S_b^2 + S_a^2 S_b^2}$）和 Goodman Ⅱ 检验（$Z = ab/\sqrt{b^2 S_a^2 + a^2 S_b^2 - S_a^2 S_b^2}$）。同时，中介效应检验的前提条件是所有涉及的变量（包括自变量、因变量和中介变量）均存在显著相关（温忠麟等，2004；辛自强、池丽萍，2003）。由表 4-1-2 的变量相关矩阵可知，友谊质量与外部攻击和关系攻击的相关均不显著，而社会喜好则与本研究选取的三个社会行为变量都相关，因此，本研究构建的中介作用模式分别为：社会喜好-社会行为（包括亲社会行为、外部攻击行为和关系攻击行为）-心理理论和友谊质量-亲社会行为-心理理论。经标准回归分析获得各回归系数及其对应的标准误，代入上述三个公式，结果见表 4-1-11。

表 4-1-11　社会行为在同伴关系和心理理论间的中介作用检验

中介作用模式	a（Sa）	b（S^b）	c′	Sobel	Goodman Ⅰ	Goodman Ⅱ
社会喜好-亲社会行为-心理理论	0.47（0.08）	0.36（0.11）	0.08	2.859**	2.828**	2.891**

续表

中介作用模式	a（Sa）	b（S^b）	c′	Sobel	Goodman Ⅰ	Goodman Ⅱ
社会喜好-外部攻击-心理理论	-0.53（0.07）	-0.31（0.09）	0.07	3.135**	3.113**	3.158**
社会喜好-关系攻击-心理理论	-0.38（0.09）	-0.22（0.08）	0.06	2.304*	2.260*	2.351*
友谊质量-亲社会行为-心理理论	0.46（0.07）	0.37（0.10）	0.04	3.224**	3.196**	3.253**

由表 4-1-11 可知，各种检验的结果都表明中介变量具有显著作用。社会喜好可以分别通过亲社会行为、外部攻击行为和关系攻击行为的中介作用与心理理论发生间接联系；而友谊质量则通过亲社会行为的中介作用与心理理论产生间接联系。其中，对于社会喜好-亲社会行为-心理理论的中介作用模式，中介效应为 0.169（a×b，下同），总效应为 0.249（a×b + c′，下同），中介效应与总效应的比值为 0.679；对于社会喜好-外部攻击-心理理论的中介作用模式，中介效应为 0.164，总效应为 0.234，中介效应与总效应的比值为 0.701；对于社会喜好-关系攻击-心理理论的中介作用模式，中介效应为 0.084，总效应为 0.144，中介效应与总效应的比值为 0.583；而对于友谊质量-亲社会行为-心理理论的中介作用模式，中介效应为 0.170，总效应为 0.210，中介效应与总效应的比值为 0.810。上述所有的中介效应的相对作用均较大（分别为 0.679、0.701、0.583 和 0.810），因此，这些中介作用的发现具有重要意义。

上述检验证实了社会行为在同伴关系与心理理论间中介作用的存在，同时，回归分析的结果表明，在控制中介变量的前提下，无论对于社会喜好还是友谊质量，所有中介作用模式中的 c′ 均未达到显著性水平，因此，我们可以进一步判断，社会行为在同伴关系与心理理论间存在完全中介的作用。

本研究是相关研究，不能从严格意义上确定变量间的因果关系，只是提供了变量间可能存在的某种关系，严格的因果关系必须通过实验研究才能获取。

4.1.4　关于儿童同伴交往与心理理论相关关系的讨论

4.1.4.1　童年期同伴交往与心理理论的相关

本研究发现，童年期同伴交往各水平的变量与心理理论间均存在显著的相关，其中，外部攻击和关系攻击与心理理论呈显著负相关，而社会喜好、友谊质量和亲社会行为则与心理理论呈显著正相关。这与国内外相关研究的结论是一致的（Badenes，2010；Slaughter et al.，2002）。

在同伴关系上（同伴接纳、友谊质量），以往大量研究一致认为，同伴关系与心理理论间存在显著的相关，且两者的相关程度受年龄因素的影响较大，表现出同伴拒绝的累积效应，即随着年龄的增长，同伴关系与心理理论间的相关逐渐增强。如研究发现，儿童的心理理论能力与其同伴接纳水平在低年龄组中只存在中等程度的相关，而在高龄组儿童中则呈现出高度的相关（Badenes，2010）。本研究同样发现了这一相关随年龄的发展趋势：同伴拒绝（社会喜好）和友谊质量与心理理论的相关存在显著的年级差异，表现为五年级和六年级的相关显著高于三年级和四年级。这些结果进一步支持了以往研究的结论。同时，本研究也发现，同伴关系与心理理论的相关存在显著的性别差异，表现为女生的相关程度显著高于男生。其他研究者（Badenes，2010）的研究表明，4 岁、5 岁、6 岁三个年龄组的被试中，只有 6 岁组男孩的心理理论能力与其同伴接纳程度相关显著；而所有年龄组女生的心理理论能力与其同伴接纳程度都显著相关。以上研究表明，心理理论能力与同伴关系间存在显著的相关，但它们的相关既受年龄因素的影响，又表现出一定的性别差异。

在社会行为上，亲社会行为与个体的心理理论能力呈显著正相关。国内学者刘明、邓赐平和桑标的研究（2002）发现，在控制了年龄效应后，幼儿在错误信念上的得分与其亲社会行为表现仍然存在显著的正相关。本研究结论与其一致。但有研究却发现，在控制年龄效应后，心理理论与亲社会行为间的相关不显著了。他们认为，这主要是因为心理理论与亲社会行为间相关较低（中等程度甚至更低），导致不同研究结论易受研究方法等因素的干扰，从而结论不一致（Slaughter，et al.，2002）。此外，本研究还发现，亲社会行为与心理理论的相关不存在显著的性别与年级差异。

在攻击行为上，本研究发现，无论外部攻击或关系攻击，均与个体的心理理论呈现显著的负相关。需指出的是，关系攻击与心理理论的相关程度较低（-1.414）。在年级差异的检验中，外部攻击表现为六年级的相关显著高于三年级，而关系攻击与心理理论相关的年级差异比较突出，三年级、四年级表现为正相关，五年级、六年级则表现为负相关。这些结果提示，攻击行为的不同类型对个体发展的影响可能存在差别，因此，有必要区分攻击行为的不同类型来探讨攻击行为儿童的社会认知特点（王益文等，2004）。此外，在性别差异方面，外部攻击与心理理论的相关表现为男生显著高于女生，而关系攻击与心理理论的相关则表现为女生显著高于男生。何一粟、李洪玉和冯蕾（2006）的研究表明，如果遭受攻击，男孩比女孩表现出更多的身体攻击行为，说明外部攻击在男孩中更普遍；国外研究者（Zimmer-Gembeck，Geiger，& Crick，2005）的追踪研究也表明，小学三年级的关系攻击不存在性别差异，而六年级的女孩关系攻击显著多于男孩的，男孩的外部攻击显著多于女孩的。这些结果都表明，男孩和女孩在攻击形式上存在本质的差异。男孩更为普遍的攻击形式是外部攻击，而女孩则通常采取关系攻击的形式。攻击形式的区别可能是导致外部攻击、关系攻击与心理理论的相关存在性别差异的原因之一。

4.1.4.2　不同同伴交往状况个体的心理理论能力

方差分析的结果表明，具有不同同伴交往状况的个体，其心理理论能力存在显著的差异。

在不同社交地位儿童的心理理论差异上，本研究发现，受欢迎组、矛盾组、一般组、被忽视组、被拒绝组儿童的心理理论水平依次递减。其中，受欢迎组儿童的心理理论得分显著高于一般组、被忽视组和被拒绝组；矛盾组儿童的心理理论得分显著高于被忽视组和被拒绝组；一般组儿童的心理理论得分则显著高于被忽视组和被拒绝组。这一结果进一步验证了不同社交地位儿童心理理论水平的差异，与国内外多数研究结论是一致的（Badenes，2010；Dockett，1997；郑信军，2004）。一般认为，不同社交地位的儿童，其社会认知能力的发展存在显著差异。如被拒绝儿童在解决冲突的策略选择上最不恰当，高社交地位的儿童比低社交地位的儿童能更好地解决冲突（Ewin，1994）；国内学者周宗奎、林崇德（1998）以访谈法考察不同社交地位的儿童解决社交问题的策略，结果表明，被忽视儿童发动交往的有效性最低，被拒绝儿童表现出更高的社交依赖性，受欢迎儿童社交问题的解决情况最好。由此可见，不同的社交地位与社会认知能力的不同水平间确实存在密切的联系。

值得注意的是，本研究发现，矛盾组儿童与受欢迎组儿童在心理理论的得分上并无显著差异，且其得分均显著高于被忽视组和被拒绝组。矛盾组儿童在部分心理理论任务上的得分甚至略高于受欢迎组的儿童（Slaughter，et al.，2002）。对于这一结果，国内学者赵红梅、苏彦捷（2003）提出假设，认为这类儿童能根据自己的喜好采取让同伴喜欢或厌恶的交往策略，即既采取积极的交往行为与自己喜欢的儿童相处，使得对方喜欢和接纳自己，又采取消极的交往行为与自己不喜欢的儿童相处，使得对方拒绝和排斥自己。本研究通过情境故事的设计，对这一假设进行了验证，结果表明，矛盾组儿童在同伴交往中确实存在交往策略的选择现象，即面对不同对象选择不同的交往策略以达到自己的目的。

在不同友谊质量的儿童心理理论的差异上，本研究发现，友谊质量较高组、友谊质量一般组和友谊质量较低组儿童的心理理论水平依次递减，且两两差异达到显著性水平。以往的研究更关注社交地位与心理理论的关系，而对友谊质量与心理理论的关系探讨不够。研究者明确指出，同伴接纳与友谊在儿童青少年的发展中具有不同的功能（邹泓，1998），因此，在探讨同伴交往与心理理论的关系时，有必要关注友谊质量的作用。本研究的结果表明，个体的友谊质量越高，其心理理论水平也越高，两者存在显著的正相关。

在不同亲社会行为的儿童心理理论的差异上，本研究发现，高亲社会行为组、一般亲社会行为组和低亲社会行为组儿童的心理理论水平依次递减，且两两差异达到显著性水平。这一结果与国内外相关研究的结论是一致的（Watson et al.，1999；Newcomb et al.，1993；赵景欣，2004）。

在不同攻击行为儿童的心理理论差异上，高外部攻击组、一般外部攻击组和低外部攻击组儿童的心理理论得分依次递增，且两两差异显著；关系攻击的组别差异与外部攻击不同，表现为一般关系攻击组、低关系攻击组和高关系攻击组儿童的心理理论得分依次递减，一般关系攻击组儿童的心理理论得分显著高于低关系攻击组和高关系攻击组儿童，而低关系攻击组和高关系攻击组间则不存在显著差异。关于攻击行为发生的认知机制，有研究者（Dodge，1986）提出了攻击行为的社会信息加工模型，认为攻击行为的发生与儿童的认知缺陷或信息加工能力低下相联系，他们的研究也验证了这一假设（Dodge & Frame，1982）。但也有研究发现，攻击行为与认知缺陷并无必然联系，如，攻击儿童与控制组儿童在二级误念任务得分上并不存在显著差异（Sutton，et al.，1999）。上述研究结论的不一致，提示有必要对攻击行为的类型进行划分。有研究者（Björkqvist & Lagerspetz，1992）将攻击行为划分为外部攻击和关系攻击两类，并进一步提出，实施关系攻击要求儿童具备较高的认知和操纵他人心理的能力。因此，外部攻击行为的发生机制或许可以运用社会信息加工模型加以解释，即外部攻击行为的发生与个体认知的缺陷联系，但关系攻击的发生则与认知的缺陷无必然联系。本研究甚至发现，一般关系攻击水平的儿童心理理论能力比低关系攻击水平的儿童更高，这进一步支持了关系攻击的实施需要具备一定水平的心理理论能力的论据。本研究还发现，并非关系攻击水平越高，个体的心理理论水平也越高，两者间呈现倒 U 形的关系。这或许能为关系攻击与心理理论相关的年级差异提供部分解释。有研究者（Zimmer-Gembeck，et al.，2005）提出，小学三年级的关系攻击水平较低且不存在性别差异，之后逐年增长，六年级时，女生的关系攻击已显著多于男生，且男女生的关系攻击水平都显著高于三年级。本研究中，三年级、四年级儿童的关系攻击与其心理理论间呈现显著的正相关，考虑到关系攻击与心理理论间倒 U 形的联系，这一正相关的产生可能是由三年级、四年级较低水平的关系攻击行为决定的；同理，五年级、六年级较高水平的关系攻击行为导致其关系攻击与心理理论间显著的负相关。上述结果对攻击行为认知发生机制的认识是有意义的补充。

另外，方差分析的结果也表明，在心理理论得分上，社交地位与攻击行为的交互效应显著，具体表现为：无论外部攻击或关系攻击，对一般攻击组儿童和低攻击组儿童而言，心理理论得分在不同社交地位间的差异均表现为受欢迎组显著高于一般组、被忽视组和被拒绝组，矛盾组显著高于被忽视组和被拒绝组，一般组显著高于被忽视组和被拒绝组；而对高攻击组（外部攻击或关系攻击）儿童而言，被拒绝组儿童的心理理论得分与受欢迎组和有争议组儿童的得分并无显著差异，甚至高于一般组和被忽视组儿童。

　　研究者认为，同伴拒绝的负性经验有可能使儿童对他人的心理状态更为敏感，因此，实际研究需考虑被试群体所处的具体情境（赵红梅，苏彦捷，2003）。如，被拒绝的欺侮者必须具有较好的社会认知和心理理论能力才能应付他人的报复行为从而保护自己（Sutton, et al., 1999）。本研究的结论与此一致，无论被拒绝的高外部攻击儿童或被拒绝的高关系攻击儿童，其心理理论水平都与受欢迎组儿童相当，表明其社会认知能力发展较好。但需指出的是，对不同攻击水平的儿童进行的对比研究发现，高攻击性的被拒绝儿童形成外化问题行为（如人际敌意、暴力、犯罪等）的可能性更大（Kupersmidt & Coie, 1990）。在现实生活中，暴力、犯罪等事件的当事人往往具备较高的社会认知能力，并借此逃避惩罚。由此可见，被拒绝的高攻击性儿童的较高水平的社会认知能力被不恰当地使用了。这应引起研究者的足够关注。

4.1.4.3　同伴交往与心理理论的中介变量

　　中介变量的检验结果表明，社会喜好可以分别通过亲社会行为、外部攻击行为和关系攻击行为的中介作用与心理理论发生间接联系；而友谊质量则通过亲社会行为的中介作用与心理理论产生间接联系。这一结果进一步验证了研究者的假设（Astington & Jenkins, 1995 ; Badenes, 2010 ; 赵红梅，苏彦捷，2003）。

　　需要强调的一点是，本研究中所考察的变量（社会喜好、友谊质量、社会行为、心理理论）间可能存在更为复杂的关系，它们之间也可能存在与我们的假设完全相反的关系，而且似乎相反的模型更便于解释：心理理论水平较高的个体在同伴交往中表现出更多的亲社会行为和更少的攻击行为，这决定了其在群体中被他人喜欢或接受的程度。本研究所检验的模型只是提供了变量间可能存在的某种联系，至于更为复杂的联系，还有待进一步的研究探讨。

4.1.5　关于儿童同伴交往与心理理论相关关系的小结

4.1.5.1 同伴交往与心理理论的相关关系及其年级、性别差异

（1）同伴交往各水平的变量与心理理论间均存在显著相关，其中，外部攻击和关系攻击与心理理论呈显著负相关，而社会喜好、友谊质量、亲社会行为则与心理理论呈显著正相关。

（2）同伴交往与心理理论的相关表现出一定的年级和性别差异。在年级差异上，社会喜好、友谊质量与心理理论的相关均表现为三年级、四年级显著低于五年级、六年级；外部攻击与心理理论的相关表现为六年级显著高于三年级；关系攻击与心理理论的相关则在三年级、四年级表现为正相关，而在五年级、六年级则表现为负相关；亲社会行为与心理理论的相关则不存在年级差异。在性别差异上，外部攻击与心理理论的相关表现为男生显著高于女生，而在社会喜好、友谊质量、关系攻击与心理理论的相关上均表现为女生显著高于男生，亲社会行为与心理理论的相关不存在性别差异。

4.1.5.2　不同社交地位、友谊质量及社会行为的儿童心理理论的差异

（1）不同社交地位的儿童心理理论的差异。

受欢迎组、矛盾组、一般组、被忽视组、被拒绝组儿童的心理理论水平依次递减，受欢迎组儿童的心理理论得分显著高于一般组、被忽视组和被拒绝组；矛盾组儿童的心理理论得分显著高于被忽视组和被拒绝组；一般组儿童的心理理论得分则显著高于被忽视组和被拒绝组。值得注意的是，矛盾组儿童与受欢迎组儿童在心理理论得分上并无显著差异。

矛盾组儿童在同伴交往中具有交往策略的选择性特点，即面对不同对象选择不同的交往策略以达到自己的目的。

（2）不同友谊质量的儿童心理理论的差异。

友谊质量较高组、一般组和较低组儿童的心理理论水平依次递减，友谊质量较高组的儿童心理理论得分显著高于友谊质量一般组和友谊质量较低

组的儿童，友谊质量一般组儿童的心理理论得分也显著高于友谊质量较低组儿童。

（3）不同攻击行为的儿童心理理论的差异。

对外部攻击而言，高外部攻击组、一般外部攻击组和低外部攻击组儿童的心理理论得分依次递增，高外部攻击组儿童心理理论得分显著低于一般外部攻击组和低外部攻击组儿童，同时，一般外部攻击组儿童心理理论得分显著低于低外部攻击组儿童。

与外部攻击的主效应不同，对关系攻击而言，一般关系攻击组、低关系攻击组和高关系攻击组儿童的心理理论得分依次递减，一般关系攻击组儿童的心理理论得分显著高于低关系攻击组和高关系攻击组儿童，而低关系攻击组和高关系攻击组间则不存在显著差异。

（4）不同亲社会行为的儿童心理理论的差异。

高亲社会行为组、一般亲社会行为组和低亲社会行为组儿童的心理理论水平依次递减，高亲社会行为组儿童心理理论得分显著高于一般亲社会行为组和低亲社会行为组，同时，一般亲社会行为组儿童心理理论得分显著高于低亲社会行为组儿童。

（5）社交地位与攻击行为的交互效应。

在心理理论得分上，社交地位与攻击行为的交互效应显著，不同攻击行为组的儿童在心理理论得分上均存在显著的社交地位差异。进一步的简单简单效应分析结果表明，无论外部攻击或关系攻击，一般攻击组儿童和低攻击组儿童的心理理论得分在不同社交地位间的差异均表现为：受欢迎组显著高于一般组、被忽视组和被拒绝组；矛盾组显著高于被忽视组和被拒绝组；一般组显著高于被忽视组和被拒绝组。区别在于，对高攻击组（外部攻击或关系攻击）儿童而言，被拒绝组儿童的心理理论得分与受欢迎组和有争议组儿童的得分并无显著差异，甚至高于一般组和被忽视组儿童。

4.1.5.3　同伴关系与心理理论的中介变量

社会喜好可以分别通过亲社会行为、外部攻击行为和关系攻击行为的中介作用与心理理论发生间接联系；而友谊质量则通过亲社会行为的中介作用与心理理论发生间接联系。

对于社会喜好-亲社会行为-心理理论的中介作用模式，中介效应为0.169，总效应为0.249，中介效应与总效应的比值为0.679；

对于社会喜好-外部攻击-心理理论的中介作用模式，中介效应为0.164，总效应为0.234，中介效应与总效应的比值为0.701；

对于社会喜好-关系攻击-心理理论的中介作用模式，中介效应为0.084，总效应为0.144，中介效应与总效应的比值为0.583；

对于友谊质量-亲社会行为-心理理论的中介作用模式，中介效应为0.170，总效应为0.210，中介效应与总效应的比值为0.810。

同时，在控制中介变量的前提下，无论是对于社会喜好还是对于友谊质量，在所有的中介作用模式中c'均未达到显著性水平。因此，社会行为在同伴关系与心理理论间所起的是完全中介的作用。

4.2 儿童同伴交往与心理理论的相关机制探讨：同伴交往对心理理论的影响

4.2.1 问题的提出

同伴关系对儿童的发展有着潜在影响（Ladd，1999）。良好的同伴关系有助于儿童获得各种知识技能，尤其是发展社会认知能力。同伴关系本身并不能直接影响儿童的发展，而是通过在这种关系形成过程中所进行的同伴交往活动而产生作用（赵红梅，苏彦捷，2003）。回顾已有同伴交往对心理理论的影响研究，研究者主要从以下两方面探讨了这一影响机制：不同同伴交往水平变量对心理理论的影响（同伴接纳、社会行为或社会技能）、同伴交往对心理理论影响机制的群体类型差异（性别、年龄及跨文化差异等）。

研究者主要选取了同伴接纳、社会行为或社会技能等不同水平的同伴交往指标考察其对心理理论的影响。如，儿童与同伴间的积极交往与其心理理论能力呈正相关，即与同伴积极交往的频次越高、时间越多，则越有利于儿童心理理论能力的获得和发展（Watson，et al.，1999）；受欢迎儿童比被拒绝儿童能更好地理解他人的心理状态（Slaughter，et al.，2002）；4～6岁被拒绝儿童在欺骗任务和白谎任务上的得分都显著低于受欢迎组和一般组（Badenes，2010）。由此可见，同伴接纳或社交地位对儿童心理理论能力的发展具有重要的影响。有研究者（Badenes，2010）用厌恶心理（nasty mind）解释了被同伴拒绝的儿童的心理理论形成过程：同伴拒绝出现之初，被拒绝儿童的心理理论能力和一般群体并无显著差别，但当同伴拒绝成为一种恶性循环现象时，个体在心理理解上就会逐渐表现出较差的能力，即被拒绝儿童消极的同伴交往经验影响了他们对心理知识的建构，他们建构的可能是厌恶心理理论。显然，这个观点与心理理论的社会文化观的观点一致，它强调了社会文化或生活经验对个体心理理论能力发展的影响。需要指出的是，研究者提出，社交地位或同伴接纳类型可能只影响儿童心理理论发展的某些方面。如，被拒绝男孩在错误信念理解任务上的得分与受欢迎组和一般组间并不存在显著差异（Badenes，2010）。研究者指出，负性经验可能令儿童对他人的心理状态更敏感，如，受同伴拒绝的欺侮者必须具有较好的社会认知和心理理论能力才能控制他人，并应付他人的报复从而保护自己（Sutton，et al.，1999）。因此，并非同伴拒绝或社交地位差的儿童心理理论能力就一定差。

在社会行为或社会技能对儿童心理理论的影响研究中，研究者普遍认为，积极的社会行为、良好的社会技能或对游戏（特别是假装游戏）的积极参与等能促进儿童心理理论能力的发展。如，通过积极的社会行为，个体与他人建立起积极的交往，从而促进其社会理解能力的发展（Cassidy，Werner，Rourke，et al.，2003）；假装游戏中的合作水平预测了个体的社交地位状况，并进而影响其心理理论能力的发展（Howes，et al.，1992；Howes，et al.，1993）。

综上所述，研究者通过选取不同水平的同伴交往变量，探讨并验证了同伴交往对儿童心理理论发展的重要影响，但对二者关系的本质或其相互作用的因果方向等还存在许多分歧和争议。而以往的研究大多属于相关研究范式，并不能确定变量间的因果联系，要真正了解变量间的因果关系只有通过控制得较好的实验研究实现，但相关文献中并无较好的实验研究范式可供借鉴。对此，需要研究来澄清因果方向的问题：包括训练研究和长期纵向追踪研究（Carlson & Moses，2001）。基于此，本研究拟结合研究四中介效应检验的结果，通过潜变量增长曲线模型考察童年期儿童初始同伴关系（T1）对其社会行为发展趋势（T1-T3）的预测作用，同时探讨社会行为的发展趋势（T1-T3）对其心理理论（T3）的影响，从而提示同伴交往对心理理论的因果预测机制。

4.2.2　研究方法

被试为武汉市一所小学的三年级、四年级学生，分别于 2006 年 12 月、2007 年 12 月和 2008 年 12 月进行三次测量，选取三次测量均参与的儿童为本研究的被试，被试具体情况见表 2-1-1。

研究工具

自编童年期儿童心理理论测量任务　同 3.2.2 节。

同伴提名　同 2.2.2 节。

友谊质量问卷　同 2.1.2 节。

班级戏剧量表　同 2.1.2 节。

施测程序

主试为经过统一培训的心理学专业研究生，于 2006 年 12 月进行同伴关系数据的收集，并分别于 2006 年 12 月、2007 年 12 月和 2008 年 12 月进行了三次社会行为数据的收集，同时，2009 年 2 月进行自编童年期儿童心理理论测量任务的施测，数据收集于 2 周内完成。由 Filemaker6.0 和 SPSS10.5 完成所有数据的录入和管理，使用 SPSS10.5 和 LISREL8.30 进行数据的统计和分析，主要进行相关分析和潜变量增长曲线模型的分析。

4.2.3　研究结果

4.2.3.1　潜变量增长曲线模型的相关说明

潜变量增长曲线模型（latent growth curve model，LGM）是基于结构方

程模型的处理追踪研究数据的统计方法。它通过定义截距（常数）和斜率（线性增长）这两个因子来描述重复测量的变量的发展特征，类似验证性因子分析的模型。和重复测量的方差分析相比，潜变量增长曲线模型不仅关心因子的平均值（M_i，M_s），也关心因子的方差（D_i，D_s），它将测量水平分析和个体水平分析结合起来，能对整体的增长趋势及个体差异进行分析。而和多层线性模型相比，潜变量增长曲线模型能对变量之间复杂的因果关系进行分析。本研究之所以选用 LGM 对数据进行统计分析，正是基于这一点。

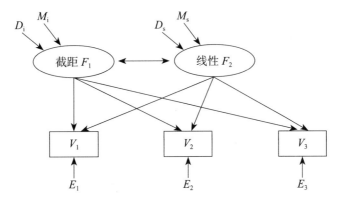

图 4-2-1　两因子的潜变量增长曲线模型

图 4-2-1 描述的是含有三次测量数据的最简单的 LGM 模型，在实际研究中，该模型也可纳入相关预测或结果变量，如纳入预测变量考察其对发展趋势的预测作用，纳入结果变量考察变量的发展趋势对其的预测作用，等等。本研究将基于研究四中介效应检验的结果，通过构建三组模型来考察童年期儿童初始同伴关系（T1）对其社会行为发展趋势（T1～T3）的预测作用，同时探讨社会行为的发展趋势（T1～T3）对其心理理论（T3）的预测作用，即纳入初始同伴关系为预测变量，最后一年的心理理论为结果变量。

4.2.3.2　同伴交往影响心理理论的潜变量增长曲线模型

本研究的潜变量增长曲线模型既包含影响增长趋势的预测变量（同伴关系），又包含受增长曲线影响的结果变量（心理理论）。在所有的模型中，M_i 表示截距 F_1（常数项）的总体均值，D_i 表示其对应的方差；M_s 表示 F_2（线性变化，即斜率）的平均值，对应方差为 D_s；M_q 表示 F_3（二次增长趋势）的均值，

D_q 则为其对应的方差。

本研究将采用正交多项式系数来固定因子载荷。用正交多项式描述重复测量数据的变化趋势有一个明显的好处，即潜变量的定义有明确的解释。例如，常数项可以被解释为三次测量的总体均值，线性项定义的潜变量可以被解释为这一段时间的平均斜率（刘红云，张雷，2005）。用 MANOVA 生成的正交多项式转换矩阵来定义因子载荷，具体如下：

常数因子对应的因子载荷分别为：0.521、0.521、0.521；

线性因子对应的因子载荷分别为：-0.688、0.000、0.688；

二次因子对应的因子载荷分别为：0.376、-0.752、0.376。

外部攻击的三次测量、社会喜好和心理理论得分的相关及其描述统计量如表 4-2-1 所示。

表 4-2-1　三次测量的外部攻击行为、社会喜好及心理理论的描述统计量

	外部攻击行为的三次测量			社会喜好	心理理论
	T1	T2	T3	Zsp	Ztom
T1	1.000				
T2	0.896**	1.000			
T3	0.767**	0.909**	1.000		
Zsp	-0.591**	-0.573**	-0.544**	1.000	
Ztom	-0.346**	-0.355**	-0.328**	0.538**	1.000
平均值	1.667	1.694	1.747	-0.007	0.000
标准差	2.997	3.367	3.522	0.994	1.000

注：Zsp 表示社会喜好的标准分，Ztom 表示心理理论的标准分，下同。

潜变量增长曲线模型的建构考虑同时纳入预测变量和结果变量，即初始的社会喜好为影响外部攻击行为增长趋势的自变量，最后一年的心理理论为受外部攻击行为增长趋势影响的结果变量。模型建构如图 4-2-2 所示。

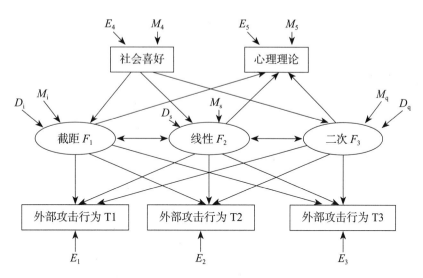

图 4-2-2　社会喜好、外部攻击行为影响心理理论的潜变量增长曲线模型

程序运行结果表明，模型的整体拟合指数分别为：$\chi^2 = 0.983$，$df = 2$，$p = 0.463$，RMSEA $= 0.032$，GFI $= 0.989$，NFI $= 0.991$，CFI $= 0.983$，RFI $= 0.971$，表明数据与模型的拟合非常好。

从表 4-2-2 中的参数估计结果可以看出，社会喜好对外部攻击行为的总体均值（截距）有显著的负向预测作用（$b = -0.134$，$SE = 0.053$，$t = -2.532$），说明初始社会喜好水平越高，三次测量的外部攻击行为的平均值就越低；社会喜好对外部攻击行为的线性增长趋势有显著的负向预测作用（$b = -0.054$，$SE = 0.019$，$t = -2.846$），说明初始社会喜好水平越高，个体外部攻击行为的线性增长速度就越慢；社会喜好对外部攻击行为的二次增长趋势也存在显著的影响（$b = -0.034$，$SE = 0.015$，$t = -2.271$），说明初始社会喜好水平越高，外部攻击行为的二次增长速度就越慢。

表 4-2-2　社会喜好对外部攻击行为增长参数的影响

预测变量	增长参数	估计值	标准误	t 值
社会喜好	截距	-0.134	0.053	-2.532
	线性增长趋势	-0.054	0.019	-2.846
	二次增长趋势	-0.034	0.015	-2.271

从表 4-2-3 中外部攻击行为增长趋势参数对心理理论的影响结果可以看出，外部攻击行为三次测量的平均水平（常数项）对心理理论有显著影响（$b = -0.462$，$SE = 0.176$，$t = -2.629$），说明个体外部攻击行为三次测量的平均值越高，T3 时的心理理论得分就越低；外部攻击行为三次测量的线性增长趋势对心理理论的影响显著（$b = -0.311$，$SE = 0.122$，$t = -2.554$），说明外部攻击行为的线性增长趋势越快，T3 时的心理理论得分就越低；同时，外部攻击行为三次测量的二次增长趋势对心理理论也存在显著的负向预测作用（$b = -0.088$，$SE = 0.042$，$t = -2.099$），说明外部攻击行为的二次增长趋势越快，T3 时的心理理论水平也越低。上述结果共同表明，三年间外部攻击行为的增长趋势能显著负向预测三年后其心理理论水平的高低。

表 4-2-3　外部攻击行为增长趋势参数对心理理论的影响

参数	估计值	标准误	t 值
截距	0.415	0.547	0.763
常数项	-0.462	0.176	-2.629
线性增长趋势	-0.311	0.122	-2.554
二次增长趋势	-0.088	0.042	-2.099

关系攻击行为的三次测量、社会喜好和心理理论得分的相关及相应的描述统计量如表 4-2-4 所示。

表 4-2-4　三次测量的关系攻击行为、社会喜好及心理理论的描述统计量

	关系攻击行为的三次测量			社会喜好	心理理论
	T1	T2	T3	Zsp	Ztom
T1	1.000				
T2	0.793**	1.000			
T3	0.611**	0.823**	1.000		
Zsp	-0.522**	-0.515**	-0.553**	1.000	
Ztom	-0.156*	-0.147*	-0.175*	0.538**	1.000
平均值	1.339	1.372	1.405	-0.007	0.000
标准差	1.837	2.171	2.376	0.994	1.000

类似地，潜变量增长曲线模型的建构考虑同时纳入预测变量和结果变量，即初始的社会喜好为影响关系攻击行为增长趋势的自变量，最后一年的心理理论为受关系攻击行为增长趋势影响的结果变量，模型建构如图 4-2-3 所示。

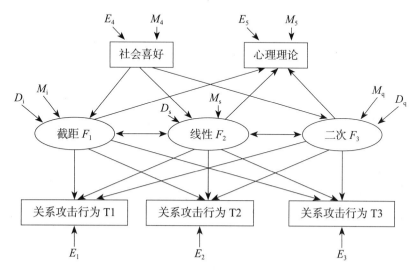

图 4-2-3　社会喜好、关系攻击行为影响心理理论的潜变量增长曲线模型

程序运行结果表明，模型的整体拟合指数分别为：$\chi^2 = 5.941$，$df = 2$，$p = 0.051$，RMSEA $= 0.072$，GFI $= 0.911$，NFI $= 0.912$，CFI $= 0.909$，RFI $= 0.907$，表明数据与模型的拟合较好。

从表 4-2-5 中的参数估计结果可以看出，社会喜好对关系攻击行为的总体均值（截距）有显著的负向预测作用（b $= -0.174$，$SE = 0.061$，t $= -2.856$），说明初始社会喜好水平越高，三次测量的关系攻击行为的平均值就越低；社会喜好对关系攻击行为的线性增长趋势有显著的负向预测作用（b $= -0.071$，$SE = 0.027$，t $= -2.635$），说明初始社会喜好水平越高，个体关系攻击行为的线性增长速度就越慢；社会喜好对关系攻击行为的二次增长趋势也存在显著的影响（b $= -0.031$，$SE = 0.012$，t $= -2.587$），说明初始社会喜好水平越高，关系攻击行为的二次增长速度就越慢。

表 4-2-5　社会喜好对外部攻击行为增长参数的影响

预测变量	增长参数	估计值	标准误	t 值
社会喜好	截距	-0.174	0.061	-2.856
	线性增长趋势	-0.071	0.027	-2.635
	二次增长趋势	-0.031	0.012	-2.587

从表 4-2-6 中关系攻击行为增长趋势参数对心理理论的影响结果可以看出，关系攻击行为三次测量的平均水平（常数项）对心理理论的影响不显著（$b = -0.217$，$SE = 0.149$，$t = -1.461$）；同时，关系攻击行为三次测量的线性增长趋势（$b = -0.104$，$SE = 0.089$，$t = -1.173$）和二次增长趋势（$b = -0.074$，$SE = 0.047$，$t = -1.578$）对心理理论的影响也不显著。

表 4-2-6　关系攻击行为增长趋势参数对心理理论的影响

参数	估计值	标准误	t 值
截距	0.322	0.451	0.719
常数项	-0.217	0.149	-1.461
线性增长趋势	-0.104	0.089	-1.173
二次增长趋势	-0.074	0.047	-1.578

上述结果和我们的研究预想并不一致。分析可知，在前面的研究中已发现，不同关系攻击个体的心理理论差异表现为一般关系攻击组、低关系攻击组和高关系攻击组儿童的心理理论得分依次递减。换言之，关系攻击与心理理论得分间大致呈现的是倒 U 形的曲线关系，并非关系攻击越高或越低，其相应的心理理论水平也越高或越低。因此，考察关系攻击总体的发展趋势对心理理论的影响时，若个体关系攻击的起始水平不同，其同样的上升趋势可能反映的是完全相反的结论（如图 4-2-4 中 A、B 两个个体，在相同时间内关系攻击上升同样的水平，其反映在心理理论得分上的差异是完全相反的）。基于此，考察关系攻击行为增长趋势对心理理论的影响时，有必要对初始关系攻击行为水平进行分组。

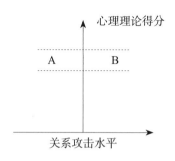

图 4-2-4　关系攻击与心理理论的关系

综上所述，为深入、清晰地阐明关系攻击行为增长趋势对心理理论的预测机制，本部分研究首先将个体按关系攻击行为水平划分为高关系攻击组、一般关系攻击组和低关系攻击组，然后针对不同的组别分别探讨其关系攻击行为的增长趋势对心理理论的影响。由于本部分只关注关系攻击行为的增长趋势对心理理论的影响，因此，模型建构时删去了原模型中的初始预测变量（T1 时的社会喜好）。

三组被试的数据与模型的整体拟合指数如表 4-2-7 所示，由表可知，各组被试的数据与模型的拟合均较好。

表 4-2-7　模型的拟合指数

	χ^2	df	p	RMSEA	GFI	NFI	CFI	RFI
高关系攻击组	1.613	1	0.218	0.037	0.968	0.969	0.966	0.965
一般关系攻击组	2.011	1	0.153	0.045	0.954	0.955	0.955	0.954
低关系攻击组	1.472	1	0.311	0.033	0.974	0.974	0.974	0.974

表 4-2-8　关系攻击行为增长趋势参数对心理理论的影响（分组）

	参数	估计值	标准误	t 值
高关系攻击组	常数项	−0.336	0.141	−2.388
	线性增长趋势	−0.167	0.062	−2.699
	二次增长趋势	−0.109	0.035	−3.119
一般关系攻击组	常数项	0.047	0.153	0.312
	线性增长趋势	0.074	0.069	1.077
	二次增长趋势	0.051	0.041	1.249

续表

	参数	估计值	标准误	t 值
低关系攻击组	常数项	0.119	0.052	2.293
	线性增长趋势	0.091	0.043	2.121
	二次增长趋势	0.077	0.037	2.086

从表 4-2-8 中关系攻击行为增长趋势参数对心理理论的影响结果可以看出：对高关系攻击组，关系攻击行为三次测量的平均水平（常数项）对心理理论的具有显著影响（$b = -0.336$，$SE = 0.141$，$t = -2.388$），说明个体关系攻击行为三次测量的平均值越高，T3 时的心理理论得分就越低；关系攻击行为三次测量的线性增长趋势对心理理论的影响显著（$b = -0.167$，$SE = 0.062$，$t = -2.699$），说明关系攻击行为的线性增长趋势越快，T3 时的心理理论得分就越低；同时，关系攻击行为三次测量的二次增长趋势对心理理论也存在显著的负向预测作用（$b = -0.109$，$SE = 0.035$，$t = -3.119$），说明关系攻击行为的二次增长趋势越快，T3 时的心理理论水平也越低。

对一般关系攻击组，无论关系攻击行为三次测量的平均值、关系攻击行为的线性增长趋势和二次增长趋势，对心理理论的影响都不显著。

对低关系攻击组，关系攻击行为三次测量的平均水平（常数项）对心理理论的具有显著影响（$b = 0.119$，$SE = 0.052$，$t = 2.293$），说明个体关系攻击行为三次测量的平均值越高，T3 时的心理理论得分就越高；关系攻击行为三次测量的线性增长趋势对心理理论的影响显著（$b = 0.091$，$SE = 0.043$，$t = 2.121$），说明关系攻击行为的线性增长趋势越快，T3 时的心理理论得分就越高；同时，关系攻击行为三次测量的二次增长趋势对心理理论也存在显著的正向预测作用（$b = 0.077$，$SE = 0.037$，$t = 2.086$），说明关系攻击行为的二次增长趋势越快，T3 时的心理理论水平也越高。

4.2.3.3 同伴关系、亲社会行为影响心理理论的潜变量增长曲线模型

亲社会行为的三次测量、社会喜好、友谊质量和心理理论得分的相关及相应的描述统计量如表 4-2-9 所示。

表 4-2-9　三次测量的亲社会行为、社会喜好、友谊质量
及心理理论的描述统计量

	亲社会行为的三次测量			社会喜好	友谊质量	心理理论
	T1	T2	T3	Zsp	Zfq	Ztom
T1	1.000					
T2	0.851**	1.000				
T3	0.780**	0.852**	1.000			
Zsp	0.668**	0.642**	0.648**	1.000		
Zfq	0.577**	0.591**	0.604**	0.224**	1.000	
Ztom	0.462**	0.478**	0.517**	0.538**	0.514**	1.000
平均值	1.973	1.979	1.982	-0.007	0.000	0.000
标准差	3.138	3.488	3.760	0.994	1.000	1.000

注：Zfq 表示友谊质量的标准分。

潜变量增长曲线模型的建构考虑同时纳入预测变量和结果变量，即初始的同伴关系（社会喜好和友谊质量）为影响亲社会行为增长趋势的自变量，最后一年的心理理论为受亲社会行为增长趋势影响的结果变量，模型建构如图 4-2-5 所示。

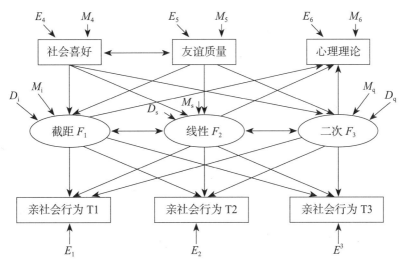

图 4-2-5　同伴关系、亲社会行为影响心理理论的潜变量增长曲线模型

程序运行结果表明，模型的整体拟合指数分别为：$\chi^2 = 1.473$，$df = 3$，$p = 0.323$，$\text{RMSEA} = 0.047$，$\text{GFI} = 0.977$，$\text{NFI} = 0.981$，$\text{CFI} = 0.977$，$\text{RFI} = 0.941$，表明数据与模型的拟合非常好。

从表 4-2-10 中的参数估计结果可以看出：

对社会喜好而言，社会喜好对亲社会行为的总体均值（截距）有显著的正向预测作用（$b = 0.113$，$SE = 0.051$，$t = 2.219$），说明初始社会喜好水平越高，三次测量的亲社会行为的平均值也越高；社会喜好对亲社会行为的线性增长趋势有显著影响（$b = 0.068$，$SE = 0.028$，$t = 2.432$），说明初始社会喜好水平越高，个体亲社会行为的线性增长速度就越快；社会喜好对亲社会行为的二次增长趋势也存在显著影响（$b = 0.044$，$SE = 0.019$，$t = 2.319$），说明初始社会喜好水平越高，亲社会行为的二次增长速度越快。

对友谊质量而言，友谊质量对亲社会行为的总体均值（截距）有显著的正向预测作用（$b = 0.106$，$SE = 0.044$，$t = 2.414$），说明初始友谊质量水平越高，三次测量的亲社会行为的平均值也越高；友谊质量对亲社会行为的线性增长趋势有显著影响（$b = 0.054$，$SE = 0.021$，$t = 2.576$），说明初始友谊质量水平越高，个体亲社会行为的线性增长速度就越快；友谊质量对亲社会行为的二次增长趋势也存在显著影响（$b = 0.047$，$SE = 0.022$，$t = 2.141$），说明初始友谊质量水平越高，亲社会行为的二次增长速度越快。

表 4-2-10　社会喜好对亲社会行为增长参数的影响

预测变量	增长参数	估计值	标准误	t 值
社会喜好	截距	0.113	0.051	2.219
	线性增长趋势	0.068	0.028	2.432
	二次增长趋势	0.044	0.019	2.319
友谊质量	截距	0.106	0.044	2.414
	线性增长趋势	0.054	0.021	2.576
	二次增长趋势	0.047	0.022	2.141

从表 4-2-11 中亲社会行为增长趋势参数对心理理论的影响结果可以看

出，亲社会行为三次测量的平均水平（常数项）对心理理论的影响显著（$b = 0.378$，$SE = 0.144$，$t = 2.628$），说明个体亲社会行为三次测量的平均值越高，T3 时的心理理论得分也越高（b 值为正，若 b 值为负，则心理理论的得分越低，下同）；亲社会行为三次测量的线性增长趋势对心理理论的影响也显著（$b = 0.344$，$SE = 0.177$，$t = 1.948$），说明亲社会行为的线性增长趋势越快，T3 时的心理理论得分就越高；同时，亲社会行为三次测量的二次增长趋势对心理理论也存在显著的预测作用（$b = 0.108$，$SE = 0.042$，$t = 2.575$），说明亲社会行为的二次增长趋势越快，T3 时的心理理论水平也越高。上述结果表明，三年间亲社会行为的增长趋势能显著正向预测三年后其心理理论的水平。

表 4-2-11　亲社会行为增长趋势参数对心理理论的影响

参数	估计值	标准误	t 值
截距	0.581	0.451	1.301
常数项	0.378	0.144	2.628
线性增长趋势	0.344	0.177	1.948
二次增长趋势	0.108	0.042	2.575

4.2.4　关于儿童同伴交往对心理理论影响的讨论

4.2.4.1　社会喜好、外部攻击行为影响心理理论的潜变量增长曲线模型

在社会喜好、外部攻击行为影响心理理论的潜变量增长曲线模型中，T1 时社会喜好对外部攻击行为的总体均值、线性增长趋势和二次增长趋势都有显著的负向影响。

20 世纪七八十年代以来，大量研究验证了社会喜好与攻击行为的显著相关。郭伯良、张雷（2003）的元分析研究也表明，社会喜好与攻击行为间存在紧密的联系。本研究选取小学高年级儿童为被试，结果表明，个体初始的社会喜好水平越高，三年外部攻击行为的平均水平就越低，三年间外部攻击行为的线性及二次增长速度也越慢。这与以往研究的结论是一致的。同时，本研究中

社会喜好与外部攻击行为的三次测量间的相关逐渐减小，表明社会喜好与外部攻击行为的关联呈现减弱的态势。研究者（Coie & Dodge，1983；Coie，Dodge，& Kupersmidt，1990）指出，被同伴拒绝和攻击行为间的相关在小学阶段高于学前阶段，且到了青少年早期，两者的关联逐渐减弱（Hymel & Rubin，1985）。本研究被试为小学中年级儿童，正处于由童年至青少年的过渡阶段，故而其同伴接纳与攻击行为的关联呈现出减弱的态势。此外，研究者指出，儿童的攻击行为从童年期到青少年期表现出外部攻击行为减少而关系攻击逐渐增多的发展趋势。本研究的结果发现，个体外部攻击行为在三年间的测量虽然都表现出略微增长的趋势，但由线性增长指数和二次增长指数的比较可知，个体外部攻击行为的增长幅度在逐渐减小，可以预见，随着年龄的增长，外部攻击行为将逐渐停止增长并出现下降的趋势。当然，外部攻击行为的上述发展趋势存在显著的个体差异，某些儿童的外部攻击行为可能直至青少年期仍保持在极高的水平，甚至伴随生理的不断成熟，其攻击行为的发生频率会进一步增长。因此，后续研究有必要对处于童年期至青少年期过渡阶段的学生进行深入的分析。

同时，潜变量增长曲线模型的分析表明，外部攻击行为的总体均值、线性增长趋势和二次增长趋势都能显著负向预测个体 T3 时的心理理论水平，即外部攻击行为三次测量的平均值越高、线性增长或二次增长的速度越快，则其 T3 时的心理理论水平就越低。对于外部攻击行为与心理理论间的密切联系，前文已做过详细介绍，本研究的发现基于以往相关研究的结论，为认识外部攻击行为与个体心理理论能力间的因果联系提供了一定的依据。

4.2.4.2 社会喜好、关系攻击行为影响心理理论的潜变量增长曲线模型

在社会喜好、关系攻击行为影响心理理论的潜变量增长曲线模型中，T1 时社会喜好对关系攻击行为的总体均值、线性增长趋势和二次增长趋势都有显著的负向影响，即 T1 时社会喜好得分越高，个体关系攻击行为三次测量的平均值就越低，且其线性增长和二次增长的速度也越慢。这一结果与上述外部攻击行为的结论是一致的。但社会喜好与关系攻击行为的三次测量间的关联并未呈现出减弱的态势，且通过线性增长指数和二次增长指数的对比可知，个体三

年间的关系攻击行为不断增长，增长幅度也逐渐加大。上述研究结果说明，关系攻击和外部攻击对个体发展的内在作用机制存在差异。在实际研究中，研究者需在区别不同攻击类型的基础上，进一步探讨攻击行为的作用机制。

同时，潜变量增长曲线模型的分析也表明，关系攻击行为的总体均值、线性增长趋势和二次增长趋势对个体 T3 时的心理理论水平都没有显著影响。笔者认为，造成这一结果的根本原因是不同攻击水平的个体在心理理论上存在显著差异（前文已讨论，攻击行为水平与心理理论间呈倒 U 形的联系），总体分析攻击行为对心理理论的预测作用时，彼此间的效应容易抵消，从而造成关系攻击与心理理论无联系的假象。因此，本研究在依据个体关系攻击行为得分将其划分为高关系攻击组、一般关系攻击组和低关系攻击组的基础上，进一步探讨了关系攻击对心理理论的预测机制。

对高关系攻击组，关系攻击行为的总体均值、线性增长趋势和二次增长趋势都能显著地负向预测个体 T3 时的心理理论水平，关系攻击行为三次测量的平均值越高、线性增长或二次增长的速度越快，则个体 T3 时的心理理论水平就越低；同时，对低关系攻击组，关系攻击行为的总体均值、线性增长趋势和二次增长趋势都能显著地正向预测个体 T3 时的心理理论水平，即关系攻击行为三次测量的平均值越高、线性增长或二次增长的速度越快，则个体 T3 时的心理理论水平就越高；但对一般关系攻击组而言，本研究并未发现其对心理理论的显著预测作用。本研究中，对一般关系攻击组的划分标准为 $-1 \leq Z \leq 1$，由于关系攻击与心理理论间的倒 U 形联系，这一划分标准可能依然未分离出关系攻击行为的不同影响，从而导致一般关系组总体的预测效应不显著。考虑到样本容量过小，本研究未对一般关系攻击组的儿童再次进行细分。以后的研究应在扩大样本容量的基础上，通过进一步细分（如依据 Z 分数大于或小于 0，将一般关系攻击组再划分为两类），分离出关系攻击对心理理论可能存在的不同预测机制。

4.2.4.3　同伴关系、亲社会行为影响心理理论的潜变量增长曲线模型

在同伴关系、亲社会行为影响心理理论的潜变量增长曲线模型中，T1 时无论社会喜好或友谊质量，对亲社会行为的总体均值、线性增长趋势和二次增

长趋势都有显著的正向影响。

国内外大量的研究都基本验证了社会行为与同伴关系的紧密联系,即儿童消极的社会行为是他们被同伴拒绝、孤立和忽略的主要原因(陈欣银等,1994);而积极的社会行为则会使他们受到同伴的欢迎(陈欣银等,1992;赵景欣,申继亮等,2006;赵景欣,张文新等,2005)。反之,具有良好同伴关系的个体在同伴交往活动中也将呈现更多的积极行为和较少的消极行为(Coie & Dodge,1998)。本研究的结果与上述结论是一致的,同伴关系与亲社会行为构成系统的循环,单方面的变异将导致另一方相应的变化。

同时,潜变量增长曲线模型的分析表明,亲社会行为的总体均值、线性增长趋势和二次增长趋势都能显著地正向预测个体 T3 时的心理理论水平,即亲社会行为三次测量的平均值越高、线性增长或二次增长的速度越快,则其 T3 时的心理理论水平就越低。亲社会行为的发展趋势能显著预测个体最后一年的心理理论水平。

4.2.4.4 关于潜变量增长曲线模型的方法学思考

本研究中,笔者使用了潜变量增长曲线模型的统计方法,在纵向追踪研究的背景中考察了同伴交往的发展趋势对个体最后一年的心理理论的预测机制。

如前文所述,潜变量增长曲线模型和多层线性模型能同时对整体的增长趋势及其个体差异进行分析。潜变量增长曲线模型不仅可以对变量之间直接的影响关系进行分析,而且可以对变量之间间接的因果联系进行分析。对潜变量的增长趋势既是预测变量的因变量,同时又是结果变量的预测变量的数据(即同时含有预测变量和结果变量的数据),无论是方差分析或是多层线性模型都是无能为力的,而潜变量增长曲线模型则能处理这样的数据。本研究中,数据结构同时包含预测变量和结果变量,故选择了潜变量增长曲线模型的分析技术。

4.2.5 关于儿童同伴交往对心理理论影响的小结

4.2.5.1 社会喜好、外部攻击行为影响心理理论的潜变量增长曲线模型

(1)T1 时社会喜好对外部攻击行为的总体均值、线性增长趋势和二次增长趋势都有显著的负向影响,即 T1 时社会喜好得分越高,个体外部攻击行为

三次测量的平均值就越低，且其线性增长和二次增长的速度也越慢。

（2）外部攻击行为的总体均值、线性增长趋势和二次增长趋势都能显著负向预测个体 T3 时的心理理论水平，即外部攻击行为三次测量的平均值越高、线性增长或二次增长的速度越快，则其 T3 时的心理理论水平就越低。

4.2.5.2　社会喜好、关系攻击行为影响心理理论的潜变量增长曲线模型

（1）T1 时社会喜好对关系攻击行为的总体均值、线性增长趋势和二次增长趋势都有显著的负向影响，即 T1 时社会喜好得分越高，个体关系攻击行为三次测量的平均值就越低，且其线性增长和二次增长的速度也越慢。

（2）关系攻击行为的总体均值、线性增长趋势和二次增长趋势对个体 T3 时的心理理论水平都没有显著影响，但依据个体关系攻击行为得分将其划分为高关系攻击组、一般关系攻击组和低关系攻击组后，关系攻击行为的增长趋势对个体心理理论的影响表现为：

对高关系攻击组，关系攻击行为的总体均值、线性增长趋势和二次增长趋势都能显著地负向预测个体 T3 时的心理理论水平，即关系攻击行为三次测量的平均值越高、线性增长或二次增长的速度越快，则个体 T3 时的心理理论水平就越低；

对一般关系攻击组，关系攻击行为的总体均值、线性增长趋势和二次增长趋势对 T3 时的心理理论水平都没有显著影响；

对低关系攻击组，关系攻击行为的总体均值、线性增长趋势和二次增长趋势都能显著地正向预测个体 T3 时的心理理论水平，即关系攻击行为三次测量的平均值越高、线性增长或二次增长的速度越快，则个体 T3 时的心理理论水平就越高。

4.2.5.3　同伴关系、亲社会行为影响心理理论的潜变量增长曲线模型

（1）无论社会喜好或友谊质量，个体 T1 时的同伴关系对亲社会行为的总体均值、线性增长趋势和二次增长趋势都有显著的正向影响，即 T1 时同伴关系得分越高，个体亲社会行为三次测量的平均值就越高，且其线性增长和二次增长的速度也越快。

（2）亲社会行为的总体均值、线性增长趋势和二次增长趋势都能显著地正

向预测个体 T3 时的心理理论水平，即亲社会行为三次测量的平均值越高、线性增长或二次增长的速度越快，则个体 T3 时的心理理论水平就越高。

4.3 儿童同伴交往与心理理论的相关机制探讨：心理理论对同伴交往的影响

4.3.1 问题的提出

20 世纪 70 年代以来，儿童同伴关系的研究基本是在这样一个假设的基础上进行的，即儿童的社会行为会影响其同伴关系的形成（Ladd，1999）。大量的研究表明，消极的社会行为是儿童被同伴拒绝、孤立和忽略的主要原因（陈欣银等，1994）；积极的社会行为则会使他们受到同伴的欢迎（陈欣银等，1992；Tomada & Schneider，1997）。但近年来，研究者则开始试图从认知能力层面（心理理论）探讨影响儿童同伴关系的因素（Tan-Niam et al.，1998）。研究者主要从以下两方面探讨这一影响机制：心理理论对同伴交往不同水平变量的影响（同伴接纳、社会行为或社会技能），心理理论对同伴交往影响机制的群体类型差异。

有研究者（Dockett，1997）考察了 3～5 岁儿童心理理论水平与其受欢迎程度的关系，结果表明，心理理论解释了幼儿受欢迎程度的绝大多数变异。王争艳等人（2000）对同伴交往的干预训练研究也表明，相比行为训练和情感训练，认知训练对提升儿童同伴交往水平的效果更明显，提示认知因素与同伴交往间存在更为紧密的联系。

关于儿童心理理论对社会行为的影响，大量研究表明，心理理论水平能显著预测儿童的社会行为（亲社会或攻击行为等）。即使控制了年龄因素，心理理论也能显著预测男孩的攻击行为和女孩的亲社会行为，同时，心理理论水平也与男孩的害羞和退缩行为有关（Walker，2005）。此外，研究者（Cassidy et al.，2003）综合采用多种测量方法，探讨了心理理论与社会行为的密切联系，结果表明，心理理论能力能促进儿童亲社会行为和社会能力的形成，心理理论是儿童积极社会行为的有效预测变量。

关于心理理论对同伴交往的影响，研究者通过大量的研究提出，儿童心理理论能力对同伴交往的影响有着特殊规律，既存在年龄因素的作用，又受到性别差异的影响。如，亲社会行为是儿童社会偏好的最好预测指标，但若考虑到年龄因素的作用后，亲社会行为只是 4 岁组儿童社会偏好的最佳预测指标，5岁组的最佳预测指标则是心理理论能力，这说明儿童心理理论能力对其同伴接纳程度的影响是随着儿童年龄的增长而增强的（Slaughter，et al.，2002）。这一结果也进一步验证了同伴拒斥的累积效应（Badenes，2010；Dekovic & Gerris，1994）。4～6 岁男孩中，只有 6 岁组男孩的心理理论水平与其同伴接纳程度相关显著；而所有年龄组的女孩的心理理论与其同伴接纳都相关显著（Badenes，2010）。

综上所述，心理理论对儿童同伴交往存在重要的影响，其中包含了认知和行为两个层面，具体表现为：儿童理解他人基本心理状态的能力，会影响他们对社会情境的正确觉知，从而决定他们的社交行为，并最终间接影响儿童的同伴地位或友谊质量。和刘明等人（2002）对新入园幼儿的追踪研究结果一致，幼儿只有在能认识到他人的意图、情绪、信念和知识等相关心理状态后，才可能对各种社会行为情境有正确的认识，并做出亲社会行为的反应。目前，研究者在个体的同伴交往与其心理理论二者间存在密切联系上基本没有争议，但对关系的本质或其相互作用的因果方向等还存在许多分歧，而以往的大多研究属于相关研究范式，并不能确定变量间的因果联系，要真正了解变量间的因果关系只有通过控制得较好的实验研究实现，但相关文献中并无较好的实验研究范式可供借鉴。对此，有研究者（Carlson & Moses，2001）提出，需要其他研究，包括训练研究和长期纵向追踪研究，来澄清因果方向的问题。也有研究者（Watson，et al.，1999）也强调了干预和训练研究对探明因果关系的重要作用。因此，本研究拟通过童年期儿童心理理论的训练实验，考察童年期儿童心理理论训练的效果，并分析心理理论的提高对其同伴交往的影响，检验心理理论对同伴交往的因果预测作用。

4.3.2 研究方法

被试

武汉市一所小学的三年级到六年级学生，随机挑选每个年级各50名学生，共200名童年期儿童为本研究的被试。根据被试在同伴交往和心理理论测验上的得分情况，筛选出40名独生子女儿童（控制、排除同胞交往的影响）为本研究的被试。筛选被试的具体标准是：心理理论测验的得分在年级内低于平均数1个标准差[1]，且同伴交往各水平变量的得分均低于平均水平（外部攻击和关系攻击为高于平均水平）。筛选过程充分考虑了不同年级及性别的匹配，最后采用分层随机分配法将所有被试随机分配至实验组（20人）和控制组（20人）。被试分配的具体情况见表4-3-1。统计结果表明，实验组和控制组被试的心理理论前后测得分不存在显著差异（$t = 0.751$，$p > 0.05$）。

表4-3-1　被试的具体情况

	性别		年级				心理理论得分
	男	女	三	四	五	六	
实验组	10	10	7	6	4	3	11.47
控制组	10	10	7	6	4	3	11.43
总计	20	20	14	12	8	6	11.45

研究工具

自编童年期儿童心理理论测量任务　同3.2.2节。

同伴提名　同2.2.2节。

友谊质量问卷　同2.1.2节。

班级戏剧量表　同2.1.2节。

施测程序

前测收集被试的初始数据，包括自编童年期儿童心理理论测量任务、同伴

---

[1] 有研究者（Slaughter & Gopnik, 1996）认为，心理理论训练要确保选取的被试在心理理论测验上存在困难，即被试不能通过心理理论任务。结合本研究选用的测验工具及被试的得分情况，我们确定低于平均数1个标准差为选取标准。

提名、友谊质量问卷和班级戏剧量表。

　　如前所述，依据被试同伴交往和心理理论前测结果，训练[①]筛选 40 名被试，其中 20 名分配到实验组，另 20 名被试则分配到控制组。对于实验组被试，让其完成类似自编童年期儿童心理理论测量任务的训练任务，主试根据被试的表现给予适当的反馈。[②]言语反馈的训练被普遍认为是有效的，绝大多数的心理理论训练的实验研究采用了这种训练方式（Slaughter & Gopnik，1996；丁芳，2004）。对于控制组被试，则不做任何处理。

表 4-3-2　心理理论的前后测及训练程序示例

步骤	程序	问题	反馈
前测	主试：小强为了独占巧克力，故意告诉小亮巧克力放在橱柜里。小亮在小强不知道的情况下，看到小强从枕头底下拿出了巧克力。	1. 小强告诉小亮巧克力放在哪里？ 2. 小强以为小亮会认为巧克力在哪里？	无
训练	主试：小红将巧克力放在厨房的一个碗柜里，然后离开；她不在时，妈妈把巧克力转移到了另一个橱柜里。	1. 小红最初将巧克力放在了哪里？ 2. 小红回来后，将到哪里去寻找巧克力？	哦，是的，她会去碗柜里找。 哦，不对，她不知道妈妈把巧克力转移到橱柜了。
后测	主试：小亮是班上新转来的学生，他告诉他刚交的朋友小晶："我妈妈是我们班的数学老师。"这时，另一名同学小强正好来找小晶，他跟小晶说："我讨厌数学老师。"	1. 小亮的妈妈是谁？ 2. 这个故事里有没有人说了不应该说的话？ 3. 为什么他不应该说这些话？	无

[①] 心理理论的可训练性得到了国内外大量实验证据的支持（Flavell，Green，& Flavell，1986；Slaughter，Tulumello，& Wood，1998；丁芳，2004；武建芬，2006），本研究不再赘述。对此问题感兴趣的读者可参阅相关文献。

[②] 有研究者（Slaughter & Gopnik，1996）认为，实验者为儿童提供的反馈对训练的成败至关重要，且积极的反馈（当一个儿童在训练正确反应时得到的反馈）比消极的反馈更为有效；还有研究者（Melot & Angeard，2003）指出，对儿童的反应进行言语反馈，可能会为他们后来对心理状态与行动间关系的理解提供一个基础。

后测同前测，再次收集同伴交往和心理理论的相关数据，用于比较心理理论训练的效果及其对个体同伴交往发展的影响。

参照国内外相关研究的程序及步骤（Slaughter & Gopnik，1996；丁芳，2004；武建芬，2006），本研究心理理论前后测的时间间隔为两周，在两周内对实验组儿童进行三次训练（言语反馈），同伴交往的前后测时间间隔为一个月；训练任务考虑其顺序效应，在三次训练中做平衡处理；所有的训练都由一名主试完成。

数据处理

本研究由 Filemaker6.0 和 SPSS10.5 完成所有数据的录入和管理，由 SPSS10.5 进行数据的统计和分析。主要进行 t 检验和方差分析等。

4.3.3 研究结果

4.3.3.1 心理理论训练的效果

以前后测心理理论得分的差异为因变量（后测心理理论得分－前测心理理论得分），进行训练组别（2）× 性别（2）× 年级（4）的被试间方差分析（Univariate），结果见表 4-3-3。

表 4-3-3　心理理论训练效果及其年级、性别差异的方差分析

变异来源	平方和	自由度	均方	F 值	p
训练组别	25.641	1	25.641	9.403	0.005
年级	29.547	3	9.849	3.612	0.028
性别	4.073	1	4.073	1.494	0.234
训练组别 × 年级	26.711	3	8.904	3.265	0.040
训练组别 × 性别	2.897	1	2.897	1.062	0.362
年级 × 性别	6.141	3	2.047	0.751	0.533
训练组别 × 年级 × 性别	9.584	3	3.195	1.172	0.342
残差	62.718	23	2.727		
总体	443.842	40			

方差分析的结果表明，训练组别的主效应显著［$F(1，23) = 9.403$，$p \leqslant 0.01$］，年级的主效应也显著［$F(3，23) = 3.612$，$p \leqslant 0.05$］，同时，

训练组别与年级 $[F(3, 23) = 3.265, p \leqslant 0.05]$ 的交互效应显著；而性别的主效应则不显著 $[F(1, 23) = 1.494, p \geqslant 0.05]$，训练组别和性别的交互效应 $[F(1, 23) = 1.062, p \geqslant 0.05]$、年级与性别的交互效应 $[F(3, 23) = 0.751, p \geqslant 0.05]$ 以及训练组别、年级和性别的三向交互效应 $[F(3, 23) = 1.172, p \geqslant 0.05]$ 均不显著。进一步采用一元方差分析对训练组别和年级的主效应及其交互效应进行检验，不同年级的实验组和控制组被试的心理理论前后测成绩如图 4-3-1 所示。

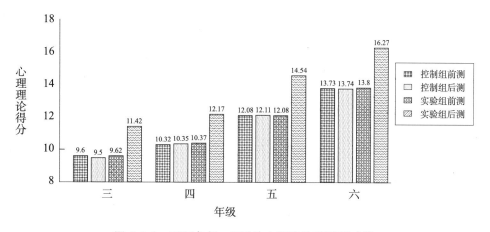

图 4-3-1 不同年级、组别的心理理论前后测成绩

训练组别差异上，由图 4-3-1 显而易见，实验组的心理理论后测成绩显著高于控制组（$M_{实验组} = 11.425$，$M_{控制组} = 13.600$），表明心理理论的训练是有效的；年级差异上，五年级、六年级的训练效果（心理理论前后测成绩之差 Δ）显著高于三年级、四年级儿童（$\Delta_{三年级} = 0.85$，$\Delta_{四年级} = 0.915$，$\Delta_{五年级} = 1.225$，$\Delta_{六年级} = 1.23$）。

对训练组别和年级的交互效应进行简单效应分析，结果表明，只有实验组在心理理论前后测成绩之差上存在年级差异，而控制组不存在年级差异。进一步分析简单简单效应。

表 4-3-4 年级在不同训练组别上的简单效应分析

	实验组	控制组
F	13.194**	0.044

　　简单简单效应的分析结果表明,对于实验组被试,五年级、六年级的训练效果显著高于三年级、四年级,而三年级、四年级间和五年级、六年级间则不存在差异。

　　进一步考察心理理论的训练在不同测量任务上的效果及其群体类型差异,计算各类测量任务的多项目的平均分,以此表示个体在该任务上的平均表现,经此转换后,个体在每一类任务上的得分范围为0~1分。多元方差分析的结果表明,在前测心理理论的所有类型任务上都不存在训练组别的主效应 $[\tau = 0.102, F(1, 38) = 1.636, p = 0.209]$。

　　以前后测心理理论各类测量任务的得分差异为因变量(后测得分－相应前测得分),进行训练组别(2)×性别(2)×年级(4)的多元方差分析(MANOVA)。首先考虑全模型,结果表明,性别的主效应不显著,且除了训练组别与年级的交互效应外,其他所有双向和三向交互效应都不显著。然后设置非饱和模型,即除去不显著的主效应和交互效应项,结果显示各自变量的主效应和交互效应都显著(表4-3-5)。进一步采用一元方差分析来对各自变量的主效应和交互效应进行检验。

表 4-3-5　各类心理理论任务训练差异的多元方差分析结果(非饱和模型)

	Λ	τ	F	df	p
训练组别		0.248	18.504	1, 32	0.000
年级	0.815		9.855	3, 32	0.000
训练组别 × 年级	0.748		12.972	3, 32	0.000

　　对训练组别主效应的进一步分析表明,实验组和控制组儿童分别在二级误念、三级误念、四级误念、失言检测、陌生故事和模糊信息解释任务上存在显著差异,均表现为实验组高于控制组(表4-3-6)。

表 4-3-6　不同训练组别的各类心理理论任务训练的描述性结果

	一级误念	二级误念	三级误念	四级误念	失言检测	陌生故事	模糊信息
实验组	0.024	0.133	0.244	0.122	0.153	0.161	0.211
控制组	-0.002	0.003	0.001	-0.002	0.005	0.004	-0.004

注:表中各数值均表示前后测之差。

对年级主效应的 post hoc 检验表明，年级只在三级误念和模糊信息解释上主效应显著，具体表现为：在三级误念上，三年级、四年级的前后测得分差异显著高于六年级；在模糊信息解释上，三年级到五年级的前后测得分差异显著高于六年级。由于此处考察的年级主效应未区分实验组和控制组，故这一主效应并不是本研究关注的重点，相比而言，年级与训练组别的交互效应更值得关注（此交互效应上，可以基于不同训练组别考察年级的直接效应）。

对训练组别和年级的交互效应进行简单效应分析，结果表明，只有实验组在心理理论前后测成绩之差上存在年级差异，而控制组则不存在年级差异。进一步分析简单简单效应。

表 4-3-7　　年级在不同训练组别上的简单效应分析

	实验组	控制组
F	17.137**	0.052

简单效应的分析结果表明（表 4-3-7），对于实验组被试，在二级误念、三级误念、四级误念、失言检测、陌生故事和模糊信息解释任务上存在显著的年级差异，具体表现为：在二级误念上，三年级的训练效果显著高于四年级到六年级；在三级误念上，三年级到五年级的训练效果显著高于六年级；在四级误念上，六年级的训练效果显著高于三年级到五年级；在失言检测和陌生故事上，均表现为三年级、四年级的训练效果显著高于五年级、六年级；而在模糊信息的解释上，则表现为三年级到五年级的训练效果显著高于六年级。

表 4-3-8　　不同心理理论任务得分的年级差异

	一级误念	二级误念	三级误念	四级误念	失言检测	陌生故事	模糊信息
三年级	0.021	0.215[4,5,6]	0.237[6]	0.009[6]	0.197[5,6]	0.186[5,6]	0.177[6]
四年级	0.010	0.042[3]	0.201[6]	0.023[6]	0.188[5,6]	0.188[5,6]	0.169[6]
五年级	0.004	0.039[3]	0.184[6]	0.044[6]	0.056[3,4]	0.065[3,4]	0.166[6]
六年级	0.006	0.005[3]	0.035[3,4,5]	0.189[3,4,5]	0.022[3,4]	0.049[3,4]	0.032[3,4,5]

注：表中各数值均表示前后测之差。

4.3.3.2 心理理论的训练对同伴交往发展的影响

由表 4-3-9 可知,同伴交往与心理理论各变量的前后测差异间均存在显著的正相关,表明随着心理理论的提高,个体同伴交往趋向于良性发展。

表 4-3-9　各变量前后测差异的相关矩阵

	社会喜好	友谊质量	亲社会行为	外部攻击	关系攻击	心理理论
社会喜好	1.000					
友谊质量	0.288**	1.000				
亲社会行为	0.417**	0.385**	1.000			
外部攻击	0.241**	0.191*	0.199*	1.000		
关系攻击	0.264**	0.178*	0.192*	0.543**	1.000	
心理理论	0.211**	0.672**	0.223**	0.244**	0.203*	1.000

以前后测同伴交往各水平变量的得分差异为因变量,进行训练组别(2)× 性别(2)× 年级(4)的多元方差分析(MANOVA)。首先考虑全模型,结果表明,性别的主效应不显著,且除了训练组别与年级的交互效应外,其他所有双向和三向交互效应都不显著。然后设置非饱和模型,即除去不显著的主效应和交互效应项,结果显示各自变量的主效应和交互效应都显著(表4-3-10)。进一步采用一元方差分析来对各自变量的主效应和交互效应进行检验。

表 4-3-10　同伴交往各水平变量前后测差异的
多元方差分析结果(非饱和模型)

	Λ	τ	F	df	p
训练组别		0.197	16.009	1, 32	0.000
年级	0.747		7.564	3, 32	0.000
训练组别 × 年级	0.812		8.436	3, 32	0.000

对训练组别主效应的进一步分析表明,实验组和控制组儿童只在友谊质量的前后测得分之差上存在显著的差异,表现为实验组儿童的友谊质量前后测差异显著高于控制组儿童。同伴交往各水平变量的前后测得分情况见图 4-3-2、图 4-3-3、图 4-3-4、图 4-3-5、图 4-3-6。

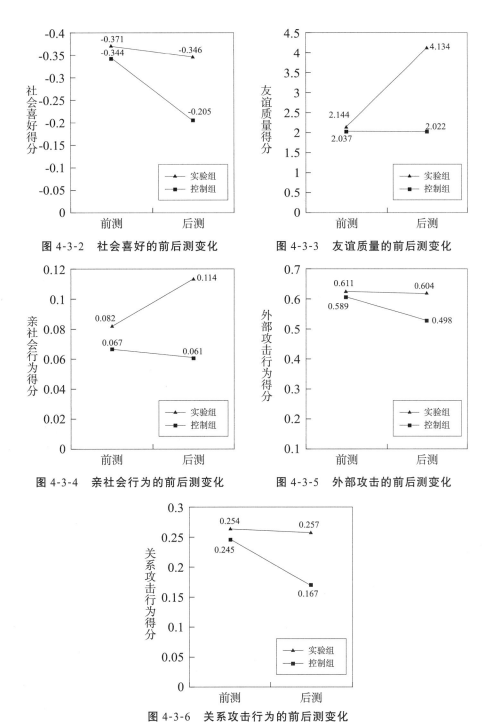

图 4-3-2 社会喜好的前后测变化

图 4-3-3 友谊质量的前后测变化

图 4-3-4 亲社会行为的前后测变化

图 4-3-5 外部攻击的前后测变化

图 4-3-6 关系攻击行为的前后测变化

方差分析的结果中，虽然年级的主效应显著，但如前所述，年级主效应未区分实验组和控制组，相比而言，年级与训练组别的交互效应更值得关注，故本研究将不再进一步探讨年级的主效应，而是直接分析年级与训练组别的交互效应。

对训练组别和年级的交互效应进行简单效应分析，结果表明，只有实验组在同伴交往前后测成绩之差上存在年级差异，而控制组则不存在年级差异。进一步分析简单简单效应。

简单简单效应的分析结果表明（表 4-3-11），对于实验组被试，在友谊质量上存在显著的年级差异，具体表现为：五年级、六年级儿童的友谊质量前后测差异显著高于三年级、四年级儿童。

表 4-3-11 不同心理理论任务得分的年级差异

	社会喜好	友谊质量	亲社会行为	外部攻击行为	关系攻击行为
三年级	0.118	$1.371^{(5, 6)}$	0.024	0.084	0.063
四年级	0.127	$1.442^{(5, 6)}$	0.028	0.087	0.074
五年级	0.151	$2.586^{(3, 4)}$	0.026	0.088	0.088
六年级	0.163	$2.609^{(3, 4)}$	0.035	0.094	0.091

注：表中各数值均表示前后测之差（后测－前测）。

上述分析表明，实验组和控制组只在友谊质量的前后测得分之差上存在显著差异，因此，以友谊质量的前后测得分之差为因变量，以心理理论总分的前后测分差为自变量，进行多元线性回归（Enter 法），结果如表 4-3-12 所示。

表 4-3-12 友谊质量的发展对心理理论的变化的多元线性回归分析

因变量	自变量	β	t	修正 R^2	F
$\Delta_{友谊质量}$	$\Delta_{心理理论}$	0.624	12.564**	0.401	69.672**

注：Δ 表示前后测之差（后测－前测）。

由表 4-3-12 可知，回归方程的 F 值达到显著水平，心理理论总分的前后测差异能显著地正向预测友谊质量的前后测差异，表明后测心理理论总分提高越多，则后测的友谊质量相对前测提高也更多。心理理论的提高能解释友谊质量发展变化总变异的40.1%。

　　为进一步考察不同心理理论任务的变化对友谊质量发展的影响，以友谊质量的前后测得分之差为因变量，以不同心理理论任务得分的前后测分差为自变量，进行逐步回归（stepwise）分析，结果如表4-3-13所示。

表4-3-13　友谊质量的发展对不同心理理论任务的变化的逐步回归分析

	变量	β	t	修正 R^2	ΔR^2	F
第一步	Δ 失言检测	0.388	6.882**	0.213	0.217	74.638**
第二步	Δ 陌生故事	0.314	6.035**	0.305	0.097	62.894**
第三步	Δ 二级误念	0.292	5.746**	0.386	0.085	50.647**
第四步	Δ 三级误念	0.285	5.337**	0.466	0.083	43.637**
第五步	Δ 模糊信息	0.256	5.116**	0.525	0.062	35.649**
第六步	Δ 四级误念	0.252	4.635**	0.581	0.060	29.811**

　　注：Δ表示前后测之差（后测－前测）。

　　最先进入方程的是失言检测，除一级误念外，其他所有心理理论任务的前后测分差均进入方程，按预测力的大小，进入方程的变量依次为失言检测、陌生故事、二级误念、三级误念、模糊信息和四级误念，这些因素共解释了友谊质量发展变化总变异的58.1%

4.3.4　关于儿童心理理论对同伴交往影响的讨论

4.3.4.1　童年期儿童心理理论的训练对同伴交往的影响

（1）心理理论的训练效果。

　　本研究心理理论训练的结果表明，无论是心理理论总分还是二级误念、三级误念、四级误念、失言检测、陌生故事和模糊信息解释等任务上都存在显著的训练效果，即后测心理理论的相应得分显著高于控制组儿童的得分。这与国内外相关心理理论训练研究的结果是一致的（Slaughter & Gopnik，1996；丁芳，2004；武建芬，2006）。

　　理论论学者韦尔曼（Wellman，1990）认为，个体已有的心理理论或心理知识会不断遭受各种"反例"的挑战，驱使个体通过同化和顺应的过程修正并改进其原有的心理理论，从而建构出新的心理理论。韦尔曼强调了经验在塑造儿童心理理论中的作用，认为当经验反复提供给儿童不能用当前心理理论解释的信息时，儿童不得不修正并改进他们已有的心理理论。经验在这里的作用体现为经验产生不平衡，最终又导致更高级的平衡——产生一个新的理论。模拟论学者哈里斯（Harris，1991）也认为，若允许儿童练习模拟错误信念，会有效提高他们错误信念的能力。本研究的结果进一步验证了上述观点，表明心理理论具有可训练性。

同时，本研究也发现，心理理论的训练效果存在显著的年级差异，具体表现为：在心理理论总分上，五年级、六年级被试的训练效果显著高于三年级、四年级；在二级误念上，三年级的训练效果显著高于四年级到六年级；在三级误念上，三年级到五年级的训练效果显著高于六年级；在四级误念上，六年级的训练效果显著高于三年级到五年级；在失言检测和陌生故事上，均表现为三年级、四年级的训练效果显著高于五年级、六年级；而在模糊信息的解释上，则表现为三年级到五年级的训练效果显著高于六年级。

依据模块论的解释，对于年长儿童，心理理论模块的发展已成熟到足以让训练诱发的程度（Leslie，1994）。不同年龄的儿童，其心理理论模块的成熟度存在本质差异。针对不同类型的心理理论任务，那些心理理论模块足够成熟，或处于类似"最近发展区"状态下的儿童，其训练的效果就更为突出。本研究中，不同心理理论任务各自存在最佳训练年龄段。这一方面进一步验证了个体心理理论能力不同方面的发展轨迹存在差异，另一方面，也表明不同心理理论任务可能存在不同的发展关键期。如在失言检测和陌生故事任务上，三年级、四年级的训练效果显著高于五年级、六年级的，提示失言检测和陌生故事的能力发展的关键阶段可能是三年级、四年级；而在四级误念上，六年级的训练效果显著高于三年级到五年级的，表明六年级或六年级后是个体四级误念能力发展的关键阶段。

综上所述，本研究的心理理论的训练是有效的，实验组儿童在经过训练后，其心理理论水平得到了显著提高。

（2）心理理论的训练对同伴交往发展的影响。

相关分析的结果表明，同伴交往各变量的前后测差异与心理理论的前后测差异间均存在显著的正相关，这说明伴随心理理论的提高，个体同伴交往趋向于良性发展，两者间存在共变的关系。但差异检验的结果表明，实验组和控制组儿童只在友谊质量的前后测得分之差上存在显著的差异，具体表现为实验组儿童的友谊质量前后测差异显著高于控制组儿童的友谊质量，而在同伴交往的其他变量上，实验组儿童虽然都表现出相应的良性发展趋势，但与控制组儿童间不存在显著差异。同时，回归分析的结果也表明，心理理论的训练只能显著正向预测个体友谊质量的发展变化。这与国内学者的研究结论基本一致（武建芬，2006）。这可能是由于同伴交往各变量的前后测时间间隔较短，从而导致心理理论的训练效果（认知发展）还来不及反映到个体的行为变化中去。同时，在本研究中，同伴接纳和社会行为的测量均采用了同伴提名法，而友谊质量则采用自评（回忆、内省）的方法获得，测评方法的不一致，也可能是造成上述结果的原因之一。

另外，本研究还发现，实验组儿童在友谊质量得分的前后测分差上存在显著的年级差异，表现为五年级、六年级儿童的友谊质量前后测差异显著高于三年级、四年级儿童的，这表明心理理论训练对不同年级儿童友谊质量的影响存在差异，训练对高年级儿童友谊质量发展的促进作用更明显，这与前人（Slaughter, et al., 2002）的研究结论是一致的，反映了儿童心理理论能力对其同伴交往的影响随着年龄的增长而发生变化。

总之，心理理论的训练能对同伴交往的发展产生影响，但只影响同伴交往的某些方面。

4.3.5　关于儿童同伴交往与心理理论相关机制的综合讨论

同伴交往与心理理论究竟孰因孰果，一直是儿童社会性发展领域争论不休的问题。研究者围绕二者间的因果机制问题进行了大量的探讨。

刘明等人（2002）的研究表明，儿童只有在认识到他人的意图、信念等心理状态的基础上，才可能做出亲社会行为的反应；王争艳等人（2002）的干预训练研究也发现，和行为训练和情感训练相比，认知训练对于促进幼儿的同伴交往水平效果最好。大量研究表明，心理理论能力影响个体对社交情境的觉知，从而决定其具体的社交行为表现，并最终间接影响儿童的社交地位（赵红梅，苏彦捷，2003）。

另一方面，同伴关系对儿童的发展也存在潜在的影响（Ladd，1999）。良好的同伴交往状况有助于个体各种知识技能的获得，尤其是能促进社会认知能力的发展。

虽然以往的研究在探讨同伴交往与心理理论的因果机制方面做了大量努力，但绝大多数研究仍停留在相关研究的范式上，其结论还不足以做出变量间因果方向的判断。真正了解变量间的因果关系只能通过控制得较好的实验研究来实现，但相关文献中并无较好的实验研究范式可供借鉴。对此，需要其他研究，包括训练研究和长期纵向追踪研究，来澄清因果方向的问题（Carlson & Moses，2001）；干预和训练研究对探明因果关系具有重要作用（Watson，et al.，1999）。本研究正是基于上述论点，通过长期纵向追踪研究和干预训练研究的实验设计，考察了心理理论与同伴交往间因果作用机制的问题。

纵向追踪研究发现，同伴交往的发展趋势较一致地表现为对个体最后一年的心理理论能力具有显著的预测作用；干预训练研究的结果则表明，心理理论的训练能显著预测个体友谊质量的发展变化状况，但对同伴交往的其他各变量的发展变化则无显著影响，前文已讨论，这或许是前后测时间间隔过短所致。

基于上述研究结论，结合相关的文献回顾，笔者认为，同伴交往与心理理论间存在互为因果的联系，两者的关系可以类比为遗传与环境的关系。依据模块论和进化心理学的观点，个体心理理论具有先天遗传性，但这一先天遗传的能力需置于丰富的同伴交往背景中才能得到进一步的发展；另一方面，心理理论能力的发展又能改造个体的同伴交往状况，使其朝向良性路线不断发展。需要指出的是，涉及心理理论的不同方面的变量和同伴交往不同水平的变量，上述互为因果的联系可能存在一定的差异，且同伴交往与心理理论间互为因果的关系并非简单的直线联系，可能存在复杂的中介作用机制（如本研究中得到验证的社会行为的中介作用），这还有待今后的研究进一步探讨。

4.3.6　关于儿童心理理论对同伴交往影响的小结

4.3.6.1　心理理论的训练效果

（1）在心理理论总分上，实验组的心理理论后测成绩显著高于控制组，且实验组五年级、六年级被试的训练效果显著高于实验组三年级、四年级被试的训练效果，而三年级、四年级间和五年级、六年级间则不存在差异。

（2）实验组儿童在二级误念、三级误念、四级误念、失言检测、陌生故事和模糊信息解释任务上的训练效果均显著高于控制组儿童的训练效果。

实验组儿童在二级误念、三级误念、四级误念、失言检测、陌生故事和模糊信息解释任务上的训练效果存在显著的年级差异，具体表现为：

在二级误念上，三年级的训练效果显著高于四年级到六年级的训练效果；

在三级误念上，三年级到五年级的训练效果显著高于六年级的训练效果；

在四级误念上，六年级的训练效果显著高于三年级到五年级的训练效果；

在失言检测和陌生故事上，均表现为三年级、四年级的训练效果显著高于五年级、六年级的训练效果；

在模糊信息的解释上，表现为三年级到五年级的训练效果显著高于六年级的训练效果。

上述结果共同表明，本研究中，心理理论的训练是有效的，实验组儿童在经过训练后，其心理理论水平得到了显著提高。

4.3.6.2　心理理论的训练对同伴交往发展的影响

（1）同伴交往各变量的前后测差异与心理理论的前后测差异间均存在显著的正相关，伴随心理理论的提高，个体的同伴交往趋向于良性发展。

（2）实验组和控制组儿童在友谊质量的前后测得分之差上存在显著的差异，表现为实验组儿童的友谊质量前后测差异显著高于控制组儿童的，而在同伴交往的其他变量上，实验组儿童虽然都表现出相应的良性发展趋势，但与控制组儿童间不存在显著差异。

实验组儿童在友谊质量得分的前后测分差上存在显著的年级差异，表现为五年级、六年级儿童的友谊质量前后测差异显著高于三年级、四年级儿童的。

（3）多元线性回归的结果表明，心理理论总分的前后测差异能显著地正向预测儿童友谊质量的前后测差异，后测心理理论总分提高越多，则后测的友谊质量相对前测提高也更多，心理理论的提高能解释友谊质量发展变化总变异的40.1%。

逐步回归分析的结果表明，除一级误念外，所有心理理论任务的前后测分差均进入回归方程，能显著预测个体友谊质量的发展，按预测力的大小，进入方程的变量依次为失言检测、陌生故事、二级误念、三级误念、模糊信息和四级误念，这些因素共解释了友谊质量发展变化总变异的58.1%。

总之，心理理论的训练能对同伴交往的发展产生影响，但只影响同伴交往的某些方面。

\ 第五章 \ 儿童同伴交往与心理理论的干预

5.1 儿童同伴交往的干预

5.1.1 儿童同伴交往的作用

同伴交往是个体发展的一种心理需要。即使在婴儿期，个体也总是在积极地寻找同龄玩伴，虽然这种意愿的达成仍要成人帮助，但他们已经能自己主动提出要求或采取行动。到幼儿期，个体的独立性加强，没有成人的陪伴也能主动找同伴交往，而且与同伴的交往次数日益增多。逐渐地，他们与同伴的交往多于与成人的交往，同伴交往对儿童社会化的影响也越来越大。同伴交往具有如下作用：

（1）可以满足儿童的归属感和爱的需要以及尊重的需要。马斯洛的需要层次理论认为，每个个体均存在以下五种依次递升的基本需求：生理需求，安全需求，归属和爱的需求，自尊的需求，自我实现的需求（Maslow，1943）。对于个体的正常发展而言，这些需求的及时满足具有重要意义。同伴交往在儿童的日常活动中占据重要地位，可以满足儿童的归属感、爱的需求，以及尊重的需求。

（2）为儿童提供了学习他人反应的机会。依据班杜拉的社会学习理论，个体的特定反应可由两种方式习得：直接学习、替代学习（Bandura，1977）。替代学习，即观察学习，指的是个体通过观察他人的行为及其结果而习得相应行为的学习方式。在现实生活中，人的大部分行为方式都是通过替代学习习得的。同伴的存在，给儿童树立了可供学习的榜样，提供了学习他人反应的机会。

（3）是儿童特殊的信息渠道和自我评价的参考框架。信息（刺激）寻求是个体的基本需要之一，个体会不断寻求相关信息以满足自身需要（Kruglanski，Peri，& Dan，1991），对于儿童而言亦是如此。儿童的信息渠道主要有以下三个：父母、老师和同伴。三者提供的信息类型是有所差别的，对于某些特殊信息而言，同伴交往是最佳的信息渠道。另外，人们在对自己本身的价值、目标、理想和行为进行评价时会参照自身所在的群体（Kuhn，1964），同伴群体即是儿童的参考群体。

（4）是儿童情感支持的来源之一。对于个体的正常生存而言，稳定的社会支持是其必不可少的。从来源上讲，社会支持分为家庭支持、情感支持和其他支持；从类型上来讲，社会支持分为认知支持、情感支持和行为支持。随着年龄的增长，儿童对亲密同伴支持的依赖性越来越大（Furman & Buhrmester，1992），拥有良好的同伴支持或友谊质量的儿童社会适应问题更少（Burk & Laursen，2005）。

5.1.2　儿童同伴交往障碍的表现形式

同伴交往障碍是人际交往障碍的一种。人际交往障碍是指在交往过程中，交往双方受社会、文化因素和心理因素等的影响而导致的交往困难或交往不顺利。相比人际交往障碍，同伴交往障碍更加具体，是受发生在同伴之间的各种因素的影响而产生的。

存在同伴交往障碍的儿童主要有两类：被忽视型儿童和被拒绝型儿童。具体而言，被忽视型儿童往往比较消极被动，他们害羞，不善言谈，其他同伴对他们不太关注。因此，他们被提名为喜欢和不喜欢的次数都很少。和一般型的儿童相比，他们不敢加入游戏群体，也很少吸引他人的注意力（Coie，

Dodge，& Kupersmidt，1990；Harrist et al.，1997）。但是，同一般型儿童相比，他们受忽视的原因并不是社交技能较差，而是因为缺乏社交主动性以致不被同伴注意，因此他们并没有因自己较差的社交关系而感到不适应（如孤独或抑郁）（Cassidy & Asher，1992；Wentzel & Asher，1995）。

在同伴交往中，被拒绝型儿童经常遭到同伴的排斥和拒绝，在同伴群体中地位低，同伴关系紧张。根据具体行为方式的不同，该类型的儿童还可以被细分为两类。第一类是攻击-被拒绝儿童，他们往往试图通过武力或攻击来实现领导同伴等目的，但这种行为通常会导致同伴的疏远（Crick & Grotpeter，1995；Hinshaw et al.，1997）。他们的典型行为特征是爱搞破坏，爱吹牛，在群体活动中不合作、易挑剔，且很少表现出亲社会行为（Newcomb，Bukowski，& Pattee，1993；Parkhurst & Asher，1992）。在认知上，攻击-被拒绝儿童通常将他人的行为解释为敌意的，即使事实并不是如此；他们会对自身的社交地位做出过高的估计，其典型表现是经常宣称自己像多数儿童一样受欢迎甚至比多数人更受欢迎（Zakriski & Coie，1996）。总的来说，这些青少年的处境非常不利，他们的被拒绝状况将会持续很长时间（Haselager et al.，2002），其直接后果是导致他们慢慢变得充满敌意，表现出外显行为问题；从长远来看，这种状况可能会导致他们在青少年后期和成人期出现暴力犯罪行为（Parker et al.，1995；Rubin et al.，1998）。

第二类是退缩-被拒绝儿童，他们对同伴的期望不敏感，表现出很多不成熟的行为，因此也被戏称为社会交往中的"笨拙伙伴"。不同于攻击-被拒绝儿童，退缩-被拒绝儿童常常有社交焦虑，他们既预期自己会被拒绝，也清楚地知道同伴不喜欢自己，在面对同伴群体的有意排斥时，他们会习惯性地退缩（Downey et al.，1998；Gazelle & Ladd，2003；Harrist et al.，1997；Hymel，Bowker，& Woody，1993；Zakriski & Coie，1996）。另外，退缩-被拒绝儿童具有更高的孤独感，还可能伴有低自尊、抑郁和其他内隐问题行为的危险（Hymel，Bowker，& Woody，1993；Rabiner，Keane，& MacKinnon-lewis，1993）。由于他们行为异常，对批评过度敏感，缺乏亲密朋友的支持，因此他们常常成为别人欺负的对象（Hodges et al.，1999；

Ladd，1999）。

5.1.3　儿童同伴交往的干预方法与技术

良好的同伴交往对儿童的正常发展意义重大。鉴于此，许多研究者设计了干预方法与技术来提高同伴交往障碍儿童的社交技能。以下几种方法被证明是行之有效的：

强化法和榜样法　依据学习理论，研究者设计了两种方法提高儿童的社交技能：一是强化（利用代币和表扬）儿童恰当的社交行为，如合作和分享等；二是让儿童和有技能的社交行为榜样在一起。实证研究结果表明，这两种方法在增加儿童有效的社交行为方面都很成功。例如，有研究有效证明了榜样示范能增加儿童亲社会行为，并提高其同伴地位（Rushton，Fulker，Neale，et al.，1986）。而且，当老师和同伴都参与到干预方案中时，儿童更容易注意到被拒绝儿童的行为变化，并且改变他们的看法（Bierman & Furman，1984；White & Kistner，1992）。老师和成人的可行做法是为被拒绝儿童设置有利于强化他们表现出恰当社交行为的游戏环境。例如，他们可以给年幼儿童呈现一些需要通过合作才能完成的任务或目标。此外，如果儿童接触到的榜样与其存在相似之处，并且榜样在做出有技能的社交行为的同时伴随一些成人的评论，成人通过评论引导儿童把注意力集中到这些恰当行为的目的和好处上，这样可以大大提高榜样示范的效果。

社交技能的认知训练法　伴以言语解释或讲道理的榜样示范策略更加有效，这启示我们，帮助儿童想象有技能的社交行为带来的积极后果可以有效提高儿童的同伴交往技能。究其原因，在社交技能训练中，积极的认知参与能够增加儿童对所教原则的理解、认同和内化。

一种广为使用的认知干预方法是教导。教导是一种认知的社会学系技术，其具体做法是辅导者呈现一种或多种社交技能，详细解释为什么要使用这些技能，然后告诉儿童怎样改进他们的表现。例如，有研究者采用教导策略教会了三年级、四年级被孤立儿童四种重要技能：如何加入到一个正在进行的游戏中去，如何轮流和分享，如何有效地交流，如何给予同伴关注和帮助。一段时间后研究者发现，这些儿童变得更加外向和积极（Oden & Asher，1977）。而且，一年后的追踪结果表明，这些以前被孤立儿童的社交地位也有很大提升（Mize & Ladd，1990；Schneider，1992）。

增强儿童的观点采择能力，提高其社会问题解决能力也是一种具有代表性的认知训练方法（Chandler，1973；Rabiner，Lenhart，& Lochman，1990）。这些方法对攻击-被拒绝儿童来说尤其有效，因为，攻击-被拒绝儿童从专制型父母那里学会并经常表现出一种敌意的归因偏向（对同伴的意图做过多的敌意解释），他们不相信别人，并倾向于采用攻击的方式来解决问题（Keane，Brown，& Crenshaw，1990；Pettit，Dodge，& Brown，1988）。为了帮助这些攻击-被拒绝儿童，行之有效的训练方案是向这些儿童强调攻击是不恰当的，同时还要帮助他们学习非攻击性的冲突解决方法。已有研究结果表明，社交问题解决训练似乎是一个比较有效的训练方案（Shure & Spivack，1978；Shure，1989）。例如，有研究者设置了一个社交问题解决训练项目：在为期10周的时间里，儿童用木偶来扮演一个冲突情景，训练者鼓励他们讨论各种问题解决方法及其对冲突双方所造成的影响。研究者发现，儿童的攻击性随项目时间的延长而逐渐减少。此外，帮助儿童更好地思考自己行为的后果，可以有效提高他们的班级适应能力（由教师评价得到）（Vitaro et al.，1998）。

学习技能训练 研究发现，学习成绩不良的儿童经常被班上同学拒绝（Schwartz，Chang，& Farver，2001；Dishion & Andrews，1995）。因此，一个直接的猜想就是，如果能够提高儿童的学习成绩，那么他们社交地位不利的状况就会大大改善。基于该猜想，一个研究小组尝试给那些成绩差、被拒绝的四年级儿童提供了大量的学习技能训练（Coie & Krehbiel，1984）。一段时间后，这些儿童的阅读和数学成绩得到了很大的提高，而且他们的社交地位也得以改善。一年之后的追踪研究发现，这些以前被拒绝的儿童现在在同伴群体中具有一般地位了。

综上所述，成人可以采用各种技术和方法来提高不受欢迎儿童的社交技能，帮助他们在同伴中获得更有利的地位。但是值得注意的是：如果儿童的父母是经常采用攻击性冲突解决方法的专制型、不信任型的父母，或者他们的朋友是高攻击性的朋友，那么他们所学的新社交技能和新的问题解决策略的长期效果就要大打折扣。

5.2 儿童心理理论的干预

5.2.1 儿童心理理论的作用

心理理论包含以下几个基本内容：儿童心理理论的发展以先天遗传及早期成熟、解读他人的能力为基础；在推断与自己相似的其他人在不同心理情境中的心理状态时，个体有某种预见能力；人们的许多心理知识可以被描述为非正式的理论；提高信息加工能力和其他能力（如言语能力）能促进心理理论能力的发展；经验能改变儿童对心理世界的概念和他们应用这些概念去解释和预测自己和他人行为的能力（Flavell，2000）。具体来说，心理理论对于儿童心理与行为的发展，主要具有促进儿童理解和协调人际关系、帮助儿童阅读及理解材料内容等促进作用。

5.2.1.1 促进儿童理解和协调人际关系

心理理论在人与人的相互作用中起着重要的作用。拥有了心理理论，就可以解释人们已经做的事以及将要做什么，解释人们要什么、相信什么、希望什么、意图是什么等。拥有良好的心理理论，能够使人们控制日常的社会环境，预测他人和自己的认知和情感状态，协调自己与他人的关系。

拥有较成熟的心理理论，还可以促进儿童的社会认知能力的发展。这些能力是他们与同伴、父母、兄弟姐妹以及陌生人相处所需要的。儿童若拥有较成熟的心理理论，就能进行行为倾向、心理状态或心理特质的正确归因，并预测自己或他人将来的行为。儿童若提高了对相互矛盾的心理表征的认知水平，就可以理解看法、偏见、信念、欺骗、争执、印象、反语、讽刺、错误观念和解释等概念的含义，并且认识到，由于人们对同一事物可能持有不同的表征，因此人也就可能持有错误信念。他们在认识到外在表现与真实情况有差异后，就可以把这种认识应用在认识人际关系上，比如意识到"他们表现得好像彼此喜欢，但是实际上他们并不喜欢对方……"。

人类的社会行为虽然多种多样，但主要有两个基本方面：竞争与合作。个体心理理论模式中的要素，如愿望、意图、信念、动机等在儿童的合作与竞争行为的发展中起重要作用。在竞争中，尤其是在各种直接对抗的游戏或者比赛中，儿童必须了解对方的意图、策略，并选择出最佳战术以取胜。合作是我们积极倡导的一种亲社会行为，学会合作是儿童适应群体生活、发展利他行为的重要途径。合作的重要条件是儿童不仅能了解其他人的愿望、想法，能与其他人共享情感、信念、态度，还需要了解自己的言行将会给他人带来什么影响。在儿童的现实生活中，合作与竞争这两种形式无处不在，因此儿童必须学会通过了解他人的意图和动机来判别其态度和行为的性质，再做出恰当反应。一些儿童的攻击行为较多，在很大程度上是因为这些儿童不能准确判断对方言行的动机和意图，将对方善意的玩笑、非故意行为视为对自己的威胁。因此，如果拥有了良好发展的心理理论，儿童就能将他们在婴儿期形成的"我可以影响其他人"的认识提高到一个新的水平，能够劝说对方，赞同或不赞同对方，同情对方，与对方合作，共建及共享知识。

5.2.1.2　帮助儿童提升阅读和理解能力

有研究者提出，心理理论能力可能在儿童的理解和叙述上起到一个核心作用（陈友庆，2006）。在学前儿童的故事书里有大量与角色的信念有关的内容，理解这些内容需要儿童有良好的心理理论。例如，著名童话《小红帽》里的主人公"小红帽"有一个错误信念，即认为假装成外婆的狼是外婆，而她的外婆也认为假装成"小红帽"的狼是小红帽。在被狼吞进肚子后，"小红帽"和外婆被猎人救出来，三人又往仍在酣睡的狼的肚子里放进石头，狼对此是不知情的。作为读者（包括儿童），我们都知道狼在欺骗"小红帽"和她的外婆，狼后来也被"小红帽"等人欺骗。为了理解这个故事，儿童必须理解"小红帽"、外婆，以及狼是不知道我们读者知道这些信息的。

5.2.1.3　促进儿童认知能力的发展

儿童心理理论的获得与其元认知的发展密切相关。个体的元认知能力表现在元记忆、元理解、元注意、元表征等认知活动中。心理理论与元表征能力的关系最为密切。元表征是主体对现实的表征，是主体对表征过程的主动监控。在心理理论研究的经典模式"意外地点任务"中，大部分3岁以下的儿童难以对"错误信念"做出正确判断，也就是说，他们不能正确地表征他人对现实的表征，其原因是他们错将自己的视觉信息当成别人行为的依据。因此，个体心理理论的发展也是促进其元表征能力发展的重要因素之一。

随着儿童逐渐获得心理表征理论，他们看待世界、他人和自己的方式发生了深刻的变化。这时，他们可能开始制订计划，有了长期目标，能够叙述他人上周告诉他们的事情（即便是在与当前的情况矛盾的时候），能考虑他人的心理，知道欺骗和撒谎，会约束自己，开始阅读并能跟随复杂的故事线索，能编撰故事或虚构自己的朋友，开始得出道德结论，并在试图认识世界，积极地问"是什么"和"为什么"。可见，心理认识作为认知发展的重要领域，它对发展本身的影响除了体现在社会功能的发展上，还体现在认知功能的发展上，特别是体现在认识假设情境和表征，区分事物的外在表现和真实情况，以及认识因果关系上。它与儿童的思维发展有直接联系。

儿童可以在心理系统的输入端应用心理理论。例如因为有了心理理论能力，儿童逐渐开始有了情节记忆和自传体记忆，能够在心理上游历过去、现在与将来。儿童也可以在心理系统的输出端（即行为）应用心理理论。正如威默所言，一个人对自己的心理认识越深入，则对受个人心智支配的行为控制得越好。尽管到目前为止对心理理论的发展和执行控制的发展之间的确切关系尚不完全明了，但是已有的大量证据表明，在4岁左右时，儿童开始掌握错误信念和相关任务，这时他们的执行能力也提高了。正是基于这种元表征和执行能力上的进步，儿童形成了反省性自我参照，掌握了某种揣测人心的能力，能够做出基于积极联想的行动计划和行动策略，并具备了灵活调节行为的心理控制能力。

5.2.1.4 为儿童接受学校教育服务做准备

学前儿童心理理论能力的发展为其接受学校教育做准备。儿童在学校的任务就是学习，但是，儿童是怎样学习的呢？老师应该怎样教他们呢？对这两个问题有下列两种对立的观点：一种是传统的学习观。该观点认为，学生的学习就是被动地接受和吸收。儿童是无知的，他们就像一只只空空的容器，等着被填满知识；他们又像一张张白纸，等待着教育者在上面绘上各种图画。因此，持这种观点的人认为：儿童可能需要仔细思考如何完成老师布置的任务，也需要不断认识身边的世界，但是他们不需要反思。另一种是建构论的学习观。该观点认为，学习是主动建构的过程，儿童会通过自己的活动和经验来建构自己的知识体系。因此，持这种观点的人认为：儿童需要获得相应的社会理解力，即儿童需要拥有理解信念的能力，这种能力能帮助他们把握对自己和他人心理状态差异的认识。在这里，儿童被视为建构知识的主体，他们需要去思考自己到底想要知道什么，自己如何弄懂某个原理，而且要学会反思。这种观点提示教师要有意识地通过使用语言促使儿童思考，要鼓励儿童多表达自己的看法，并积极引导儿童清晰地表述他们的想法。现代的学校教育认同建构论的学习观。要想让儿童真正成为会思考的人，必须帮助他们学会运用理解自己和他人心理状态的方式来思考和谈话，并懂得去反思自己和他人的想法。可以说，一个心理理论发展良好的儿童，能更容易地适应学校的学习和生活。

5.2.1.5　与亲社会行为、反社会行为的关系

从心理理论角度研究儿童社会行为发展，其潜在假设是：只有具备一定的关于心理活动的知识，儿童才可能习得一定的社会技能，并学会做出正确的情绪反应。许多研究者在考察心理理论和亲社会行为之间的关系时发现，心理理论和亲社会行为之间存在显著正相关。相互协调是成功合作行为的必备条件（Paal & Bereczkei，2007）。高水平的心理理论能力使个体能够准确地认识他人的心理状态，预测他人的行为，从而做出合适的行为，达到人际协调的目的。亲社会价值定向的个体拥有较高的心理理论能力（Declerck & Bogaert，2008）。在 4 岁组儿童中，能更好地解释他人信念和愿望的个体更倾向于选择延迟满足以使他人受益（Moore，Barresi，& Thompson，1998）。3 岁儿童的心理理解水平和其有意的积极行为（合作游戏、参与假

装游戏等）存在正相关（Lalnode & Chandler，1995）。但是，他们的研究结果未能排除语言变量的影响。有研究者（Dekovic & Gerris，1994）考察了学龄儿童的亲社会行为和社会认知能力之间的关系，结果显示，和被拒绝儿童相比，受欢迎儿童拥有高水平的社会认知能力，同时也表现出更多的亲社会行为。但是也有一些研究得出了不同的结果。卡西迪等人（Cassidy，et al.，2003）的研究表明，错误信念任务只和助人行为存在显著相关，而和总的亲社会行为、合作行为、分享行为、安慰行为及支持行为的相关不显著。有研究者发现情绪性的观点采择能力和自由游戏中的亲社会行为不存在相关（Denham，1986）。尽管错误信念认识与社会能力、语言使用和假装游戏的一些特征有关，却与移情、受欢迎程度和攻击性无关，因此应将信念认识与情绪认知的移情区分开来（Astington，2003）。对情绪认知和移情的区分也同样重要。信念认识不保证情绪认知，情绪认知不保证移情，移情不保证同情。

许多学者对心理理论和反社会行为之间的关系很感兴趣。欺侮者的心理理论能力如何，至今没有定论，许多学者的看法是，他们在此能力上并无缺损。例如，萨顿（Sutton，1999）认为，没有证据支持存在欺侮者身体强壮、头脑简单的刻板印象。如果欺侮者的心理理论没有缺陷，那么，其心理理论是否优于平均水平呢？在这个问题上，现有证据尚不足以得出明确的答案。不过，萨顿等（Sutton，et al.，1999）的研究发现，欺侮型儿童比其他儿童表现出更佳的错误信念认识，尤其是优于那些被欺侮型的儿童。但他也认为，研究还没有完全揭示出心理认识与欺侮之间的确切关系。一些个体存在如冷漠、缺乏怜悯、冲动、行为控制不良等情绪障碍或行为障碍，他们往往被诊断为患有精神疾病。这些人可能具有正常的心理理论，但他们在对苦恼线索的自动化反应，对忧愁和恐惧表情的辨识，以及对道德和习俗违规的区分方面存在缺损，而正是这种缺损导致了他们的反社会行为。心理理论是欺侮者和精神异常者实施反社会行为所必需的。反社会行为并不是情绪认知缺损的产物。

5.2.2　儿童心理理论缺陷的表现及类型

大多数研究者是从特殊人群的角度来考察心理理论缺陷的表现及类型的。

研究者已考察了孤独症、精神分裂症、失语症、聋童、威廉姆斯综合征等存在认知损伤或心智障碍的个体在心理理论上的表现。通过对异常个体的研究，研究者一方面可以探寻心理理论的本质、发展机制和规律，另一方面，可以明晰心理理论异常对个体带来的影响，为异常个体的咨询、治疗和康复训练提供新的思路和理论指导。本节将主要讨论孤独症儿童、聋童的心理理论特点，对于其他异常个体的心理理论特点，也会在本节最后部分简要提及。

5.2.2.1 孤独症儿童的心理理论损伤特点

孤独症，又称自闭症，是一种病因未明的广泛性发展障碍（pervasive developmental disorders，PAD），一般在 3 岁前就表现出发展的异常，其主要症状有：刻板行为、语言发展障碍和社会交往障碍。孤独症个体典型地表现出语言能力或言语交流功能的损伤、缺乏目光接触和交流。

许多研究者认为，孤独症儿童缺乏心理理论能力，即"心盲"（mind blindness）。作为最早从心理理论角度探讨孤独症发展障碍的研究者，巴龙 - 库恩等人（Baron-Cohen，et al.，1985）采用多种研究范式考察了孤独症儿童的心理理论特点。例如，他们运用错误信念测试中的位置改变任务对孤独症、唐氏综合征和正常儿童的心理理论进行了测试。他们发现，孤独症儿童整体缺乏心理理论能力，这种缺陷不是一般的心理发展迟滞，而是在对心理状态的理解和推理上的损伤。他们（Baron-Cohen，et al.，1986）采用图片排序任务来检验孤独症个体对不同类型事件的理解。研究结果发现，孤独症儿童在对涉及心理状态归因的事件图片排序时，成绩显著差于正常儿童和心理年龄较低的唐氏综合征个体。他们（Baron-Cohen，Wheelwright，Hill，et al.，2001）还让阿斯伯格综合征、高功能孤独症和正常成人观看人的眼睛部位的图片，判断其中包含的心理状态。例如，某图片中的眼睛可能反映了一个人愤怒的情绪，在被试看过图片之后，要求被试在两个表示心理状态的语词（如，愤怒和轻蔑）中选择一个。另外一个任务不涉及心理状态的判断，如要求被试判断照片中人的性别。结果发现，阿斯伯格综合征、高功能孤独症被试在对心理状态进行判断时，成绩比正常人显著差。他们认为，这种测验考察了被试的较为高级的心理理论能力，也就是说，这样测得的心理状态推理能力，要比简单的情绪理解或意图理解更复杂更困难。后来，他们（Rutherford，Baron-Cohen，& Wheelwright，2002）又以阿斯伯格综合征、高功能孤独症以及正常成人为被试测验其通过声音"读心"（从特定的声音中抽取出心理状态）的能力。他们给被试用录音机呈现一个简短句子或词组的录音，让被试从两个所给词中选择正确描述录音所含心理状态的词。对应的控制任务要求被试判断录音中说话人的年龄。结果发现，阿斯伯格综合征和高功能孤独症被试在判断心理状态时的成绩明显比正常成人差，而在对年龄进行判断时他们的成绩却没有显著的差异。以上研究说明，阿斯伯格综合征和高功能孤独症的心理理论能力有一定的损伤，而且，可能如巴-库恩所说的那样，孤独症的心理理论损伤是独立于一般认知能力的本质上的损伤。

尽管许多研究者认为孤独症儿童缺乏心理理论能力，但这种观点也遭到一些批评。有研究者（Baron-Cohen & Golan，2008）采用"在电影中读心"（reading the mind in films）任务，考察了高功能孤独症儿童的复杂情绪理解和心理状态识别。实验中有23个阿斯伯格综合征或高功能孤独症被试，其年龄在8.3～11.8岁之间。实验者根据智力、言语智力和操作智力的成绩选择对照组。实验者先给被试呈现一个6～30秒长的短片，里面是1～4人之间的社会交往情境，在结尾会有一个问题，如，这个男孩的感觉是什么？之后，实验者会提供四个答案，其中一个是正确答案，其他三个是干扰答案。结果发现，孤独症儿童仍然存在了解复杂情绪和识别心理状态的困难。但这个研究存在言语理解的问题，例如，被试识别情绪时是否存在语言策略应用的困难。另外，有研究者（Kaland，Callesen，Møller-Nielsen，et al.，2008）采用"眼睛任务"（eye tasks）、"奇怪故事任务"（strange stories）和"来自日常生活中的任务"三种比较高级的心理理论能力测验任务，考察了高功能孤独症被试对心理状态的理解，发现孤独症组的成绩显著低于正常控制组的。虽然研究表明高功能孤独症心理理解能力存在一定损伤，但不同的心理理论任务，涉及的心理理解特征可能存在差别。例如，在理解包含某种心理状态的社会情境时，要考虑他人的感受和预期，对孤独症个体来说是比较困难的。

但是，有研究发现一些孤独症被试可以通过错误信念理解测试。智力水平在正常范围内的高功能孤独症和阿斯伯格综合征被试，多数能通过一级错误信念测试。与一般孤独症被试相比，阿斯伯格综合征被试可能有较高的言语能力和认知功能，但仍存在社会功能障碍和运动机能障碍。高功能孤独症被试可能也有正常的认知功能，但与阿斯伯格综合征被试相比，言语能力要稍差一些。

研究表明一些孤独症被试可以通过一级错误信念理解测试，那么，他们的心理理论是持续发展的，还是停滞不前的？有两组研究者（Holroyd & Baron-Cohen，1993；Ozonoff & McEvoy，1994）分别进行了两个纵向研究，考察孤独症的心理理论是否随着年龄而有所发展。两个研究的结果表明，在7个月内和3年内，被试的心理理论能力几乎没有大的发展。但另有研究者（Steele，Joseph，& Tager-Flusberg，2003）研究了57个4～14岁孤独症儿童的心理理论的发展变化，他们在一年内前后两次测量被试的心理理解能力，使用的任务包括：愿望和假装理解任务、位置改变任务、意外内容任务和物品隐藏任务、二级错误信念理解任务、谎言和笑话理解，以及特质与道德判断任务。他们还测量了孤独症者的语言能力和智商。结果表明，被试第二次测试的成绩普遍比第一次的有所提高。这个研究的结果与以往研究的结果不同，原因可能与该研究某些被试年龄较小，语言能力参差不齐，以及所用的心理理论测验任务范围较广有关。

5.2.2.2　聋童的心理理论损伤特点

有研究者（Peterson & Siegal，2002）于1995～1999年以澳大利亚聋童为被试连续进行了一系列研究，考察听觉障碍对心理理论发展的影响。聋童中有来自正常听力家庭、后来使用手势语的儿童。心理理论能力测试采用位置改变任务（萨利-安妮任务）、非言语的选择反应、意外内容任务和表现-现实任务。结果表明，来自正常听力家庭且后天学习使用手势语的聋童，其心理理论发展表现出严重的迟滞，即与正常被试者相比，他们的错误信念测试通过率很低，多在50%以下。此外，有研究者（Courtin & Melot，1998；Deleau，1996）测试了法国聋童的心理理论。其研究选择的被试平均年龄在7～11岁。研究发现，对于那些来自正常听力家庭而后天学习使用手势语的聋童来说，其心理理论的获得是迟滞的，而出生后就用手势语的聋童，其一级错误信念理解测试成绩要好些。

有研究者（Woolfe，Want，& Siegal，2002）使用"思想泡图片任务"（Custer，1996）测试聋童的错误信念，这种测试方法极大降低了对语言的要求。结果表明，在匹配了空间心理年龄和接受性手势语语言能力后，尽管那些出生后就学会使用手势语的儿童的年龄比那些后来学会手势语的儿童的年龄小，但他们在心理理论测试上的成绩明显要好些。在控制语法理解能力、空间操作能力和执行功能后，那些后来才学会手势语的儿童表现出一定的心理理论能力损伤。为什么会出现这样的结果呢？有研究者提出，使用特定的句法形式（如"我认为书在桌子上"）表达心理状态的能力对错误信念理解非常重要。研究者认为，虽然获得这种特定的句法结构能启动心理理论，但仅此一点不足以解释心理理论发展的机制。心理理论并不仅仅是简单的词汇和句法的问题，而是以早期谈话经验为中介的社会理解发展的最终结果，语言在其中起了中介的作用。另有研究者（Figueras-Costa & Harris，2001）采用言语错误信念理解测试和非言语错误信念理解测试考察聋童的心理理论发展状况，检验听力正常家庭的聋童的心理理论能力发展是否存在迟滞现象。该研究被试者的年龄为4～11岁。结果发现，在言语错误信念理解测试中，能通过测试的被试只有不到一半。而在非言语测试中，年龄大些的聋童的通过率显著地高于随机水平。他们认为，聋童的心理理论的确存在发展迟滞的问题，这可能与他们的言语发展和谈话技能有关。也有研究者（Peterson & Siegal，2002）也认为，来自听力正常父母家庭的聋童的心理理论发展迟滞，但这种发展迟滞在本质上不同于孤独症儿童的心理理论能力损伤。

5.2.2.3 心理理论与心理疾病理学

心理理论的概念和研究对临床儿童心理病理学家颇具吸引力，因为心理理论功能缺失或缺损可以解释一系列儿童心理病理问题。最早探究儿童发展期心理理论缺失问题的是巴龙－库恩等人，他们提出孤独症儿童是否拥有心理理论这一问题。

自坎纳等人开拓性的研究（Kanner，1943；Asperger，1944）之后，众多临床医生开始致力于探究孤独症儿童的社会退缩和缺乏共情等问题。孤独症儿童会避免眼神接触或亲密的身体接触，他们常常表现出刻板行为，难以建立情感关系。大量研究证实，孤独症儿童在他人的心理状态的认知方面存在高度缺损，孤独症儿童的心理理论的缺损与他们的社会行为异常及语用缺损相关（Baron-Cohen，1991，1995）。能够通过简单的错误信念任务的高功能孤独症被试难以同时完成对移情能力有要求的心理理论任务，例如，他们难以认识到眼神注视与一个人的心理状态间的关系（Baron-Cohen et al.，2001）。更重要的是，孤独症儿童的心理理论缺损独立于一般智力和其他认知能力。另一方面，研究表明，与智龄匹配的正常儿童相比，伴有其他发展障碍的儿童，如特异言语缺损儿童、唐氏综合征儿童和威廉姆斯综合征的儿童进行心理归因的能力无损，尽管后两组儿童的智力水平较低。同样，有着显著执行功能问题和注意问题的多动症儿童，其心理理论能力也是完好的（或许那些存在最严重的注意缺陷的儿童会有心理理论能力问题）。因此，孤独症儿童的心理理论缺损不纯粹是注意问题或一般智力问题。多种证据表明，孤独症儿童的心理归因能力和移情能力存在特异性缺损。

关于人格障碍的心理理论研究大多集中在精神病患者上。精神病患者往往被描绘成不可靠、冷酷且反应迟钝。从童年起，这些缺陷就出现于精神病患者身上。因此，有人认为，移情有问题的精神病患者的心理理论也存在缺损。

5.2.3 儿童心理理论的干预方法与技术

心理理论的干预研究根据被试的类别可以分为：学龄前儿童、特殊儿童（如孤独症儿童、智障儿童、聋童等），以及特定脑区脑损伤病人等。研究者讨论了如何通过不同手段提高心理理论机能。

5.2.3.1 心理理论的可干预性

有学者（Watson, et al., 1999）曾建议，"干预和训练研究是下一步研究中需要做的事情"。但也有学者（Knoll & Charman，2000）提出疑问："心理理论能被训练吗？"研究给出的答案是肯定的。已有研究证明，错误信念理解是可以教给年幼儿童的，这有力地证明了心理理论的可训练性。

　　早期的研究考察了知觉和信念之间的关系。研究者给儿童一个观点采择任务，他们先让儿童通过一个红色的滤光片看一只绿色的猫，滤光片中的猫看起来是黑色的，然后他们让儿童到桌子的另一侧，这时猫看起来是绿色的，最后，研究者会问儿童，在从桌子另一边移过来之前，他们看到的是什么颜色的猫以及他们认为猫是什么颜色的（Gopnik，Slaughter，& Meltzof，1994）。研究人员还问儿童，另一个人从初始位置看到的是什么颜色的猫，那个人会认为猫是什么颜色的。研究表明，在背景一致的情况下询问儿童信念问题，他们的表现要比他们在错误信念任务上的表现好得多。研究者（Melot & Angeard，2003）认为，"第一个证明成功的训练的人应该是斯劳特和戈普尼克"。斯劳特和戈普尼克的研究在两周内对幼儿进行两类训练：一类是信念训练（belief training），另一类是一致性训练（coherence training，包括愿望和知觉概念的训练）。在训练过程中，研究者根据儿童的回答和表现给予适当的反馈。结果发现，两类训练均导致儿童在延后测验中错误信念理解成绩显著提高，即这两类训练都让儿童将错误信念任务迁移到其他心理理论任务（包括区分外表-真实任务）上。他们的研究还表明，在后测中获得高分的儿童正是那些成功完成信念训练任务的儿童，也正是那些在训练过程中得到的积极反馈多于消极反馈的儿童。在斯劳特和戈普尼克研究的基础上，梅洛特等人的研究也验证了以上两种类型的训练有直接和间接的训练效果。

　　研究者（Gopnik & Astingon，1988；Gopnik，1993；Gopnik & Wellman，1992，1994；Perner，1991；Wellman，1988，1990）认为，儿童对心理的理解被研究者构建成一种直觉理论（intuitive theory）。研究者试图通过类比科学理论的变化来解释儿童的认知发展。所谓直觉理论，是指在特定经验领域中产生的解释和预测的概念体系（Gopnik，Slaughter & Meltzoff，1994；Gopnik & Wellman，1992）。直觉理论有两个重要的特征。第一个特征是概念的一致性（conceptual coherence）。如韦尔曼提供了一个例子，说明信念的概念只有在理论的其他概念背景中才有意义，因此信念被理解为来自知觉或想象，并导致与愿望和意图相联系的动作（Wellman，1990）。近来，许多相关实验研究支持了概念一致性的观点。在过去几年，研究者对儿童信念理解的发展产生了兴趣，设计了相关的实验任务。在这些实验中，当儿童在所谓的一致性（强调心理状态概念之间的相互联系）的背景下被测试时，他们在错误信念任务上的表现提高了。当任务允许儿童明确地使用信念和其他心理状态概念之间的联系时，他们在信念任务上做得更好。直觉理论的第二个重要特征是修正性，也就是说，直觉理论会因新证据的出现而被修正。一开始，儿童会和科学家一样，当出现新证据后，他们会简单地解释证据，让证据适应自己的理论（Gopnik & Astington，1988；Wimmer & Hard，1991）。但随着新证据的积累，儿童会建构起新的、更为适合的理论。如果儿童对错误信念理解的变化真的是理论变化的结果，那么通过在训练研究中给予儿童突出的证据来促进儿童对错误信念的理解应该是可能的。

大多数训练研究使用丰富的谈话互动作为训练的一部分。这种研究能够说明儿童的训练经验与稍后结果测量之间的因果关系。该训练的一般方法是：先选出对错误信念理解不多或没有理解的儿童，再让他们在一段时间内接受训练（通常会涉及语言），最后进行错误信念理解的后测。如果儿童被训练成功，则可证明心理理论发展的内在机制。这些实验支持了儿童心理理论是一个具有内在一致性的、相互联系的概念结构这一观点。在这些研究中，当儿童在另一个与心理状态相联系的情境中推理信念时，他们在错误信念任务上的表现会有所提高。一种可能的解释是，强调心理状态之间的联系启动一个更丰富的概念系统。例如，幼儿在知道信念也可以变化之前，可能知道知觉、愿望和意图会变化（Gopnik & Slauhgter，1991）。儿童也可能会意识到，某些心理状态（如假装）不必与现实一致。通过把信念概念和心理状态概念联系起来，儿童能理解更为精确或复杂的信念。所以，当3岁儿童致力于发展表征时，理论内的概念一致性会有助于加强和加固这一理论。

斯劳特等人（Slaughter & Gopnik，1996）的成功训练主要考虑了三个因素。第一，训练的时间。实验中的时间会促使儿童重新加工他们的理论。因为心理理解训练对于那些在训练前没有通过错误信念任务的儿童所起的作用要在一段时间之后才会产生。第二，信念训练对其他心理理论任务的迁移问题，即训练效果能否迁移到那些没有训练的错误信念理解上。他们用理论的内聚性来解释迁移的效果（对一个概念的理解能让个体更好地理解另一个相关概念）。在儿童接受愿望和知觉训练后，他们通过了以前没能通过的错误信念测验。在接受信念训练后，他们不仅成功通过了信念任务，而且也通过了其他心理理论任务（如理解知识来源、区分外表-真实）。第三，积极反馈和消极反馈的效果。斯劳特和戈普尼克发现，积极的反馈（当一个儿童在训练正确反应时得到的反馈）比消极反馈更为有效。一般认为，儿童关于他人思想和行动间关系的理论是缓慢发展的，可能在4岁左右是一个顶峰，这时他们获得了较为复杂的心理理论。对儿童的反应进行言语反馈，这可能为他们以后对心理状态与行动之间关系的理解打下基础（Melot & Angeard，2003）。

总之，大量研究表明，心理理论具有可干预性。

5.2.3.2 干预的类型

长期以来，研究者一直关注如何对幼儿进行心理理论的干预训练，但是，到目前为止，这类训练为数不多。它们可分为两类：一类是采用与心理理论相关的故事对幼儿的心理理论发展进行直接干预；另一类是通过对影响因素进行训练来干预幼儿心理理论的发展。

（1）通过心理理论故事进行干预。

斯劳特和戈普尼克在1996年采用意外内容任务对3～4岁幼儿进行训练实验，实验分为三组：信念干预组，实验者给幼儿呈现图片和玩具，要求幼儿报告自己和他人的错误信念；信念相关干预组，实验者给幼儿呈现玩具，要求幼儿报告自己以前的愿望和感觉，并报告别人的愿望和感觉；控制组，只做数字守恒训练。结果表明，只有控制组前后测成绩没有出现显著差异，接受干预的两组的心理理论的后测成绩比前测成绩有所提高。两年后，Slaughter对训练做了部分调整。他将干预时间设定为2～3周，将幼儿分为三组：描述组，先给这组幼儿讲错误信念故事，再问幼儿故事中的人存在的错误信念；图片组，向幼儿呈现图片，并在图片旁放置与图片内容不同的真实物品，然后问幼儿实际看到了什么和图片上有什么；控制组，只进行数字守恒的练习。结果发现，描述组在心理理论测试任务中的成绩要显著高于其他两组，这说明通过帮助幼儿描述故事中的任务以及自己的错误信念，可以有效提高幼儿心理理论的发展水平。这些训练证明了干预的有效性。

有研究者（Clements，Rustin，& Mccallum，2000）为了证明解释和讨论错误信念故事对干预效果的影响，也进行了训练研究。他们将儿童分成三组：解释训练组，让儿童听错误信念意外转移的故事，儿童的回答将得到反馈并获得详细的解释；反馈组，让儿童听同样的故事，但儿童得到的反馈仅仅是答案是否正确；控制组，让儿童听与错误信念无关的故事。实验发现，只有解释组提高了儿童错误信念的预测和解释能力。这些研究证明解释和讨论能促进心理理论的提高。

我国学者杨怡（2003）也进行了相关研究。她采用图片呈现法和玩偶演示法两种形式对儿童进行心理理论的训练，训练共进行三次。该研究前后测均采用意外地点任务范式，后测增加了意外内容任务。结果表明，通过干预训练，儿童能够迅速将训练中学到的知识运用到现实生活中。王丽（2006）选取不能顺利通过心理理论测试任务的儿童为研究对象，对他们进行了四次的训练。该研究将被试分成三组：甲实验组，让儿童听有关心理状态的故事；乙实验组，用意外地点任务对儿童进行训练；控制组，只让儿童进行数量平衡训练。研究统一对被试进行后测，测量工具是错误信念任务。结果显示：实验组的儿童后测成绩要显著高于控制组儿童，并且通过跟踪调查发现，训练的效果实现了远迁移，可见训练的效果是持续有效的。

杨伶（2011）为了给智障儿童干预提供依据，首先对正常幼儿进行了每周三次的心理理论的干预训练，持续两周。他把幼儿分为三组：假装游戏干预组，先给幼儿讲述心理理论小故事，然后就故事内容进行提问，对幼儿的回答仅给予正误反馈，不做解释，最后，主试与幼儿分别扮演故事中的角色，演出故事，进行假装游戏；言语干预组，向儿童讲述与错误信念相关的小故事，然后根据故事内容进行提问，并对儿童的回答进行反馈和解释；对照组：随机抽取一组故事中的某个故事，将故事讲给儿童听。结果显示，干预组后测效果显著，这说明假装游戏的方法和言语反馈的方法都对儿童心理理论的发展有效。

（2）通过心理理论的影响因素进行干预。

对故事内容进行讨论和解释可以有效促进幼儿心理理论的发展，因此，在干预训练过程中，语言干预是非常重要的干预形式。有研究者（Lohmann & Tomasello，2003）把儿童分为三组：语法心理状态动词训练组、情景交流训练组和控制组。其研究目的是探讨不同的语言训练对儿童心理理论能力提高的影响。研究发现，在训练后，语法心理状态动词训练组的错误信念成绩有显著提高，而其他组训练前后无显著差异。

有研究者（Chandler，1973）以社会适应不良男孩为研究对象，采用角色扮演的方式对男孩进行干预，以提高儿童理解他人心理状态的能力。结果发现，训练后的男孩适应不良的行为显著减少，并且干预效果的追踪调查表明，这种效果保持得比较好。

有研究者（Bridgeman，1981）首创了合作互动性同伴诱发小组的干预形式。他们将同伴互动关系这一影响因素纳入研究中，干预训练持续两个月之久。结果发现，同伴之间的合作互动可以有效促进幼儿心理理论的发展，并且，那些在互动过程中主动解决交往中出现的冲突的儿童，心理理论的发展水平会比一般儿童更高一些。

有研究者（Jennifer & Michael，1990）对社会性失调的女孩进行了类似的研究。他们训练这类女孩识别和解释人物的面部表情，并要求她们根据人物面部表情的变化在特定的情境中进行相应角色的扮演。研究发现，训练后，这类女孩不仅心理理论的发展水平得到提高，而且亲社会性行为也明显增加。

我国学者也利用心理理论发展的影响因素对幼儿进行了一些干预训练的研究。陈友庆（2006）尝试通过对幼儿的视觉、情绪和愿望等影响因素进行训练，来促进幼儿心理理论的发展；邓赐平等（2003）试图通过对儿童进行装扮认识的训练来帮助他们识别自己与他人的心理状态，达到获得心理理论的效果。虽然这些学者采用的研究方法不同，但他们的研究证明，通过间接的训练，均可以有效提高幼儿心理理论的发展水平。

5.2.3.3　干预的方法

（1）言语干预。

言语干预适用于语言、智能正常的儿童，其特点是干预过程通过言语解释来完成。儿童心理理论发展的关键期是 4 岁左右，因此，最初心理理论干预的被试是 4 岁左右的儿童。早期的心理理论干预研究没有收到预期的效果，原因有可能是干预时间不够，也有可能是没有把前测、干预、后测分成不同阶段。

最先取得成果的研究是斯劳特和戈普尼克的。如前所述，他们把被试分为三组：信念干预组、信念相关干预组和控制组。他们的研究表明，接受干预的两组在后测心理理论的成绩上都有提高，而控制组前后测没有显著差异。他们认为，得到这样的结果有可能是因为实验组被试得到了相关逻辑和语言的训练，他们在完成任务时利用了记忆和惯性，其心理理论能力并没有真正提高。他们还认为，这个结果也有可能是同类训练的泛化作用导致的。为了解决这两个问题，在接下来的实验中，他们给控制组施加了与实验组一样的语言问题，只是这些问题避开了错误信念及相关心理能力的环节；他们还增加了后测测量项目。后一个实验的结果和前一个实验的一致。两年后斯劳特进行了类似干预实验，结果报告干预效果显著。也有研究者（Appleton & Reddy，2010）同样成功地干预了儿童心理理论能力，他们的方法与斯劳特有所不同。他们将儿童分为两组：实验组，先通过视频资料给儿童呈现错误信念内容，之后诱导儿童进行 10～15 分钟的讨论；控制组，在相同的时间内进行讲故事活动。干预两周后发现，实验组儿童的心理理论能力显著高于控制组的，并且，两周后再测差异仍然显著。有研究证明了解释对心理理论提高的重要性（Clements，et al.，2000）。后来，也有研究者证明，高频和充足的解释性谈话训练有助于儿童完成错误信念（Gevers，Clifford，Mager，et al.，2006）。

心理理论干预研究一直以语言干预为主，因此，一些研究者把研究重心放在不同语言的训练对儿童心理理论提高的影响上。研究发现，只有语法心理状态动词组的错误信念成绩显著提高了。另有研究发现，句子补充训练也能提高儿童对错误信念认识（Hale &Tager-Flusberg，2003）。

（2）假装游戏干预。

言语干预对一般儿童效果显著，但对特殊儿童效果并不明显。针对特殊儿童的语言障碍，研究者开始将假装游戏融入言语干预中。研究者早在 1995年就对孤独症患者进行了第一次心理理论训练（Ozonoff & Miller，1995）。

训练从最简单的日常就餐开始。研究者通过语言讲解诸如微笑之类的简单技能，通过角色扮演游戏传授重要且复杂的内容。角色扮演游戏的目的是让儿童学会站在别人角度考虑问题。实验经历了四个半月，所有被试在干预结束两周内进行后测。结果表明，该训练提高了孤独症患者的社会交往能力。之后，他们又把心理理论训练扩展到存在发展功能障碍的儿童上。这一训练分两个单元，每个单元七次课。第一单元是传授参与交流的基本技能，第二单元着重介绍感知觉技能和心理理论技能。这一训练同样通过角色扮演游戏传授给儿童掌握错误信念的能力。遗憾的是，在他们的研究中只显示了正常儿童的数据。有研究者（Gevers，Clifford，Mager，et al.，2006）借鉴该训练计划，针对智力障碍儿童进行了训练研究。他们的训练方式包括假装游戏和讲故事，并且，他们通过训练家长来达到对儿童进行训练的目的，即家长与实验者配合共同进行儿童心理理论训练。为了避免练习效应，训练用的材料跟测试不同。结果表明，训练后，智力障碍儿童心理理论各项得分显著提高。但这是一个开放性的研究，一部分训练由家长在家中对儿童实施，没有进行集中控制，而且历时较长，所以不能排除儿童自然发展的影响。由于这个干预同时进行家长训练和实验室训练，所以无法判断是哪一种训练对儿童提供了实质性的帮助。

（3）含有"思想泡"技术的干预。

孤独症儿童在心理理论上有严重的缺陷。学者一直在研究如何通过训练来提高其心理理论能力。最近的研究表明，通过给孤独症儿童提供主人公脑袋旁边有心里想法的故事图片，可以有助于孤独症儿童提升心理理论水平（Begeer，Gevers，Clifford，et al.，2011）。韦尔曼把这种形式的干预命名为"思想泡"。最早用"思想泡"对孤独症儿童进行训练的学者报告了该方法的有效性（Parsons & Mitchell，1999）。不过，该研究的效果并不显著。韦尔曼借鉴了以往研究的经验，将训练步骤细化，最后取得了理想的效果（Wellman，2002）。他的研究分两部分。第一个部分分为五阶段。这五个阶段把标准错误信念任务拆开，用语言和表演的方式给孤独症儿童讲解。阶段一，讲解思想能呈现人们看到的物体，如，人偶莎莉正在看一个球，那么她就能够想象这个球存在于她的脑中。阶段二，讲解人们离开看到的物品后思想仍能呈现该物体，如人偶莎莉看到了一个球，之后出去了，但她仍然能够知道球的存在。阶段三，讲解人们在没有看到物体改变时，思想仍然保留在原状态，如莎莉出去了，但她仍然认为房间里有一个球，这时我们把球换成苹果，但是她没看见，因此她仍然认为房间里的是苹果。阶段四，讲解思想能够帮助人找到物品，如莎莉出去前把球放进盒子了，等她回来的时候她就会到盒子里找球。阶段五，把所有的阶段串起来，引出第二个主角安妮，并解释整个错误信念任务，如莎莉把球放进盒子，出去了，这时安妮过来把球放到柜子，莎莉回来后会去哪儿找球？她认为球在哪儿？球实际在哪儿？第二部分比第一部分多加入了"思想泡"的技术，也就是在每次语言描述和演示后，都有一个带有"思想泡"的图片放在人偶主人公脑袋旁边，里面显示着主人公想的内容。第二部分加入了阶段六：去除"思想泡"后重现阶段五。结果表明，虽然第一部分的训练也有一定的效果，但加入"思想泡"技术的效果更为明显，所有孤独症儿童都通过了至少一个错误信念任务，一般儿童甚至通过了全部任务。"思想泡"技术虽然为孤独症儿童心理理论能力训练提供了一个新颖的方式，但它仅仅是一种辅助性的训练模式，不能彻底弥补孤独症儿童心理理论的缺陷。

近年来，针对特殊人群（孤独症、智力障碍、脑损伤患者等）的研究激增。这类研究能为正常儿童的心理理论的经验习得提供证据，也能使各类心理理论能力缺陷人群提高心理理论能力及社会交往能力（Lanfaloni，Baglioni，& Taft，1997）。有学者将心理理论训练思路应用于脑损伤患者。虽然研究的被试只有两名脑损伤患者，但其结果表明：右脑损伤患者能接受心理理论训练任务，训练效果也很明确（Weed，McGregor，Nielsen，et al.，2010）。这些研究为未来心理理论脑机制的研究提供了新思路。针对不同特殊人群特点建立心理理论干预系统，提高其心理理论能力和社会适应能力，这应该是这类研究发展的趋势。

（4）行为同步干预。

跨领域发展论认为，儿童心理理论发展是跨领域的发展结果，能反映其他领域的发展变化。语言、执行功能、同伴关系、社会性等与儿童心理理论相关的能力都有可能在心理理论的干预过程中得到提高。心理理论干预研究成果应用于特殊儿童的治疗，具有临床意义。此外，心理理论还具有积极的教育意义。

讲故事的方法易出现主试者效应。此外，在测试中需要儿童进行大量的言语加工，因而就很难区分影响儿童表现的究竟是儿童的语言能力还是其心理理论能力，而且难以对年龄更小的儿童实施训练。因此，选用行为同步法是非常必要的。这种方法需要的背景知识较少，且较少依赖语言，呈现方式更客观，反应方式也更简单。

在观看一场精彩激烈的篮球比赛或是欣赏一个精彩的双人舞表演时，我们常常惊叹表演者的动作是如此同步。这种行为同步不仅仅常在运动领域和艺术领域中出现，在日常生活中也随处可见。如，两人一起刷碗，一起帮一个孩子穿衣服。互动性的行为同步是指在时间维度上人与人之间行为的协调一致（Lakens，2010；Hove & Risen，2009）。行为同步法是一种新颖的方法。

有研究表明，伴随音乐有节奏地进行具有人际互动性质的行为同步游戏能影响 14 个月大婴儿的亲社会行为。在一个无噪音、宽敞明亮的房间里，婴儿和研究助手在一起，他们和主试面对面坐，相距 2 米左右；主试通过耳机听音乐，婴儿和研究助手通过音乐扩音器听音乐；主试和助手手腕上都带着一种可以测量垂直加速度的仪器。主试会从耳机听到两种不同节奏的音乐，一种为每分钟 100 下节拍，一种为每分钟 140 下节拍；但是婴儿听到的音乐一直都是每分钟 100 下节拍。如果婴儿被分到行为同步组，他们和主试都听每分钟 100 下节拍的音乐；如果婴儿被分到行为不同步组，则他们听每分钟 100 下节拍的音乐，主试听每分钟 140 下节拍的音乐。主试和助手都跟着音乐做屈伸膝盖的上下运动。音乐是弱拍时，其膝盖向下弯曲到最低点；音乐为强拍时，其膝盖伸直。每段音乐呈现 150 秒，训练从音乐开始到音乐结束（Cirelli，Wan，& Trainor，2014）。在跳舞行为同步中，先决条件和核心元素是关键。先决条件包括两个维度：一个是感知能力，另一个则是表达能力。核心元素就是人际互动，包含三个特征：模仿、同步运动和肌肉运动的合作

（Behrends，Müller，& Dziobek，2012）。

研究者（Nettle，2006）认为成功进行行为同步的关键是分享表现、陈述并预测对方的行为，以及尽最大的努力使自己和他人的行为合二为一。行为同步可以减少我们的主观偏见，而心理距离会抑制在心理状态归因中的社会认知加工的作用。如果两个个体间心理距离越大，那么，他们认为他人和自己分享的东西也就越少，因此对他人归因的可能性也越小（Waytz，Epley，& Cacioppo，2010）。有趣的是，自然状态下的行为同步会大大减少个体之间的心理距离（Miles，Griffith，Richardson，et al.，2010）。在实验室的实验中，通过诱导或者采用集体仪式能减少被试的心理距离，从而增强被试对他人归因的能力（Vacharkulksemsuk & Fredrickson，2012）。

相关研究已经证明了行为同步和心理理论之间的关系，而且研究结果基本一致。在某实验中，被试两人，两人共同完成让钢球穿过一个木制迷宫的任务。这个任务能否成功完成的关键是被试能否准确推断和预测其同伴的精细动作。结果表明，行为同步促使被试之间在完成任务时增加了对同伴的预测（Valdesolo & DeSteno，2011）。有研究表明，行为同步群体比非同步群体的心理理论能力要高。在一些群体中（如演员、心理学家、小说爱好者等），个体能够更深刻地体会群体中他人的内心想法（Goldstein，Wu，& Winner，2009）。

近些年来，不少研究者还探讨了行为同步对合作、亲社会、同情心等领域的影响。郭丽莎和刘革（2015）提出同步行为会对人的合作行为产生促进作用。研究表明，通过音乐任务可以促进个体的亲社会行为以及提高孩子的同情心。一项研究证明，14个月大的婴儿的亲社会行为会受到与音乐同步的行为的影响（Valdesolo & DeSteno，2011）。有研究表明，演员比非演员同情心更强（郭丽莎，刘革，2015）。

（5）利用虚拟现实技术进行干预的展望。

信息时代技术的快速发展，使得虚拟现实技术应运而生。20世纪中期，美国就已经开始研究虚拟现实技术，由于受当时互联网技术的限制，该技术的发展速度相当缓慢。一直到20世纪末，互联网技术进入快速发展阶段，虚拟现实技术才受到更多关注。近十年，一批高新技术不断涌现，虚拟技术也进入了跨越式发展，并大量应用在信息科学、军用技术、教学研究、计算机技术上。作为一种综合了一系列高新技术的计算机领域新技术，虚拟现实技术成为21世纪影响人们生活的重要技术之一。

虚拟现实技术是利用计算机生成模拟环境（如飞机驾驶舱、操作现场等），通过多种传感设备使用户"投入"到该环境中，实现用户与该环境直接进行自然交互的技术。虚拟现实技术可以借"化身"使操作者进入虚拟空间，成为虚拟环境的一员，对虚拟环境中的各种对象进行感知和操作，从而获得身临其境的体验。从本质上讲，虚拟现实技术就是一种先进的计算机用户接口技术，其核心是给用户同时提供视、听、触等各种直观而又自然的实时感知。

虚拟现实技术具有三个主要特征：第一，沉浸感，指计算机使用者作为人机环境的主导者存在于虚拟环境中。第二，交互性，是指使用者可以利用一些传感设备与虚拟环境中的对象进行互动。第三，想象。虚拟环境可使用户沉浸其中，获取新的知识，提高感性和理性认识，引导他们去深化概念和萌发新意，产生新的构思。可以说，虚拟现实技术对人的思维具有开发作用。

虚拟现实技术可以用于干预孤独症儿童的社会交往及心理理论。虚拟现实技术在孤独症研究与干预上的应用是近年来出现的一个新的研究领域。1996年，研究者（Strickland & Hahn，1996）首次提出虚拟现实技术为孤独症患儿的干预与治疗提供了新的途径，并于同年在一项研究中证明了这种新思路的可行性。其后，一些研究者也展开了虚拟现实技术对孤独症患者干预的研究，其潜在效用正逐渐得到认识。虚拟现实技术在孤独症患者干预与治疗上的适用性体现在以下几个方面。

第一，为患者营造安全的教育环境。社会交往障碍是孤独症患者的主要临床特征，患者与他人的情感交流也存在明显的障碍，对不熟悉的人易出现退缩、焦虑、甚至恐惧等情绪。虚拟现实技术的好处在于能够减少孤独症患者的焦虑来源。但也有人认为提供一个安全的、非社会的环境可能会导致孤独症患者的社会性障碍愈发严重。如有研究者（Howlin，1998）认为过度依赖电脑互动可导致强迫行为，以及真实世界中互动的减少。反对者（Parsons &

Mitchell，2002）认为它们是不成立的，理由是：首先，在使用电脑中出现强迫行为的主要原因是程序的可预测性，即患者能明确地知道他们操作的程序接下来会发生什么并能对它们进行控制。在虚拟环境中纳入富于灵活性的、不可预测的事件可以在一定程度上克服这个问题。因为患者要想在这种非预测的程序中前进，需要思考什么反应是适当的，而不是仅仅做出简单消极的反应。这样，患者与电脑之间的互动将会积极而丰富，强迫行为会大大减少。其次，用虚拟现实技术训练患者的社会技能是在有他人辅助的情况下进行的，患者会与辅助人员进行互动。这样，现实世界中的社会互动被纳入训练中，并不会对患者真实的社会互动造成影响。所以，虚拟现实技术的使用并不意味着减少社会互动，而是创造一种无威胁的技能实践教育环境。

第二，为患者解决干预训练中的多来源感知困难问题。许多孤独症患者对多来源的感觉输入存在困难。他们存在感觉统合失调，外界多来源的感觉刺激信号无法在患者的大脑神经系统中进行有效的组织。所以，环境中的过量刺激会给孤独症患者的感知带来困难并导致其行为退化。而虚拟现实技术能将特定的刺激从环境中隔离出来，简化复杂的刺激阵列，帮助患者将注意力集中在一个特定的情境中，并对特定的刺激做出反应，这样有助于对他们进行治疗和训练。

第三，提供适合孤独症患者思维特点的信息呈现方式。孤独症患者常被描述为"视觉思维者"。相对于听觉信息，他们更擅长处理视觉信息，其思维具有形象化、具体化的特点。已有研究证明，利用视觉进行干预是成功的。

第四，促进孤独症患者习得技能的迁移。孤独症患者的思维缺乏概括性与抽象性，所以，孤独症患者很难经由思维概括把在一个情境中学到的行为迁移到其他类似的情境中去。虚拟现实技术可以训练患者的迁移能力。虚拟现实技术可以在类似的场景中切换，有助于孤独症患者进行迁移练习。

第五，增进孤独症患者的认知灵活性。认知灵活性是执行功能中的一种，它需要人们不断地从一种反应模式变换到另一种模式。孤独症患者的执行功能存在缺陷，其执行功能障碍表现为模式转换缺陷和计划缺陷。在虚拟环境中，情境可每次微微变化，这样可以促使其产生更灵活的反应。例如，他们在之前的情境中已掌握了一种行为（如走到吧台的一个特定地点去点饮料），随后呈现稍加改变的情境（有人挡在走向吧台的路线上），这样能引导患者思考相同问题的不同解决方法，从而增进其认知灵活性。

第六，提高孤独症患者的心理理论能力。孤独症患者对他人的心理状态不能进行推测判断，他们很难站在他人的位置进行思考。而在虚拟环境中，他们可以进行角色扮演，这样他们可以体验不同角色的思想。这一训练能在一定程度上培养其心理理论能力。

第七，为孤独症患者提供个体化的治疗。虽然孤独症患者有着共同的特征，但有效的方法必须是个性化的。采用虚拟现实技术的治疗可以直接控制输入（视觉的、听觉的）的数量、类型和水平，可以根据患者的情况来设计学习任务的难度，还可以调整学习的方式来适应个人的风格和改变的模式。

在一项研究中，研究者采用个案研究方法对两名孤独症青少年的虚拟现实学习效果进行了研究（Parsons，Leonard，& Mitchell，2006）。他们用虚拟现实技术营造了咖啡馆和公共汽车两种虚拟环境。在咖啡馆虚拟环境中，难度水平有四级，从一个有大量空座的、安静的咖啡馆情境（难度最低）到一个闹哄哄的、排着长队的、需要被试"询问"是否能坐在某人旁边的咖啡馆情境（最高难度）。被试的学习目标是恰当地排队，找到可以坐的位置，并在必要的时候向虚拟人物提出恰当的问题（如，我可以坐在这里吗？）。在公共汽车虚拟环境中，难度水平有五级，从一个有很多空位的、安静的公共汽车情境（最低难度）到一个排着长队的、拥挤的、没有座位的公共汽车情境（最高难度）。其学习目标与咖啡馆情境中的相似，但多了一个目标，即请求虚拟人物将他的包从座位上移开。在使用虚拟现实技术学习的前后，均呈现真实的咖啡馆和公共汽车的影片剪辑，要求被试回答应选择坐在哪里及其原因，考察被试在虚拟现实技术使用前后的回答是否发生了变化。在实验结束3个月后进行访谈，考察被试从虚拟环境中领会到的技能能否在暑假期间得以保持，并应用于现实生活。研究结果发现，被试可将在虚拟环境中学到的恰当的反应迁移到与辅导者的讨论上。在此后的随访中，被试也报告了虚拟环境中的学习对他们的现实生活有帮助。有研究者（Mitchell，Parsons，& Leonard，2007）

研究了应用虚拟现实技术对 6 名孤独症青少年的社会交往技能的学习是否有帮助。首先，向他们呈现咖啡馆的影片，要求他们回答关于座位选择的问题并解释选择的原因。随后，用虚拟现实技术营造了咖啡馆情境，这些被试在其中进行了座位的选择及与虚拟人物的交谈。最后，向他们呈现公共汽车的影片，同样要求他们回答关于座位选择的问题并解释选择的原因。由 10 名独立的评价者对被试前后两次的回答进行评分。结果发现，在应用虚拟现实技术学习前后，被试对影片相应问题的回答的质量有了显著的提高。研究者认为应用虚拟现实技术教授社会技能具有很大的潜力。而在另一项研究中，研究者向 12 名孤独症青少年呈现了虚拟环境，评价他们能否遵守社会规则，如在通往咖啡馆的路上，不从草坪和花坛上踏过（Parsons，Leonard，& Mitchell，2006）。研究发现，少数被试能坚持社会常规，但多数被试未能做到。

一项研究（Moore，West，Dawson，et al.，2005）探索了孤独症患者对虚拟环境中对虚拟人物表情的理解。研究运用了合作性虚拟现实，多用户可同时进入虚拟环境，并通过各自的化身进行交互活动。实验前的计算机程序筛查表明，这些患者在理解面部表情方面存在障碍。研究结果发现，超过 90% 的患者能准确辨认虚拟人物呈现的表情。此发现表明，合作性虚拟现实能促进孤独症患者的表情认知，可修复潜在的心理理论方面的损害，它可以作为孤独症治疗的辅助技术。

假装游戏在儿童的心理发展中有非常重要的意义，儿童通过想象来弥补现实中的不足。孤独症患儿缺乏想象力，也缺乏假装游戏能力。由于虚拟现实技术可将想象的转换过程具体地显示出来，因此可以促进患儿对想象的理解及其假装游戏能力的发展。研究者（Herrera，Alcantud，Jordan，et al.，2008）考察了应用虚拟现实技术干预患者假装游戏能力的作用。结果如事先预测的一样，两名患者在接受虚拟现实技术干预后，其假装游戏能力有了显著提高，其中一名儿童还表现出了对所学内容的高度迁移。

此领域的研究仍处于新生时期，一些问题需要注意。首先，注意虚拟现实技术使用与现实生活相结合。不论应用何种治疗与教育方式，其最终的目的都是提高孤独症患者的社会适应性。虚拟现实技术由于具有情境虚拟性的特点，尤其需要将对它的应用与现实生活结合起来。必须要注意虚拟现实技术不能成为孤独症患者与他人互动和娱乐的一种替代工具（Trepagnier，1999）。在虚拟环境中学得的技能、得到发展的认知能力需要在真实的社会情境中进行检验并进一步训练与发展。第二，注意将虚拟现实技术与其他治疗方法结合。虚拟现实技术作为一种现代计算机领域的高科技技术，是治疗孤独症的一个新工具。在实际应用时，可将它与其他治疗方法结合起来加以运用。如有研究者（Austin，Abbott，& Carbis，2008）尝试将虚拟现实技术与催眠疗法结合为虚拟现实催眠疗法（virtual reality hypnosis，VRH），并运用这种方法对两名孤独症青少年进行治疗，他们的父母认为这种特殊的治疗模式具有相当的治疗潜力。对虚拟现实技术的应用并不意味着对孤独症治疗的现有方法的替代，而应该丰富与扩展现有方法。结合虚拟现实技术的治疗是孤独症治疗的一个新的发展方向。第三，重视辅导者的作用。在对孤独症患者进行相关技能（如社会技能）训练时，理想的目标是让其理解行为背后潜在的概念。虽然孤独症患者可以掌握一些行为规则，但他们难以把握行为的原因，这在一定程度上限制了所学行为规则的迁移。因而，辅导者在帮助孤独症患者使用虚拟现实技术学习相关技能时的作用不容忽视。辅导者是整个学习过程的一个必要组成部分，他们帮助孤独症患者来理解情境中发生了什么，以令其据此做出适当的反应。所以，在应用虚拟现实技术进行学习训练之前，要对辅导者的角色做出充分的计划与准备，将对辅导者角色的安排纳入到整个训练设计之中，以提高治疗效果。第四，增强行为的真实性。在单用户的虚拟现实系统中，由于在任何时刻都只有一个用户能进行操作，虚拟场景中其他虚拟人物的行为都是预先由程序设计好了的，这会令用户感到虚拟人物的行为缺乏真实性。因而，需要增强虚拟人物行为的真实性。有人曾对孤独症青少年应用多用户的合作性虚拟现实系统做了探索性的实验研究。合作性虚拟现实系统中多个用户能通过化身与其他用户进行互动，这使得在虚拟场景中发生的行为具有很高的真实性（Parsons et al.，2006）。开发诸如此类的技术，增强使用者在虚拟环境中的真实感，这是未来技术发展的一个方向。

5.2.3.4 心理理论干预研究的研究现状及不足

国内外学者试图通过不同的训练方法来提高儿童的心理理论水平，然而他们的探索结论各不相同。

（1）他们对训练效应是否存在有争议。

一些研究者认为训练不起作用。研究者（Flavell，et al.，1981）对幼儿的视觉观点采择能力进行训练，结果发现，虽然儿童的这种能力稍有提高，但是这种提高不足以证明儿童对这一概念有了真正的理解。有研究者（Flavell，et al.，1986）用表面-现实区分任务训练儿童。结果发现16个儿童只有一个在后测中成绩提高。研究者（Taylor & Hort，1990）采用表面-现实区分任务训练儿童，得到同样的结果。

另一些研究者认为训练能促进儿童心理理论能力的提高。研究者（Appleton & Reddy，2010）将被试为两个组，实验组和控制组。实验者给控制组儿童读故事书，让实验组儿童看短片。短片里的人物有某种错误信念，实验者会与实验组儿童讨论错误信念，结果训练组的成绩显著提高。还有研究者（Slaughter，1998）采用意外内容任务训练3～4岁儿童，他把儿童分为信念组、图片组和控制组。信念组接受意外内容任务训练，并回答自己和他人的信念。图片组接受错误图片训练，如桌子上的图片内容和图片旁边的实物不相符，并分别回答桌子上和照片上的东西是什么。控制组接受数字守恒训练。该研究一共两个训练系列，时间2～3周。儿童全部接受6个后测任务，即错误信念任务、表面-现实任务、视觉观点采择任务、错误照片任务、错误图片任务和数字守恒任务。结果信念组在错误信念任务、表面-现实任务和视觉观点采择任务中的成绩要显著高于其他两组。这个研究证明心理理论可以被成功训练。有研究者（Guajardo & Watson，2002）使用故事阅读作为训练模式，实验者给每一个儿童读包含心理状态推理的故事，与儿童讨论心理状态内容，并鼓励儿童扮演故事中的角色。结果发现，训练组的错误信念成绩显著高于控制组的。另有研究者（Peskin & Astington，2004）也使用阅读的方法训练儿童，把故事中包含的心理状态的内容分成外显的和内隐的。两个组的错误信念任务（意外地点任务和意外内容任务）的成绩都提高了。

（2）研究者对训练产生的是近迁移还是远迁移有争议。

对儿童错误信念的训练结果表明训练达到了远迁移效果（Appleton & Reddy，2010）。训练具有任务特殊性的，只能发生近迁移，而未产生远迁移（Swettenham，1996）。

训练结果的不一致主要可能是几个方面的原因：第一，训练对象的差异。儿童心理发展水平状况影响训练结果。训练仅对那些对心理理论有内隐理解的儿童有作用（Clements，et al.，2000）。第二，训练强度不同。有研究者（Taylor & Hort，1990）的训练之所以没有成功，很可能是因为其训练任务只训练了一个环节，而运用同样的任务训练了两个环节，结果证实了心理理论的训练效应（Slaughter，1998）。第三，训练形式不同。也有研究证明，错误图片和错误照片任务的训练结果要好于错误信念的训练，训练的表现形式可能是研究结果不一致的原因。

纵观心理理论干预的一系列研究，还存在一些亟待解决的问题。实验控制方面存在的问题主要在于：

（1）很难排除神经成熟的影响。已有的研究大多选取那些在前测中未通过任务的儿童作为被试，儿童后测中的成绩表现，很难说明是自身的成熟还是任务训练的结果。

（2）难以把握周期和强度。目前研究者们在训练次数安排、训练周期安排上不尽相同，很难确定训练的最佳形式。

（3）较少关注实验材料的熟悉性与后测任务的关系。一些实验在前后测使用相同的材料，结论推广时很难排除熟悉效应。

（4）忽视训练任务的难度差异。心理理论的任务难度本身就存在难度差异，在训练的对比实验中，面对不尽一致的结果，是否该把结果单纯地解释为训练效应，这一点还有待商榷。

（5）因果关系的研究解释困难。即便错误信念训练可以提高儿童含交流动词的句子的补足语的水平，也很难解释为错误信念是语言的前因变量。

参考文献

曹漱芹，方俊明．脑神经联结异常——自闭症认知神经科学研究新进展［J］．中国特殊教育，2007（5），43-50.

陈会昌，谷传华，贾秀珍，等．小学儿童的交友状况及其与孤独感的关系［J］．中国心理卫生杂志，2004，18（3）：160-163.

陈琴．4～6岁儿童合作行为认知发展特点的研究［J］．心理发展与教育，2004，20（4）：14-18.

陈欣银，Rubin K H，李丹，等．中国和西方儿童的社会行为及其社会接受性研究［J］．心理科学，1992（2）：1-7.

陈欣银，李伯黍，李正云．中国儿童的亲子关系、社会行为及同伴接受性的研究［J］．心理学报，1995，27（3）：329-457.

陈欣银，李正云，李伯黍．同伴关系与社会行为：社会测量学分类方法在中国儿童中的适用性研究［J］．心理科学，1994，17（4）：198-204

陈益．解决人际问题的认知技能对4～5岁儿童同伴交往行为的影响的实验研究［J］．心理科学，1996，19（5）：282-286.

陈英和，崔艳丽，耿柳娜．关于"关系性攻击"研究的新进展［J］．心理科学，2004，27（3）：708-710.

陈友庆．关注儿童心理理论能力的发展［J］．早期教育：教师版，2006，（7）：4-5.

邓赐平，桑标．不同任务情境对幼儿心理理论表现的影响［J］．心理科学，2003，26（2）：272-275.

丁芳．幼儿心理理论与执行功能的关系研究：抑制控制的角度［D］．上海：华东师范大学，2004.

方富熹，WELLMANHM，刘玉娟，等．纵向再探学前儿童心理理论发展模式［J］．心理学报，2009，41（8）：706-714.

高秀苹．小学儿童心理理论发展特点研究［J］．山东教育学院学报，2008，23（2）：

7-9.

郭伯良, 张雷. 儿童攻击和同伴关系的相关: 20 年研究的元分析 [J]. 心理科学, 2003, 26 (5): 843-846.

郭丽莎, 刘革. 同步行为对合作行为的促进作用 [J]. 教育教学论坛, 2015 (22): 62-64.

何一粟, 李洪玉, 冯蕾. 中学生攻击性发展特点的研究 [J]. 心理发展与教育, 2006, 22 (2): 57-63.

黄天元, 林崇德. 关于儿童特质理解的心理理论研究 [J]. 心理科学进展, 2003, 11 (2): 184-190.

井卫英, 陈会昌, 孙铃. 幼儿的游戏行为及其与社会技能、学习行为的典型相关分析 [J]. 心理发展与教育, 2002, 18 (2): 12-16.

寇彧, 赵章留. 小学四年级到六年级儿童对同伴亲社会行为动机的评价 [J]. 心理学探新, 2004, 24 (2): 48-52.

李伯黍. 中国儿童青少年的道德认知发展与教育 [M]// 朱智贤. 中国儿童青少年心理发展与教育. 台北: 卓越出版公司, 1990.

李庆功, 吴素芳, 傅根跃. 儿童同伴信任和同伴接纳的关系: 社会行为的中介效应及其性别差异 [J]. 心理发展与教育, 2015, 31 (3): 303-310.

李淑湘, 陈会昌, 陈英和. 6~15 岁儿童对友谊特性的认知发展 [J]. 心理学报, 1997, 29 (1): 51-59

李幼穗, 孙红梅. 儿童孤独感与同伴关系、社会行为及社交自我知觉的研究 [J]. 心理科学, 2007, 30 (1): 84-88.

廖红, 张素艳. 儿童友谊质量研究 [J]. 辽宁师范大学学报 (社会科学版), 2002, 25 (2): 53-55.

林崇德. 智力结构与多元智力 [J]. 北京师范大学学报 (人文社会科学版), 2002 (1): 6-14.

刘红云, 张雷, 孟庆茂. 小学教师集体效能及其对自我效能功能的调节 [J]. 心理学报, 2005, 37 (1): 79-86.

刘俊升, 丁雪辰. 4~8 年级学生社交淡漠与同伴接纳的交叉滞后回归分析 [J]. 心理科学, 2012, 35 (2): 384-390.

刘明, 邓赐平, 桑标. 幼儿心理理论与社会行为发展关系的初步研究 [J]. 心理发展与教育, 2002, 18 (2): 39-43.

刘文, 杨丽珠, 金芳. 气质和儿童同伴交往类型关系的研究 [J]. 心理学探新,

2006，26（4）：68-72.

刘文，杨丽珠．社会抑制性与父母教养方式对幼儿利他行为的影响［J］．心理发展与教育，2004，20（1）：6-11.

刘希平，唐卫海，方格."儿童对主观世界认识的发展"研究的热点［J］．心理科学，2005，28（1）：192-196.

陆慧菁，苏彦捷．回忆中提及他人与幼儿错误信念理解的关系［J］．北京大学学报：自然科学版，2007，43（2）：847-854.

罗杰，卿素兰．心理理论研究的起源与进展［J］．湖北大学学报（哲学社会科学版），2005，32（5）：578-582.

孟昭兰．情绪心理学［M］．北京：北京大学出版社，2005.

莫书亮，段蕾，金琼，等．小学儿童的友谊质量：社会交往技能、心理理论和语言的影响［J］．心理科学，2010，33（2）：353-356.

莫书亮，苏彦捷．心理理论和语言能力的关系［J］．心理发展与教育，2002，18（2）：85-91.

潘苗苗，苏彦捷．幼儿情绪理解、情绪调节与其同伴接纳的关系［J］．心理发展与教育，2007，23（2）：6-13.

庞丽娟，陈琴，姜勇，等．幼儿社会行为发展特点的研究［J］．心理发展与教育，2001（1），24-30.

庞丽娟．幼儿同伴社交类型特征的研究［J］．心理发展与教育，1991，7（3）：19-28.

庞维国，程学超．9～16岁儿童的合作倾向与合作意图的发展研究［J］．心理发展与教育，2001，17（1）：31-35.

任真，桑标．自闭症儿童的心理理论发展及其与言语能力的关系［J］．中国特殊教育，2005（7）：54-58.

桑标，任真，邓赐平．自闭症儿童的心理理论与中心信息整合的关系探讨［J］．心理科学，2005，28（2）：295-299.

桑标，徐轶丽．幼儿心理理论的发展与其日常同伴交往关系的研究［J］．心理发展与教育，2006，22（2）：1-6.

苏彦捷，覃婷立．亲子谈话和儿童心理理论获得与发展的关系［J］．西南大学学报（社会科学版），2010，36（3）：1-6.

隋晓爽，苏彦捷．对心理理论两成分认知模型的验证［J］．心理学报，2003，35（1）：56-62.

隋晓爽,苏彦捷.心理理论社会知觉成分与语言的关系[J].心理科学,2003,26(5):930-931.

孙晓军,张永欣,周宗奎.攻击行为对儿童受欺负的预测:社会喜好的中介效应及性别差异[J].心理科学,2013,36(2):383-389.

孙晓军,周宗奎.探索性因子分析及其在应用中存在的主要问题[J].心理科学,2005,28(6):1440-1442.

孙晓军,周宗奎.儿童同伴关系对孤独感的影响[J].心理发展与教育,2007,23(1):24-29.

谭雪晴.童年中期关系攻击行为对儿童同伴关系的影响研究[D].武汉:华中师范大学,2005.

万晶晶,方晓义,李一飞,等.主观客观父母监控与中学生同伴交往的关系[J].中国心理卫生杂志,2008,22(1):20-24.

王桂琴,方格.3~5岁儿童对假装的辨认和对假装者心理的推断[J].心理学报,2003,35(5):662-668.

王丽.训练对3~4岁儿童心理理论发展影响的实验研究[D].昆明:云南师范大学,2006.

王美芳,陈会昌.青少年的学业成绩、亲社会行为与同伴接纳、拒斥的关系[J].心理科学,2003,26(6):1130-1131.

王美芳,庞维国.艾森伯格的亲社会行为理论模式[J].心理学动态,1997(4):37-42.

王异芳,苏彦捷.5~8岁儿童失言探测与理解的发展特点[J].心理科学,2008,31(2):324-327.

王益文,林崇德,张文新.外表真实区别、表征变化和错误信念的任务分析[J].心理科学,2003,26(3):390-392.

王益文,林崇德."心理理论"的实验任务与研究趋向[J].心理学探新,2004,24(3):30-34.

王益文,张文新.3~6岁儿童"心理理论"的发展[J].心理发展与教育,2002,18(1):11-15.

王争艳,刘红云,雷雳,等.家庭亲子沟通与儿童发展关系[J].心理科学进展,2002,10(2):192-198.

王争艳,王京生,陈会昌.促进被拒绝和被忽视幼儿的同伴交往的三种训练法[J].心理发展与教育,2000,16(1):6-11

魏华,范翠英,周宗奎,等.不同性别儿童的关系攻击、友谊质量和孤独感的关系 [J].中国临床心理学杂志,2011,19(5):681-683.

温忠麟,张雷,侯杰泰,等.中介效应检验程序及其应用[J].心理学报,2004,36(5):614-620.

沃建中,林崇德,马红中,等.中学生人际关系发展特点的研究 [J].心理发展与教育,2001,17(3):9-15.

吴姝欣,周宗奎,魏华,等.童年中期的性别隔离与孤独感的关系研究 [J].中国临床心理学杂志,2013,21(3):479-482.

武建芬.幼儿心理理论与同伴交往关系的研究 [D].上海:华东师范大学,2006.

席居哲,桑标,左志宏.心理理论研究的毕生取向 [J].心理科学进展,2003,11(2):177-183.

席居哲.儿童心理健康发展的家庭生态系统研究 [D].上海:华东师范大学,2003.

辛自强,池丽萍.家庭功能与儿童孤独感的关系:中介的作用 [J].心理学报,2003,35(2):216-221.

辛自强,孙汉银,刘丙元,等.青少年社会行为对同伴关系的影响 [J].心理发展与教育,2003(4),12-16.

徐芬,包雪华.儿童"心理理论"及其有关欺骗研究的新进展 [J].心理发展与教育,2000,16(2):53-56+64.

杨伶.假装游戏对中度智障儿童心理理论的干预研究 [D].西安:陕西师范大学,2011.

杨怡.幼儿错误信念理解能力的训练研究 [D].重庆:西南师范大学,2003.

杨中芳.如何研究中国人 [M].香港:远流出版事业股份有限公司,2001.

叶泽川.中小学生对自己在班级中人缘关系的认知特点 [J].心理发展与教育,1992,9(4):16-18.

游志麒,周然,周宗奎.童年中后期儿童同伴接纳知觉准确性与偏差及其对社交退缩的影响 [J].心理科学,2013,36(5):1153-1158.

俞国良,辛自强,罗晓路.学习不良儿童孤独感、同伴接受性的特点及其与家庭功能的关系 [J].心理学报,2000,32(1):59-64.

张兢兢,徐芬.心理理论脑机制研究的新进展 [J].心理发展与教育,2005,21(4):110-115.

张雷,林丹,李宏利,等.进化认知心理学的模块说 [J].心理科学,2006,29(6):1412-1414.

张丽玲. 两难问题儿童对策行为发展的实验研究 [J]. 心理发展与教育，2004，20（4）：25-29.

张梅，辛自强，林崇德. 青少年社会认知复杂性与同伴交往的相关分析 [J]. 心理科学，2011，34（2）：354-360.

张文新，赵景欣，王益文，等. 3～6岁儿童二级错误信念认知的发展 [J]. 心理学报，2004，36（3）：327-334.

张文新. 儿童社会性发展 [M]. 北京：北京师范大学出版社，1999.

张岩，刘文. 气质与儿童同伴关系研究评介 [J]. 辽宁师范大学学报（社会科学版）：2001，24（2）：44-45.

赵冬梅，周宗奎，刘久军. 儿童的孤独感及与同伴交往的关系 [J]. 心理科学进展，2007（1）：101-107.

赵冬梅，周宗奎，孙晓军，等. 小学儿童互选友谊的发展趋势及攻击行为的影响：3年追踪研究 [J]. 心理学报，2008，40（12）：1266-1274.

赵红梅，苏彦捷. 心理理论与同伴接纳 [J]. 应用心理学，2003，9（2）：51-55.

赵金霞，王美芳. 母亲教养方式与幼儿行为问题、同伴交往的关系 [J]. 中国临床心理学杂志，2010，18（5）：664-666.

赵景欣，申继亮，张文新. 幼儿情绪理解、亲社会行为与同伴接纳之间的关系 [J]. 心理发展与教育，2006，22（1）：1-6.

赵景欣，张文新，纪林芹. 幼儿二级错误信念认知、亲社会行为与同伴接纳的关系 [J]. 心理学报，2005，37（6）：760-766.

赵景欣. 儿童心理理论不同方面的发展及其与同伴地位、亲社会行为之间的关系 [D]. 济南：山东师范大学，2004.

郑莉君，利爱娟. 心理理论研究现状及展望 [J]. 辽宁师范大学学报（社会科学版）：2008，31（1）：48-52.

郑信军. 7～11岁儿童的同伴接纳与心理理论发展的研究 [J]. 心理科学，2004，27（2）：398-401.

郑杨婧，方平. 中学生情绪调节与同伴关系 [J]. 首都师范大学学报（社会科学版）：2009，（s4）：99-104.

周杰. 4～5岁幼儿社会规则认知与同伴关系的相关研究 [D]. 大连：辽宁师范大学，2013.

周宗奎，范翠英. 小学儿童社交焦虑与孤独感研究 [J]. 心理科学，2001，24（4）：442-444

周宗奎，范翠英．儿童社交问题解决与其社交地位关系的初步研究［J］．心理科学，2003，26（5）：834-838.

周宗奎，林崇德．小学儿童社交问题解决策略的发展研究［J］．心理学报，1998，30（3）：274-280.

周宗奎，孙晓军，赵冬梅，等．同伴关系与孤独感的关系研究：中介效应的检验［J］．心理学报，2005，37（6）：776-783

周宗奎，张春妹，Yeh Hsueh．小学儿童的尊重观念与同伴关系［J］．心理学报，2006，38（2）：232-239.

周宗奎，赵冬梅，陈晶，等．童年中期儿童社交地位、社交自我知觉与孤独感的关系研究［J］．心理发展与教育，2003，19（4）：70-74.

周宗奎，赵冬梅，孙晓军，等．儿童的同伴交往与孤独感：一项2年纵向研究［J］．心理学报，2006，38（5）：743-750.

周宗奎．论儿童社会化研究的发展及其趋势［J］．华中师范大学学报（人文社会科学版），1996（5）：96-102.

朱婷婷．童年中期社交退缩及其与孤独感的关系［D］．武汉，华中师范大学，2006.

邹泓，周晖，周燕．中学生友谊、友谊质量与同伴接纳的关系［J］．北京师范大学学报（社会科学版），1998（1）：43-50.

邹泓．儿童的孤独感与同伴关系［J］．心理发展与教育，1993（2）：12-18+24.

邹泓．同伴接纳、友谊与学校适应的研究［J］．心理发展与教育，1997（3）：57-61.

邹泓．同伴关系的发展功能及影响因素［J］．心理发展与教育，1998，14（2）：39-44.

ALTMAN I, TAYLOR D A. Social penetration: the development of interpersonal relationships［M］. Oxford, England: Holt, Rinehart, Winston, 1973.

APPERLY I A. Beyond simulation-theory and theory-theory: why social cognitive neuroscience should use its own concepts to study "theory of mind"［J］. Cognition, 2008, 107（1）：266-283.

APPLETON M, REDDY V. Teaching three year-olds to pass false belief tests: a conversational approach［J］. Social development, 2010, 5（3）：275-291.

ASHER S R, COIE J D. Peerejection in childhood［J］. Contemporary sociology, 1990, 20（4）：141-171.

ASHER S R, HYMEL S, RENSHAW, P D. Loneliness in children［J］. Child development, 1984, 55: 1456-1464.

ASHER S R, WHEELER V A . Children's loneliness: a comparison of rejected and neglected peer status [J]. Journal of consulting and clinical psychology, 1985, 53: 500-505.

ASPERGER H. Die "autistischen psychopathen" im kindesalter [J]. European archives of psychiatry and clinical neuroscience, 1944, 117 (1): 76-136.

ASTINGTON J W. Narrative and the child's theory of mind[M]// BRITTON B K, PELLEGRINI A D. Narrative thought and narrative language. Hillsdale, NJ: LEA, 1990: 151-171.

ASTINGTON J W. Theory of mind, humpty dumpty, and the icebox [J]. Human development, 1998, 41 (1): 30-39.

ASTINGTON J W. Sometimes necessary, never sufficient: false-belief understanding and social competence [M]// REPACHOLI B, SLAUGHTER V. Individual differences in theory of mind. New York: Psychology Press, 2003: 13-38.

ASTINGTON J W, GOPNIK A. Knowing you've changed your mind: children's understanding of representational change [M]// ASTINGTON J W, HARRIS P L , OLSON D R. Developing theories of mind. Cambridge: Cambridge University Press, 1988: 193-206.

ASTINGTON J W, BARRIAULT. Children's Theory of Mind: How Young Children Come To Understand That People Have Thoughts and Feelings [J]. CRITICAL CARE NURSING QUARTERLY, 2001.

ASTINGTON J W, JENKINS J M. Theory of mind development and social understanding [J]. Cognition &emotion, 1995, 9 (2-3): 151-165.

ASTINGTON J W, OLSON D R. The cognitive revolution in children's understanding of mind [J]. Human development, 1995, 38 (4-5): 179-189.

AUGUST G J, EGAN E A, REALMUTO G M. Parceling component effects of a multifaceted prevention program for disruptive elementary school children [J]. Journal of abnormal child psychology, 2003, 31 (5): 515-527.

AUSTIN D W, ABBOTT J A M, CARBIS, C. The use of virtual reality hypnosis with two cases of autism spectrum disorder: a feasibility study [J]. Contemporary hypnosis, 2008, 25 (2): 102-109.

AZMITIA M, MONTGOMERY R. Friendship, transactive dialogues, and the development of scientific reasoning [J]. Social development, 1993, 2（3）: 202-221.

BADENES L V, Clemente Estevan R A. Theory of mind and peer rejection at school [J]. Social development, 2010, 9（3）: 271-283.

BANDURA A. Social learning theories [M]// Englewood Cliffs: Prentice-Hall, 1977.

BARON-COHEN S, LESLIE A M, FRITH U. Does the autistic child have a "theory of mind"?[J]. Cognition, 1985, 21（1）: 37-46.

BARON-COHEN S. Social cognition and pretend play in autism [D]. London: University of London, 1985.

BARON-COHEN S. Do people with autism understand what causes emotion?[J]. Child development, 1991, 62（2）: 385-395.

BARON-COHEN S. Mindblindness: An essay on autism and theory of mind [J]. London: MIT Press, 1995.

BARON-COHEN S. Betty Repacholi and Virginia slaughter: Individual differences in theory of mind: implications for typical and atypical development [J]. Personality, individual differences, 2005, 38（2）: 498-499.

BARON-COHEN S, JOLLIFFE T, MORTIMORE C, et al. Another advanced test of theory of mind: evidence from very high functioning adults with autism or Asperger syndrome [J]. Journal of child psychology and psychiatry, 1997, 38（7）: 813-822.

BARON-COHEN S, LESLIE A M, Frith U. Does the autistic child have a "theory of mind"?[J]. Cognition, 1985, 21（1）: 37-46.

BARON-COHEN S, LESLIE A M, Frith U. Mechanical, behavioural and intentional understanding of picture stories in autistic children [J]. British journal of Developmental psychology, 1986, 21（2）: 202-206.

BARON-COHEN S, O'RIORDAN M, STONE V, et al. Recognition of faux pas by normally developing children and children with Asperger syndrome or high-functioning autism [J]. Journal of autism, developmental disorders, 1999, 29（5）: 407-418.

BARON-COHEN S, WHEELWRIGHT S, HILL J, et al. The "Reading the mind in the eyes" test revised version: a study with normal adults, and adults with

Asperger syndrome or high-functioning autism [J]. Journal of child psychology and psychiatry, 2001, 42 (2): 241-251.

BARRY C M, WENTZEL K R. Friend influence on prosocial behavior: the role of motivational factors and friendship characteristics [J]. Developmental psychology, 2006, 42 (1): 153-163.

BARTSCH K, WELLMAN H M. Children talk about the mind [M]// New York: Oxford University Press, 1995.

BECK S, FOREHAND R, NEEPER R, et al. A comparison of two analogue strategies for assessing children's social skills [J]. Journal of consulting, clinical psychology, 1982, 50 (4): 596-597.

BEGEER S, GEVERS C, CLIFFORD P, et al. Theory of mind training in children with autism: a randomized controlled trial [J]. Journal of autism, developmental disorders, 2011, 41 (8): 997-1006.

BEHRENDS A, MÜLLER S, DZIOBEK I. Moving in and out of synchrony: a concept for a new intervention fostering empathy through interactional movement and dance [J]. The arts in psychotherapy, 2012, 39 (2): 107-116.

BENJAMIN W J, SCHNEIDER B H, GREENMAN P S, et al. Conflict and childhood friendship in taiwan and canada [J]. Canadian journal of behavioral science, 2001, 33 (3): 203-211.

BERGERON N, SCHNEIDER B H. Explaining cross-national differences in peer-directed aggression: a quantitative synthesis [J]. Aggressive behavior, 2005, 31 (2): 116-137.

BERLER E S, GROSS A M, DRABMAN R S. Social skills training with children: proceed with caution [J]. Journal of applied behavioral analysis, 1982, 15 (1): 41-53.

BERNDT T J, PERRY T B. Children's perceptions of friendships as supportive relationships [J]. Developmental psychology, 1986, 22 (5): 640-648.

BERNDT T J, HOYLE S G. Stability and change in childhood and adolescent friendships [J]. Developmental psychology, 1985, 21 (6): 1007-1015.

BEST C S, MOFFAT V J, POWER M J, et al. The boundaries of the cognitive phenotype of autism: theory of mind, central coherence and ambiguous figure perception in young people with autistic traits [J]. Journal of autism and developmental disorders, 2008, 38（5）: 840-847.

BIERMAN K L, FURMAN W. The effects of social skills training and peer involvement on the social adjustment of preadolescents［J］. Child development, 1984, 55（1）: 151-162.

BJÖRKQVIST K, LAGERSPETZ K M J, ÖSTERMAN K. Direct and indirect aggression scales（DIAS）［M］. Vasa, Findland: Abo Academi University, Department of Social Sciences, 1992.

BLOS P. The second individuation process of adolescence［J］. Psychoanalytic study of the child, 1967, 22, 162-186.

BOIVIN M, HYMEL S, BUKOWSKI W M. The roles of social withdrawal, peer rejection, and victimization by peers in predicting loneliness and depressed mood in childhood［J］. Development and Psychopathology, 1995（7）: 765-785.

BOLIANG G, LEI Z. The correlation 0f child's aggression and peer relationship: A mate analytic review［J］. Psychological Science, 2003, 26（5）: 843-845

BRADMETZ J, GAUTHIER C. The development of interindividual sharing of knowledge and beliefs in 5-to 9-year-old children［J］. The Journal of genetic psychology, 2005, 166（1）: 45-53.

BRENNAN T. Loneliness at adolescence［M］//PEPLAU L A, PERLMAN D. Loneliness: A sourcebook of current theory research and therapy. New York: Wiley-Interscience, 1982.

BRIDGEMAN B. Cognitive factors in subjective stabilization of the visual world ［J］. Acta psychologica, 1981, 48（1）: 111-121.

BRONFENBRENNER U. Contexts of child rearing: problems and prospects［J］. Child&youth care administrator, 1979, 5（29）: 844-850.

BROWN J R, DONELAN - MCCALL N, DUNN J. Why talk about mental states? The significance of children's conversations with friends, siblings, and mothers［J］. Child development, 1996, 67（3）: 836-849.

BRUNER J. The autobiographical process［J］. Current sociology, 1995, 43（2）: 161-177.

BRUNET E, SARFATI Y, HARDY-BAYLÉ M C, et al. A PET investigation of the attribution of intentions with a nonverbal task. Neuroimage, 2000, 11（2）: 157-166.

BRUNNER J. Commentary [J]. Human development, 1995, 38: 203-213.

BUKOWSKI W M, HOZA B. Popularity and friendship: issues in theory, measurement, and outcome [M]// BERNDT T J, LADD G W. Wiley series on personality processes. Peer relationships in child development. Oxford, England: John Wiley, 1989.

BURK W J, LAURSEN B. Adolescent perceptions of friendship and their association with individual adjustment [J]. International Journal of Behavioral Development, 2005, 29 (2): 156-164.

BUSH E S, LADD G W. Peer rejection as an antecedent of Yong Children's school Adjustment: An Examination of Mediating Processes [J]. Developmental psychology, 2001, 37: 550-560.

CARLSON S M, MOSES L J. Individual differences in inhibitory control and children's theory of mind [J]. Child development, 2001, 72 (4): 1032-1053.

CARPENDALE J I M, LEWIS C. Constructing understanding, with feeling [J]. Behavioral, brain sciences, 2004, 27 (1): 130-141.

CARPENDALE J I, CHANDLER M J. On the distinction between false belief understanding and subscribing to an interpretive theory of mind [J]. Child development, 1996, 67 (4): 1686-1706.

CASSIDY J, ASHER S R. Loneliness and peer relations in young children [J]. Child development, 1992, 63 (2): 350-365.

CASSIDY K W, FINEBERG D S, BROWN K, et al. Theory of mind may be contagious, but you don't catch it from your twin [J]. Child development, 2005, 76 (1): 97-106.

CASSIDY K W, WERNER R S, ROURKE M, et al. The relationship between psychological understanding and positive social behaviors [J]. Social development, 2003, 12 (2): 198-221.

CHANDLER M J. Egocentrism and antisocial behavior: the assessment and training of social perspective-taking skills [J]. Developmental psychology, 1973 (9): 326-332.

CHANDLER M, FRITZ A S, HALA S. Small-scale deceit: deception as a marker of two-, three-, and four-year-olds' early theories of mind [J]. Child development, 1989, 60 (6): 1263-1277.

CHANG L. Variable effects of children's aggression, social withdrawal, and prosocial leadership as functions of teacher beliefs and behaviors [J]. Child development, 2003, 74 (2): 535-548.

CHELUNE G J, SULTAN F E, WILLIAMS C L. Loneliness, self-disclosure and interpersonal effectiveness [J]. Journal of counseling psychology, 1980, 27: 462-468.

CHEN X, RUBIN K H, LI B. Social and school adjustment of shy and aggressive children in china [J]. Development, psychopathology, 1995, 7 (2): 337-349.

CHEN X, RUBIN K H, SUN Y. Social reputation and peer relationships in chinese and canadian children: a cross-cultural study [J]. Child development, 1992, 63 (6): 1336-1343.

CICCHETTI D, ACKERMAN B P, IZARD C E. Emotions and emotion regulation in developmental psychopathology [J]. Development, psychopathology, 1995, 7 (1): 1-10.

CIRELLI L K , WAN S J , TRAINOR L J . Fourteen-month-old infants use interpersonal synchrony as a cue to direct helpfulness [J]. Philosophical Transactions of the Royal Society B Biological Sciences, 2014.

CLEMENTS W A, RUSTIN C L, MCCALLUM S. Promoting the transition from implicit to explicit understanding: a training study of false belief [J]. Developmental science, 2000, 3 (1): 81-92.

COOLEY C H. Social Organization: A study of the larger mind [J]. Ethics, 1910 (3).

COIE J D, DODGE K A. Continuities and changes in children's social status: a five-year longitudinal study [J]. Merrill-Palmer Quarterly (1982-), 1983, 29 (3): 261-282.

COIE J D, DODGE K A. Multiple sources of data on social behavior and social status in the school: a cross-age comparison [J]. Child development, 1988, 59 (3): 815-829.

COIE J D, DODGE K A. Aggression and antisocial behavior [M]//DAMON W, EISENBERG N. Handbook of child psychology: Social, emotional, and personality developmentHoboken, NJ: John Wiley, 1998: 779-862.

COIE J D, KREHBIEL. Effects of academic tutoring on the social status of lowachieving, socially rejected children [J]. Child development, 1984, 55（4）: 1465–1478.

COIE J D, DODGE K A, COPPOTELLI H. Dimensions and types of social status: a cross-age perspective [J]. Developmental psychology, 1982, 18（4）: 557–570.

COIE J D, DODGE K A, KUPERSMIDT J B. Peer group behavior and social status [M]// Asher S R, Coie J D. Peer rejection in childhood. Cambridge, England: Cambridge University Press, 1990.

COLLINS W A, MACCOBY E, STEINBERG L, et al. Contemporary research on parenting: the case for nature and nurture [J]. American psychologist, 2000, 55（2）: 218–232.

COOPER R P, ASLIN R N. The language environment of the young infant: implications for early perceptual development [J]. Canadian journal of psychology, 1989, 43（2）: 247–265.

COOPER R P, ASLIN R N. Preference for infant-directed speech in the first month after birth [J]. Child development, 1990, 61（5）: 1584–1595.

COURTIN C, MELOT A M. Development of theories of mind in deaf children [J]. Psychological perspectives on deafness, 1998（2）: 79–102.

COWEN E L, PEDERSON A, BABIGIAN H, et al. Long-term follow-up of early detected vulnerable children [J]. Journal of consulting and clinical psychology, 1973, 41（3）: 438–446.

CRICK N R, CASAS J F, MOSHER M. Relational and overt aggression in preschoo [J]. Developmental psychology, 1997, 33（4）: 579–588.

CRICK N R, GROTPETER J K. Relational aggression, gender and social-psychological adjustment [J]. Child development, 1995, 66: 710–722.

CRICK N R, LADD G W . Children's perceptions of their peer experiences: attributions, loneliness, social anxiety, and social avoidance [J]. Developmental psychology, 1993, 29: 244–254.

CROMBIE G. Gender differences: implications for social skills, assessment and training [J]. Journal of clinical child psychology, 1988, 17: 116–120

CUSTER W L. A comparison of young children's understanding of contradictory representations in pretense, memory, and belief [J]. Child development, 1996, 67（2）:

678-688.

CUTTING A L, DUNN J. Theory of mind, emotion understanding, language and family background: individual differences and interrelations [J]. Child development, 1999, 70 (4): 853-865.

DAMON W . Preface to handbook of child psychology [M]//Handbook of child psychology. 6th ed. NJ: John Wiley, 2007.

DAMON W, EISENBERG N. Handbook of child psychology: Social, emotional, and personality development [M]. NJ: John Wiley, 1998.

DAVIES M, STONE T. Mental simulation [M]. Oxford: Blackwell, 1995.

DECLERCK C H, BOGAERT S. Social value orientation: related to empathy and the ability to read the mind in the eyes [J]. Journal of social psychology, 2008, 148 (6): 711-726.

DEKOVIĆ M, GERRIS J R. Developmental analysis of social cognitive and behavioral differences between popular and rejected children [J]. Journal of applied developmental psychology, 1994, 15 (3): 367-386.

DELEAU M. L'attribution d'états mentaux chez des enfants sourds et entendants: une approche du rôle de l'experience langagière sur une théorie de l'esprit [J]. Bulletin de psychologie, 1996 (6): 48-56.

DEMIR A. "Some factors that influence the loneliness level of college students. " [D]. Unpublished doctoral dissertation, Hacettepe University, Ankara, Turkey 42. , 1990.

DENHAM S A. Social cognition, prosocial behavior, and emotion in preschoolers: contextual validation [J]. Child development, 1986, 57 (1): 194-201.

DEROSIER M E, KUPERSMIDT J B, PATTERSON C J. Children's academic and behavioral adjustment as a function of the chronicity and proximity of peer rejection [J]. Child development, 1994, 65 (6): 1799-1813.

DISHION T J, ANDREWS D W. Preventing escalation in problem behaviors with high-risk young adolescents: immediate and 1-year outcomes [J]. Journal of consulting, clinical psychology, 1995, 63 (4): 538-548.

DOCKETT S. Young children's peer popularity and theories of mind [D]. Poster presented at the 1997 biennial meeting of the society for research in child development, Washington DC, 1997, April 3-6.

DODGE K A, COIE J D, BRAKKE N P. Behavior patterns of socially rejected and neglected preadolescents: the roles of social approach and aggression [J]. Journal of abnormal child psychology, 1982, 10 (3): 389-409.

DODGE K A. A social information processing model of social competence in children [M]//Minnesota symposium on child psychology, Vol. 18. [s. l.]: Erlbaum, 1986.

DODGE K A, FRAME C L. Social cognitive biases and deficits in aggressive boys [J]. Child development, 1982, 53 (3): 620-635.

DOWNEY G, LEBOLT A, RINCON C, et al. Rejection sensitivity and children's interpersonal difficulties [J]. Child development, 1998, 69, 1074-1091.

DOWNS A, SMITH T. Emotional understanding, cooperation, and social behavior in high-functioning children with autism [J]. Journal of autism and developmental disorders, 2004, 34 (6): 625-635.

DUNN J. The beginnings of social understanding [M]. Oxford: Blackwell, 1988.

DUNN J, BROWN J, SLOMKOWSKI C, et al. Young children's understanding of other people's feelings and beliefs: individual differences and their antecedents [J]. Child development, 1991, 62 (6): 1352-1366.

DURKIN K. Developmental Social Psychology: From infancy to old age [M]. Malden, MA: Blackwell, 1997.

EISENBERG N. The Caring Child [M]. Cambridge, Mass: Harvard University Press, 1992.

EISENBERG N, MILLER P A. The relation of empathy to prosocial and related behaviors [J]. Psychological bulletin, 1987, 101 (1): 91-119.

EISENBERG N, FABES R A. The relations of children's dispositional prosocial behavior to emotionality, regulation and social functioning [J]. Child development, 1996, 67, 947-992.

EISENBERG N, FABES R A, SHEPARD S A. Contemporaneous and longitudinal prediction of children's sympathy from dispositional regulation and emotionality [J]. Developmental psychology, 1998, 34 (5): 910-924.

EISENBERG N, FABES R A, KARBON M, et al. The relations of children's dispositional prosocial behavior to emotionality, regulation, and social functioning [J]. Child development, 1996, 67 (3): 974-992.

EWIN D M. Many memories retrieved with hypnosis are accurate [J]. American journal of clinical hypnosis, 1994, 36 (3): 174-176.

FABES R A, EISENBERG N, KARBON M, et al. Socialization of children's vicarious emotional responding and prosocial behavior: relations with mothers' perceptions of children's emotional reactivity [J]. Developmental psychology, 1994, 30 (1): 44-55.

FABES R A, MARTIN C L, HANIS L D. Qualities of young children's same-other- and mixed- sex play [J]. Child development, 2003, 74, 921-932.

FABES R A, MARTIN C L, LAURA D. Young children's play qualities in same -, other -, and mixed -sex peer groups [J]. Child development, 2003, 74 (3): 921-932.

FABES R A, MARTIN C L, HANISH L D. The next 50 years: considering gender as a context for understanding young children's peer relationships [J]. Merrill-Palmer Quarterly (1982-), 2004, 50 (3): 260-273.

FARVER J, WIMBARTI S. Indonesian children's play with their mothers and older siblings [J]. Child development, 1995, 66 (5): 1493-1503.

FEINGOLD A. Gender differences in personality [J]. Psychological bulletin, 1994, 116: 429-456.

FIGUERAS-COSTA B, HARRIS P. Theory of mind development in deaf children: A nonverbal test of false-belief understanding [J]. Journal of deafstudies and deaf education, 2001, 6 (2): 92-102.

FLAVELL J H. Cognitive development: children's knowledge about the mind[J]. Annual review of psychology, 1999, 50, 21-45.

FLAVELL J H. Development of children's knowledge about the mental world[J]. International journal of behavioral development, 2000, 24 (1): 15-23.

FLAVELL J H. Development of knowledge about vision [M]. Unpublished manuscript, Stanford University, California, 2001.

FLAVELL J H, MILLER P H. Social cognition [M]// Damon W, Kuhn D, Siegler R S. Handbook of child psychology: Vol. 2. Cognition, perception, and language development, 5th ed. New York: Wiley, 1998.

FLAVELL J H, EVERETT B A, CROFT K, et al. Young children's knowledge about visual perception: further evidence for the Level 1-Level 2 distinction [J]. Developmental psychology, 1981, 17 (1): 99-103.

FLAVELL J H, GREEN F L, FLAVELL E R, et al. Development of knowledge about the appearance-reality distinction [J]. Monographs of the society for research in child development, 1986, 51 (1): 1-87.

FLAVELL J H, MILLER P H, MILLER S A. Middle childhood and adolescence [M]// FLAVELL J H, MILLER P H, MILLER S A. Cognitive development. NJ: Englewood Cliffs, 1993.

FRANZOI S L, DAVIS M H. Adolescent self-disclosure and loneliness: private self-consciousness and parental influences [J]. Journal of personality and social psychology, 1985, 48: 768-780

FREEMAN N H, LACOHÉE H. Making explicit 3-year-olds' implicit competence with their own false beliefs [J]. Cognition, 1995, 56 (1): 31-60.

FREEMAN N H, ANTONUCCI C, LEWIS C. Representation of the cardinality principle: Early conception of error in a counterfactual test [J]. Cognition, 2000, 74 (1): 71-89.

FREEMAN N H, LEWIS C, DOHERTY M J. Preschoolers' grasp of a desire for knowledge in false - belief prediction: Practical intelligence and verbal report [J]. British journal of developmental psychology, 1991, 9 (1): 139-157.

FRENCH D C, BAE A, PIDADA S, et al. Friendships of Indonesian, South Korean, and U. S. college students [J]. Personal relationships, 2006, 13 (1): 69-81.

FRENCH D C, JANSEN E A, PIDADA S. United states and Indonesian children's and adolescents' reports of relational aggression by disliked peers [J]. Child development, 2002, 73 (4): 1143-1150.

FREUD A. Notes on aggression [J]. Bulletin of the Menninger Clinic, 1949, 13 (5): 143.

FRITH C D, FRITH U. How we predict what other people are going to do [J]. Brain research, 2006, 1079 (1): 36-46.

FRITH U, FRITH C D. The biological basis of social interaction [J]. Current directions inpsychological science, 2001, 10 (5): 151-155.

FRITH U, FRITH C D. Development and neurophysiology of mentalizing [J]. Philosophical transactions of the royal society of London, 2003, 358 (1431): 459-473.

FURMAN W, BIERMAN K L. Children's conceptions of friendship: a multimethod study of developmental changes [J]. Developmental psychology, 1984, 20 (5): 925-931.

FURMAN W, BUHRMESTER D. Age and sex differences in perceptions of networks of personal relationships [J]. Child development, 1992, 63, 103-115.

GALLAGHER H L, FRITH C D. Functional imaging of 'theory of mind' [J]. Trends in Cognitive Sciences, 2003, 7 (2): 77-83.

GAUZE C, BUKOWSK W M, AQUAN-ASSEE J. Interactions between family environment and friendship and associations with well-being during early adolescence [J]. Child development, 1996, 67: 2201-2216.

GAZELLE H, LADD G W. Anxious solitude and peer exclusion: a diathesis-stress model of internalizing trajectories in childhood [J]. Child development, 2003, 74 (1): 257-278.

GEST S D, GRAHAM BERMANN S A, HARTUP W W. Peer experience: Common and unique features of number of friendships, social network centrality, and sociometric status [J]. Social development, 2001, 10 (1): 23-40.

GEVERS C, CLIFFORD P, MAGER M, et al. Brief report: A theory-of-mind-based social-cognition training program for school-aged children with pervasive developmental disorders: an open study of its effectiveness [J]. Journal of autism and developmental disorders, 2006, 36 (4): 567-571.

GIFFORD-SMITH M E, BROWNELL C A. Childhood peer relationships: social acceptance, friendships, and peer networks [J]. Journal of school psychology, 2003, 41 (4): 235-284.

GOLAN O, BARON-COHEN S, GOLAN Y. The "reading the mind in films" task [child version] Complex emotion and mental state recognition in children with and without autism spectrum conditions [J]. Journal of autism and developmental disorders, 2008, 38 (8): 1534-1541.

GOLDSTEIN T R, WU K, WINNER E. Actors are skilled in theory of mind but not empathy [J]. Imagination, cognition and personality, 2009, 29 (2): 115-133.

GOPNIK A. Theories and illusions [J]. Behavioral and brain sciences, 1993, 16 (1): 90-100.

GOPNIK A, ASTINGTON J W. Children's understanding of representational change and its relation to the understanding of false belief and the appearance-reality distinction [J]. Child development, 1988, 59 (1): 26-37.

GOPNIK A, GRAF P. Knowing how you know: young children's ability to identify and remember the sources of their beliefs [J]. Child development, 1988, 59 (5): 1366-1371.

GOPNIK A, MELTZOFF A. Learning, development, and conceptual change. Words, thoughts, and theories. Cambridge, MA: The MIT Press, 1996.

GOPNIK A, MELTZOFF A. Words, thoughts, and theories. MA: The MIT Press, 1997.

GOPNIK A, SLAUGHTER V. Young children's understanding of changes in their mental states [J]. Child development, 1991, 62 (1): 98-110.

GOPNIK A, WELLMAN H M. Why the child's theory of mind really is a theory [J]. Mind, Language, 1992, 7, 145-171.

GOPNIK A, SLAUGHTER V, MELTZOFF A. Changing your views: How understanding visual perception can lead to a new theory of the mind [M]// LEWIS C, MITCHELL P. Children's early understanding of the mind. [s. l.]: Erlbaum, 1994.

GROTPETER J K, CRICK N R. Relational aggression, overt aggression, and friendship [J]. Child development, 1996, 67 (5): 2328-2338.

GRUSEC J E, GOODNOW J J, COHEN L. Household work and the development of concern for others [J]. Developmental psychology, 1996, 32 (6): 999-1007.

GUAJARDO N R, WATSON A C. Narrative discourse and theory of mind development [J]. The journal of genetic psychology, 2002, 163 (3): 305-325.

HADWIN J, BARON-COHEN S, HOWLIN P, et al. Does teaching theory of mind have an effect on the ability to develop conversation in children with autism? [J]. Journal of autism, developmental disorders, 1997, 27 (5): 519-537.

HALE C M, TAGER - FLUSBERG H. The influence of language on theory of mind: a training study [J]. Developmental science, 2003, 6 (3): 346-359.

HAPPANEY K, ZELAZO P D, STUSS D T. Development of orbitofrontal function: current themes and future directions [J]. Brain and cognition, 2004, 55 (1):

1-10.

HAPPÉ F, WINNER E, BROWNELL H. The getting of wisdom: theory of mind in old age [J]. Developmental psychology, 34 (2), 1998: 358-362.

HAPPÉ F. Social and nonsocial development in autism: where are the links? [M]// BURACK J A, CHARMAN T. , YIRMIYA N. The development of autism: perspectives from theory and research. Mahwah, NJ: Lawrence Erlbaum Associates, 2001.

HAPPÉ F. An advanced test of theory of mind: understanding of story characters' thoughts and feelings by able autistic, mentally handicapped, and normal children and adults [J]. Journal of autism, developmental disorders, 1994, 24 (2): 129-154.

HAPPÉ F. Annotation: current psychological theories of autism: the "theory of mind" account and rival theories [J]. Journal of child Psychology, psychiatry, alied disciplines, 1994, 35 (2): 215-229.

HAPPÉ F. WINNER E, BROWNELL H. The getting of wisdom: theory of mind in old age [J]. Developmental psychology, 1998, 34 (2): 358-362.

HAPPÉ F, BROWNELL H, WINNER E. Acquired 'theory of mind' impairments following stroke [J]. Cognition, 1999, 70 (3): 211-240.

HARRIS P L. Children and imagination [M]. Malden, MA: Blackwel, 2000.

HARRIS J R. Where is the child's environment?a group socialization theory of development [J]. Psychological Review, 1995, 102 (3): 458-489.

HARRIS P L. The work of the imagination [M]// Whiten A. Natural theories of mind: evolution, development and simulation of everyday mindreading. Cambridge, MA: Basil Blackwell, 1991.

HARRIS P L. From simulation to folk psychology: the case for development [J]. Mind, Language, 1992, 7 (1 - 2): 120-144.

HARRIS P L. The child's understanding of emotion: developmental change and the family environment [J]. Journal of child Psychology, psychiatry, alied disciplines, 1994, 35 (1): 3-28.

HARRIST A W, ZAIA A F, BATES J E, et al. Subtypes of social withdrawal in early childhood: sociometric status and social-cognitive differences across four years [J]. Child development, 1997, 68 (2): 278-294.

HARTER S. The perceived competence scale for children [J]. Child development, 1982, 55: 195-213.

HARTUP W W. Aggression in childhood: developmental perspectives [J]. American psychologist, 1974, 29 (5): 336.

HARTUP W W. Peer relations: developmental implications and interaction in same- and mixed-age situations [J]. Young Children, 1977, 32 (3): 4-13.

HARTUP W W. Social relationships and their developmental significance [J]. American psychologist, 1989, 44 (2): 120-126.

HARTUP W W. Friendships and their developmental significance [M]// MCGURK H. Childhood social development: contemporary perspectives. London: Erlbaum, 1992.

HARTUP W W. The company they keep: friendships and their developmental significance [J]. Child development, 1996, 67 (1): 1-13.

HARTUP W W, LAURSEN B, STEWART M I, et al. Conflict and the friendship relations of young children [J]. Child development, 1988, 59 (6): 1590-1600.

HASELAGER G J, CILLESSEN A H, VAN LIESHOUT C F, et al. Heterogeneity among peer-rejected boys across middle childhood: developmental pathways of social behavior [J]. Developmental psychology, 2002, 38 (3): 446.

HASTINGS P D, ZAHN-WAXLER C, ROBINSON J A. The development of concern for others in children with behavior problems [J]. Developmental psychology, 2000, 36 (5): 531-546.

HERRERA G, ALCANTUD F, JORDAN R, et al. Development of symbolic play through the use of virtual reality tools in children with autistic spectrum disorders: two case studies [J]. Autism, 2008, 12 (2): 143-157.

HINDE R A. Towards understanding relationships [M]. London: Academic Press, 1979.

HINDE R A. Individuals, relationships, culture: links between ethology and the social sciences [M]. London: Cambridge University, 1987.

HINSHAW S P, MARCH J S, ABIKOFF H, et al. Comprehensive assessment of childhood attention-deficit hyperactivity disorder in the context of a multimodal clinical trial [J]. Journal of attention disorders, 1997, 1, 217-234.

HO D Y F. Chinese pattern of socialization: a critical review [M]// BOND M H.

The psychology of the Chinese people. Hillsdale, NJ: Lawrence Erlbaum Associates Inc, 1986.

HODGE S E, BOIVIN M, VITARO F, et al. The power of friendships: Protection against an escalating cycle of peer victimization [J]. Developmental psychology, 1999 (3): 94-101.

HOGREFE G J, WIMMER H, PERNER J. Ignorance versus false belief: a developmental lag in attribution of epistemic states [J]. Child development, 1986, 57 (3): 567-582.

HOLLOS M, COWAN P A. Social isolation and cognitive development: logical operations and role-taking abilities in three norwegian social settings [J]. Child development, 1973, 44 (3): 630-641.

HOLROYD S, BARON-COHEN S. Brief report: How far can people with autism go in developing a theory of mind? [J]. Journal of autism and developmental disorders, 1993, 23 (2): 379-385.

HOVE M J, RISEN J L. It's all in the timing: Interpersonal synchrony increases affiliation [J]. Social cognition, 2009, 27 (6): 949-960.

HOWES C, HAMILTON C E. The changing experience of child care: changes in teachers and in teacher-child relationships and children's social competence with peers [J]. Early childhood research quarterly, 1993, 8 (1): 15-32.

HOWES C, PHILLIPS D A, Whitebook M. Thresholds of quality: implications for the social development of children in center-based child care [J]. Child development, 1992, 63 (2): 449-460.

HOWLIN P. Psychological and educational treatments for autism [J]. The journal of child psychology and psychiatry and allied disciplines, 1998, 39 (3): 307-322.

HUGHES C, DUNN J. Understanding mind and emotion: longitudinal associations with mental-state talk between young friends [J]. Developmental psychology, 1998, 34 (5): 1026-1037.

HYMEL S, RUBIN K H. Children with peer relationship and social skills problems: conceptual, methodological, and developmental issues [J]. Annals of child development, 1985 (2): 251-297.

HYMEL S, BOWKER A, WOODY E. Aggressive versus withdrawn unpopular children: variations in peer and self-perceptions in multiple domains [J]. Child development, 1993, 64（3）: 879-896.

HYMEL S, VAILLANCOURT T, MCDOUGALL P. Peer acceptance and rejection in childhood [M]//Smith P K, Hart C H. Blackwell Handbood of Childhood Social Development. [s. l.]: Blackwell Pub, 2004.

JAMES W. The principles of psychology [M]. Volume 1. Cambridge: Harvard University Press, 1890.

JENKINS J M, ASTINGTON J W. Cognitive factors and family structure associated with theory of mind development in young children [J]. Developmental psychology, 1996, 32（1）: 70-78.

JENNIFER B, MICHAEL R. The effects of training in social perspective taking on socially maladjusted girls [J]. Child development, 1990, 61: 178-190.

JIANG X L, CILLESSEN A H N. Stability of continuous measures of sociometric status: A meta-analysis [J]. Developmental review, 2005, 25（1）: 1-25.

KAGAN S, MADSEN M C. Cooperation and competition of Mexican, Mexican-American, and Anglo-American children of two ages under four instructional sets [J]. Developmental psychology, 1971, 5（1）: 32-39.

KALAND N, CALLESEN K, MØLLER-NIELSEN A, et al. Performance of children and adolescents with asperger syndrome or high-functioning autism on advanced theory of mind tasks [J]. Journal of autism, developmental disorders, 2008, 38（6）: 1112-1123.

KANNER L. Autistic psychopathy in childhood [M]. Nervous child, 1943, 2, 217-250.

KAZDIN A E. History of Behavior Modification [M]// International Handbook of Behavior Modification and Therapy. [s. l.]: Springer US, 1985.

KEANE S P, BROWN K P, CRENSHAW T M. Children's intention-cue detection as a function of maternal social behavior: pathways to social rejection [J]. Developmental psychology, 1990, 26（6）: 1004-1009.

KELLER H, ABELS M, BORKE J, et al. Socialization environments of Chinese and euro-american middle-class babies: parenting behaviors, verbal discourses and ethnotheories [J]. International journal of behavioral development, 2007, 31（3）: 210-217.

KIM U. Asian perspectives on psychology [M]// KAO H S R, SINHA D. Asian perspectives on psychology. London: Sage, 1997.

KNOLL M, CHARMAN T. Teaching false belief and visual perspective taking skills in young children: can a theory of mind be trained? [J]. Child study journal, 2000, 30 (4): 273-304.

KOBAYASHI C, GLOVER G H, TEMPLE E. Cultural and linguistic influence on neural bases of 'Theory of Mind': an fMRI study with Japanese bilinguals [J]. Brain and language, 2006, 98 (2): 210-220.

KOH Y J, MENDELSON M J, RHEE U. Friendship satisfaction in Korean and Canadian university students [J]. Canadian journal of behavioral science, 2003, 35 (4): 239-253.

KRUGLANSKI A W, PERI N, DAN Z. Interactive effects of need for closure and initial confidence on social information seeking [J]. Social cognition, 1991, 9 (2): 127-148.

KUHN D. Metacognitive development [J]. Current directions in psychological science, 2000, 9 (5): 178-181.

KUHN M H. The reference group reconsidered [J]. Sociological quarterly, 1964, 5 (1): 5-19.

KUPERSMIDT J B, COIE J D. Preadolescent peer status, aggression, and school adjustment as predictors of externalizing problems in adolescence [J]. Child development, 1990, 61 (5): 1350-1362.

LADD G W. Peer relationships and social competence during early and middle childhood [J]. Annual review of psychology, 1999, 50 (1): 333-359.

LAKENS D. Movement synchrony and perceived entitativity [J]. Journal of experimental social psychology, 2010, 46 (5): 701-708.

LALONDE C E, CHANDLER M J. False belief understanding goes to school: On the social-emotional consequences of coming early or late to a first theory of mind [J]. Cognition, emotion, 1995, 9, 167-185.

LAMBERT N M. Intellectual and nonintellectual predictors of high school status [J]. Journal of special education, 1972, 6 (3): 247-259.

LANFALONI G A, BAGLIONI A, TAFT L. Self-regulation traing programs for subjects with intellectual disability and blindness [J]. Developmental brain dysfunctioning, 1997, 10, 231-239.

LARSON R W. The uses of loneliness in adolescence [M]// ROTENBERG K J, HYMEL S. Loneliness in childhood and adolescence. New York: Cambridge University Press, 1999: 242-262.

LEEKAM S R, PERNER J. Does the autistic child have a metarepresentational deficit? [J]. Cognition, 1991, 40 (3): 203-218.

LESLIE A M. Pretense and representation: the origins of "theory of mind." [J]. Psychological review, 1987, 94 (4): 412-426.

LESLIE A M. The theory of mind impairment in autism: evidence for a modular mechanism of development? [M]// WHITEN A. Natural theories of mind: evolution, development and simulation of everyday mindreading. Cambridge, MA: Basil Blackwel, 1991: 63-78.

LESLIE A M. Pretending and believing: issues in the theory of ToMM [J]. Cognition, 1994, 50 (1-3): 211-238.

LESLIE A M. FRIEDMAN O, GERMAN T P. Core mechanisms in 'theory of mind' [J]. Trends in cognitive sciences, 2004, 8 (12): 528-533.

LEWIS C, MITCHELL P. Children's early understanding of mind : origins and development [M]. [s. l.]: Psychology Press, 1994.

LEWIS C, FREEMAN N H, KYRIAKIDOU C, et al. Social influences on false belief access: specific sibling influences or general apprenticeship? [J]. Child development, 1996, 67 (6): 2930-2947.

LI J, WANG Q. Perceptions of achieving peers in U. S. and Chinese kindergarteners [J]. Social development, 2004, 13, 413-436.

LIDDLE B, NETTLE D. Higher-order theory of mind and social competence in school-age children [J]. Journal of cultural and evolutionary psychology, 2006, 4 (3-4): 231-244.

LILLARD A. Ethnopsychologies: cultural variations in theories of mind [J]. Psychological bulletin, 1998a, 123 (1): 3-32.

LILLARD A. Ethnopsychologies: reply to Wellman (1998) and Gauvain (1998) [J]. Psychological bulletin, 1998b,, 123 (1): 43-46.

LILLARD A. Theories behind theories of mind [J]. Human development, 1998c, 41 (1): 40-46.

LIU D, WELLMAN H M, TARDIF T, et al. Theory of mind development in Chinese children: a meta-analysis of false-belief understanding across cultures and languages [J]. Developmental psychology, 2008, 44 (2): 523-531.

LOEBER R, STOUTHAMER-LOEBER M. Development of juvenile aggression and violence: Some common misconceptions and controversies [J]. American psychologist, 1998, 53 (2): 242-259.

LOHMANN H, TOMASELLO M. The role of language in the development of false belief understanding: a training study [J]. Child development, 2003, 74 (4): 1130-1144.

LOUGH S, KIPPS C M, TREISE C, et al. Social reasoning, emotion and empathy in frontotemporal dementia [J]. Neuropsychologia, 2006, 44 (6): 950-958.

LUTCHMAYA S, BARON-COHEN S, RAGGATT P, et al. 2nd to 4th digit ratios, fetal testosterone and estradiol [J]. Early Human development, 2004, 77 (1): 23-28.

MAASSEN G H, LINDEN J L V D, GOOSSENS F A, et al. A ratings-based approach to two-dimensional sociometric status determination [J]. New directions for child, adolescent development, 2010, 2000 (88): 55-73.

MARCUS I. M. Countertransference and the psychoanalytic process in children and adolescents [J]. Psychoanalytic study of the child, 1980, 35 (1): 285-298.

MASLOW A H. A theory of human motivation [J]. Psychological Review, 1943, 50 (4): 370-396.

MASON M F, BANFIELD J F, MACRAE C N. Thinking about actions: the neural substrates of person knowledge [J]. Cerebral cortex, 2004, 14 (2): 209-214.

MASTEN A S, MORISON P, PELLEGRINI D S. A revised class play method of peer assessment [J]. Developmental psychology, 1985, 21 (3): 523-533.

MCVILLY K R, STANCLIFFE R J, PARMENTER T R. Self-advocates have the last say on friendship [J]. Disability, society, 2006, 21 (7): 693-708.

MCWHIRTER B T. Loneliness: A review of current literature, with implications for counseling and research [J]. Journal of counseling and development, 1990, 68: 417-422.

MEAD G H. Mind, self, society [M]. Chicago: The University of Chicago Press, 1934.

MELOT A M, ANGEARD N. Theory of mind: Is training contagious? [J]. Developmental science, 2003, 6 (2): 178-184.

Meltzoff A N. Elements of a developmental theory of imitation [J]. Imitative mind development evolution & brain bases, 2002, 28 (4): 203-204.

MILES L K, GRIFFITHS J L, RICHARDSON M J, et al. Too late to coordinate: contextual influences on behavioral synchrony [J]. European Journal of social psychology, 2010, 40 (1): 52-60.

MILLER J G. Culture and the development of everyday social explanation [J]. Journal of personality, social psychology, 1984, 46 (5): 961-978.

MILLS J, CLARK E S. Exchange and communal relationships [M]// Wheeler L. Review of personality and social psychology Bevely Hills, CA: Sage, 1982: 121-144.

MITCHELL P. Introduction to Theory of Mind: Children, Autism and Apes [M]. London: Edward Arnold, 1997.

MITCHELL P, PARSONS S, LEONARD A. Using virtual environments for teaching social understanding to 6 adolescents with autistic spectrum disorders [J]. Journal of autism and developmental disorders, 2007, 37 (3): 589-600.

MITCHELL R W. Self-knowledge, knowledge of other minds, and kinesthetic-visual matching [J]. behavioral, brain sciences, 1996, 19 (1): 133-133.

MIZE J, LADD G W. A cognitive-social learning approach to social skill training with low-status preschool children [J]. Developmental psychology, 1990, 26 (3): 388-397.

MOORE C, CORKUM V. Social understanding at the end of the first year of life [J]. Developmental Review, 1994, 14 (4): 349-372.

MOORE C, BARRESI J, THOMPSON C. The cognitive basis of prosocial behavior [J]. Review of Social development, 1998, 7 (2): 198-218.

MOORE D J, WEST A B, DAWSON V L, et al. Molecular pathophysiology of Parkinson's disease [J]. Annuual review. Neuroscience, 2005, 28, 57-87.

MOSES L J. Executive accounts of theory-of-mind development [J]. Child development, 2001, 72 (3): 688-690.

MOUTON J S , BLAKE R R, FRUCHTER B . The Validity of Sociometric Responses [J]. Sociometry, 1955, 18（3）: 181-206.

NELSON C A. The recognition of facial expressions in the first two years of life: mechanisms of development [J]. Child development, 1987, 58（4）: 889-909.

NETTLE D. Psychological profiles of professional actors [J]. Personality and individual differences, 2006, 40（2）: 375-383.

NEWCOMB A F, BUKOWSKI W M, PATTEE L. Children's peer relations: a meta-analytic review of popular, rejected, neglected, controversial, and average sociometric status [J]. Psychological bulletin, 1993, 113（1）: 99-128.

NILSSON, BRITA, UNNI Å, et al. "Is loneliness a psychological dysfunction? A literary study of the phenomenon of loneliness. " [J]. Scandinavian journal of caring sciences, 2006, 20（1）: 93-101.

NOEL C, ERNEST H, TODD L, et al. Gender effects in peer nominations for aggression and social status [J]. International journal of behavioral development, 2005, 29（2）: 146-155.

ODEN S, ASHER S R. Coaching children in social skills for friendship making [J]. Child development, 1977, 48（2）: 495-506.

OSTROV E, OFFER D. Loneliness and the adolescent [M]// Hartog J, Audy J R, Cohen Y. The anatomy of loneliness. New York: Intern- ational University Press, 1980, 170-185.

OSWALD D P, OLLENDICK T H. Role taking and social competence in autism and mental retardation [J]. Journal of autism, developmental disorders, 1989, 19（1）: 119-127.

OZONOFF S, MCEVOY R E. A longitudinal study of executive function and theory of mind development in autism [J]. Development, psychopathology, 1994, 6（3）: 415-431.

OZONOFF S, MILLER J N. Teaching theory of mind: a new approach to social skills training for individuals with autism [J]. Journal of autism, developmental disorders, 1995, 25（4）: 415-433.

PAAL T, BERECZKEI T. Adult theory of mind, cooperation, machiavellianism: the effect of mindreading on social relations [J]. Personality, individual differences, 2007, 43（3）: 541-551.

PARK R D, SLABY R G. The development of aggression [M]// HETHERINGTON E M. Handbook of child psychology, vol. 4: socialization, personality and social development. New York: Wiley, 1983.

PARK R D. Child psychology – a contemporary viewpoint. 4th Ed. [s. l.]: McGraw-Hill, Inc, 1993.

PARKER J G, ASHER S R. Friendship and friendship quality in middle childhood: Links with peer group acceptance and feelings of loneliness and social dissatisfaction [J]. Developmental psychology, 1993, 29, 611-621

PARKER J G, ASHER S R. Peer relations and later personal adjustment: are low-accepted children at risk? [J]. Psychological bulletin, 1987, 102 (3): 357-389.

PARKER J G, RUBIN K, PRICE J M, et al. Peer relationships, Child development, and adjustment: A developmental psychopathology perspective [M] // CICCHETTI D, COHEN D J. Developmental psychology: Risk, disorder and adaptation. New York: Wiley, 1995: 96-161.

PARKHURST J T, ASHER S R. Peer rejection in middle school: subgroup differences in behavior, loneliness, and interpersonal concerns [J]. Developmental psychology, 1992, 28 (2): 231-241.

PARSONS S, MITCHELL P. What children with autism understand about thoughts and thought bubbles [J]. Autism, 1999, 3, 17-38.

PARSONS S, MITCHELL P. The potential of virtual reality in social skills training for people with autistic spectrum disorders [J]. Journal of intellectual disability research, 2002, 46 (5): 430-443.

PARSONS S, LEONARD A, MITCHELL P. Virtual environments for social skills training: comments from two adolescents with autistic spectrum disorder [J]. Computers, education, 2006, 47 (2): 186-206.

PEPLAU L A, PERLMAN D. Loneliness research: A survey of empirical findings [M]// Peplau L A, Goldston S E. Preventing the harmful consequences of severe and persistent loneliness. New York: Academic Press, 1984: 13-47.

PERNER J. Understanding the representational mind: learning, development, and conceptual change [M]. Cambridge, MA: The MIT Press, 1991.

PERNER J. Theory of Mind [M]// Bennett M. Developmental psychology: achievements, prospects. Hove, East Sussex: Psychology Press, 1999.

PERNER J, HOWES D. 'He thinks he knows': and more developmental evidence against the simulation (role taking) theory [J]. Mind, language, 1992, 7 (1-2): 72-86.

PERNER J, WIMMER H. "John thinks that Mary thinks that…" attribution of second-order beliefs by 5-to 10-year-old children [J]. Journal of experimental child psychology, 1985, 39 (3): 437-471.

PERNER J, LEEKAM S R, WIMMER H. Three-year-olds' difficulty with false belief: the case for a conceptual deficit [J]. British journal of developmental psychology, 1987, 5 (2): 125-137.

PERNER J, RUFFMAN T, LEEKAM S R. Theory of mind is contagious: you catch it from your sibs [J]. Child development, 1994, 65 (4): 1228-1238.

PESKIN J, ASTINGTON J W. The effects of adding metacognitive language to story texts [J]. Cognitive development, 2004, 19 (2): 253-273.

PETERSON C C, SIEGAL M. Mindreading and moral awareness in popular and rejected preschoolers [J]. British journal of developmental psychology, 2002, 20 (2): 205-224.

PETTIT G S, DODGE K A, BROWN M M. Early family experience, social problem solving patterns, and children's social competence [J]. Child development, 1988, 59 (1): 107-120.

PHILLIPS M. Understanding ethnic differences in academic achievement: Empirical lessons from national data [J]. Analytic issues in the assessment of student achievement, 2000: 103-32.

PIAGET J. The moral development of the child [M]. New York: Free Press, 1932.

PLATEK S M , KEENAN J P , GALLUP G G , et al. Where am I? The neurological correlates of self and other [J]. Cognitive Brain Research, 2004, 19 (2): 114-122.

PREMACK D, WOODRUFF G. Does the chimpanzee have a theory of mind? [J]. Behavioral and brain sciences, 1978, 1 (4): 515-526.

RABINER D L, KEANE S P, MACKINNONLEWIS C. Children's beliefs about familiar and unfamiliar peers in relation to their sociometric status [J]. Developmental psychology, 1993, 29 (2): 236-243.

RABINER D L, LENHART L, LOCHMAN J E. Automatic versus reflective social problem solving in relation to children's sociometric status [J]. Developmental psychology, 1990, 26（6）: 1010-1016.

RAVER C C, LEADBEATER B J. The problem of the other in research on theory of mind and social development [J]. Human development, 1993, 36（6）: 350-362.

REPACHOLI B M, GOPNIK A. Early reasoning about desires: evidence from 14- and 18-month-olds [J]. Developmental psychology, 1997, 33（1）: 12-21.

RILLING J K, SANFEY A G, ARONSON J A, et al. The neural correlates of theory of mind within interpersonal interactions [J]. Neuroimage, 2004, 22（4）: 1694-1703.

ROBINSON E J, MITCHELL P. Masking of children's early understanding of the representational mind: backwards explanation versus prediction [J]. Child development, 1995, 66（4）: 1022-1039.

ROKACH A, BACANLI H, RAMBERAN G. Coping with Loneliness: a CrossCultural comparison [J]. European psychologist, 2000, 5（4）: 302-311.

ROSE A J, RUDOLPH K D. A review of sex differences in peer relationship processes: potential trade-offs for the emotional and behavioral development of girls and boys [J]. Psychological bulletin, 2006, 132（1）: 98-131.

ROWE A D, BULLOCK P R, POLKEY C. E, et al. "Theory of mind" impairments and their relationship to executive functioning following frontal lobe excisions [J]. Brain, 2001, 124, 600-616.

ROY R, BENENSON J F, LILLY F. Beyond intimacy: Conceptualizing sex differences in same-sex friendships [J]. The journal of psychology, 2000, 134（1）: 93-101.

RUBIN K H. Relationship between egocentric communication and popularity among peers [J]. Developmental psychology, 1972, 7（3）: 364.

RUBIN K H, BUKOWSK W M, PARKER J G. Peer interactions, relationships, and group [M]// Damon W, Eisenberg N. Handbook of child psychology: docial, emotional, and personality development: Vol. 3, New York: wiley, 1998: 571-645.

RUFFMAN T, PERNER J, NAITO M, et al. Older（but not younger）siblings facilitate false belief understanding [J]. Developmental psychology, 1998, 34（1）: 161-174.

RUFFMAN T, SLADE L, CROWE E. The relation between children's and mothers' mental state language and theory - of - mind understanding [J]. Child development, 2002, 73 (3): 734-751.

RUSHTON J P, FULKER D W, NEALE M C, et al. Altruism and aggression: the heritability of individual differences [J]. Journal of personality, social psychology, 1986, 50 (6): 1192-2008.

RUTHERFORD M, BARON-COHEN S, WHEELWRIGHT S. Reading the mind in the voice: An study with normal adults and adults with Asperger syndrome and high functioning autism [J]. Journal of autism and developmental disorders, 2002, 32 (3): 189-194.

SABBAGH M A, CALLANAN M A. Metarepresentation in action: 3-, 4-, and 5-year-olds' developing theories of mind in parent-child conversations [J]. Developmental psychology, 1998, 34 (3): 491-502.

SALTMARSH R, MITCHELL P, ROBINSON E . Realism and children's early grasp of mental representation: belief-based judgements in the state change task [J]. Cognition, 1995) 57 (3): 297-325.

SAXE R, CAREY S, KANWISHER N. Understanding other minds: linking Developmental psychology and functional neuroimaging [J]. Annual review of psychology, 2004, 55 (1): 87-124.

SCHNEIDER B H. Didactic methods for enhancing children's peer relations: A quantitative review [J]. Clinical psychology review, 1992, 12 (3): 363-382.

SCHNEIDER K J. Toward a science of the heart: Romanticism and the revival of psychology [J]. American psychologist, 1998, 53, 277-289.

SCHWARTZ D, CHANG L, FARVER J M. Correlates of victimization in Chinese children's peer groups [J]. Developmental psychology, 2001, 37 (4): 520-532.

SCHWATZ D, DODGE K A, PETTI G S. Friendship as a moderating factor in the pathway between early harsh home environment and later victimization in the peer group [J]. Developmental psychology, 2000, 36: 646-662.

SHAFFER D R. Social, personality development, fourth edition [M]. Belmont: Thomas learning, 2000.

SHAFFER D R. Developmental psychology: childhood and adolescence [M].

6th ed. Belmont: Thomson learning, 2002.

SHAHAEIAN A, PETERSON C C, SLAUGHTER V, et al. Culture and the sequence of steps in theory of mind development [J]. Developmental psychology, 2011, 47 (5): 1239-1247.

SHURE D. Transbronchial biopsy and needle aspiration [J]. Chest,1989,95 (5): 1130-1138.

SHURE M B, SPIVACK G. Problem-solving techniques in child-rearing. San Francisco, CA: Jossey-Bass, 1978.

SIEGAL M, PETERSON C C. Children's theory of mind and the conversa- tional territory of cognitive development [M]// Lewis C, Mitchell P. Children's early understanding of mind: origins and development. Hove, England: Eribaum, 1994: 427- 455.

SIEGAL M. Becoming mindful of food and conversation [J]. Current directions in psychological science, 1995, 4 (6): 177-181.

SING L, DENNIS W K, CHAN, et al. Facets of loneliness and depression among Chinese children and adolescents [J]. The Journal of social psychology, 1999, 139: 713-725.

SLAUGHTER A M, TULUMELLO A S, WOOD S. International law and international relations theory: a new generation of interdisciplinary scholarship [J]. American journal of international law, 1998, 92 (3): 367-397.

SLAUGHTER V, GOPNIK A. Conceptual coherence in the child's theory of mind: training children to understand belief [J]. Child development, 1996, 67 (6): 2967-2988.

SLAUGHTER V, DENNIS M J, PRITCHARD M. Theory of mind and peer acceptance in preschool children [J]. British journal of developmental psychology, 2002, 20 (4): 545-564.

SNOWDEN J S, GIBBONS Z C, BLACKSHAW A, et al. Social cognition in frontotemporal dementia and Huntington's disease [J]. Neuropsychologia, 2003, 41 (6): 688-701.

SPELKE E S, PHILLIPS A, WOODWARD A L. Infants' knowledge of object motion and human action [M]// SPERBER D, PREMACK D, PREMACK A J. Symposia of the Fyssen Foundation. Causal cognition: A multidisciplinary debate.

New York: Clarendon Press/Oxford University Press, 1995: 44-78.

STEELE S, JOSEPH R M, TAGER-FLUSBERG H. Brief report: developmental change in theory of mind abilities in children with autism [J]. Journal of autism, developmental disorders, 2003, 33 (4): 461-467.

STEERNEMAN P. Theory-of-mind screening-schaal [Theory-of-mind screening scale [M]. Leuven/Apeldoorn: Garant, 1994.

STEINBERG L, DORNBUSCH S M, BROWN B B. Ethnic differences in adolescent achievement [J]. An ecological perspective [J]. American psychologist, 1992, 47 (6): 723-729.

STEINBERG M S, DODGE K A. Attributional bias in aggressive adolescent boys and girls [J]. Journal of social, clinical psychology, 1983, 1 (4): 312-321.

STEVENSON H W, STIGLER J W. The learning gap: why our schools are failing and what we can learn from Japanese and Chineseeducation [M]. New York: Touchstone Book, 1992.

STONE V E, BARON-COHEN S, KNIGHT R T. Frontal lobe contributions to theory of mind [J]. Journal of cognitive neuroscience, 1998, 10 (5): 640-656.

STONE V E, BARON-COHEN S, CALDER A, et al. Acquired theory of mind impairments in individuals with bilateral amygdala lesions [J]. Neuropsychologia, 2003, 41 (2): 209-220.

STRELAU J. Personality Dimensions Based on Arousal Theories [J]. Personality dimensions and arousal. Springer US, 1987.

STRICKLAND R N, HAHN H I. Wavelet transforms for detecting microcalcifications in mammograms [J]. IEEE Transactions on medical imaging, 1996, 15 (2): 218-229.

SULLIVAN H. The interpersonal theory of psychiatry [M]. New York: Norton, 1953.

SULLIVAN K, WIMMER E . Three-year-olds' understanding of mental states: the influence of trickery [J]. Journal of experimental child psychology, 1993, 56 (2): 135.

SULLIVAN K, ZAITCHIK D, TAGERFLUSBERG H. Preschoolers can attribute second-order beliefs [J]. Developmental psychology, 1994, 30 (3): 395-402.

SURIAN L, SIEGAL M. Sources of performance on theory of mind tasks in right hemisphere-damaged patients [J]. Brain, language, 2001, 78 (2): 224-232.

SUTTON J, SMITH P K, SWETTENHAM J. Bullying and theory of mind: a critique of the social skills deficit view of anti-social behavior [J]. Social development, 1999, 8 (1): 117-127.

SWETTENHAM J. Can children with autism be taught to understand false belief using computers? [J]. Journal of child psychology and psychiatry, 1996, 37 (2): 157-165.

SYMONS D K. Mental state discourse, theory of mind, and the internalization of self-other understanding [J]. Developmental Review, 2004, 24 (2): 159-188.

TAN-NIAM, CAROLYN S L, DAVID W, et al. A cross‑cultural perspective on children's theories of mind and social interaction [J]. Early child development, Care, 1998, 144 (1): 55-67.

TAYLOR M, HORT B. Can children be trained in making the distinction between appearance and reality? [J]. Cognitive Development, 1990, 5 (1): 89-99.

TOMADA G, SCHNEIDER B H. Relational aggression, gender, and peer acceptance: invariance across culture, stability over time, and concordance among informants [J]. Developmental psychology, 1997, 33 (4): 601-609.

TREPAGNIER C G. Virtual environments for the investigation and rehabilitation of cognitive and perceptual impairments [J]. Neuro Rehabilitation, 1999, 12 (1): 63-72.

TRIANDIS H C. The self and social behavior in differing cultural contexts [J]. Psychological Review, 1989, 96, 506-520.

TRIANDIS H C. Cross-cultural studies of individualism and collectivism [M]// BERMAN J J. Nebraska Symposium on Motivation, 1989: Cross-cultural perspectives. NE: University of Nebraska Pres, 1990: 41-133.

UNDERWOOD B , MOORE B S . The Generality of Altruism in Children [J]. The Development of Prosocial Behavior, 1982a, 85: 25-52.

UNDERWOOD B, MOORE B S Perspective-taking and altruism [J]. Psychological bulletin, 1982b, 91 (1): 143-173.

URUK A C, DEMIR A. The role of peers and families in predicting the loneliness level of adolescents [J]. The Journal of Psychology, 2003, 137 (2): 179-194.

VACHARKULKSEMSUK T, FREDRICKSON B L. Strangers in sync: Achieving embodied rapport through shared movements [J]. Journal of Experimental Social Psychology, 2012, 48 (1): 399-402.

VALÅS H, SLETTA. "Social behavior, peer relations, loneliness and self-perceptions in middle school children: A mediational model. ". 14th biennial meeting of the International Society for the Study of Behavioral Development [C]. Quebec City: Canada, 1996.

VALDESOLO P, DESTENO D. Synchrony and the social tuning of compassion [J]. Emotion, 2011, 11 (2): 262-266.

VALSIVIA I A, SCHNEIDER B H, CHAVEZ K L, et al. Social withdrawal and maladjustment in a very group-oriented society [J]. International journal of behavioral development, 2005, 29 (3): 219-228.

VITARO F, BRENDGEN M, BARKER E D. Subtypes of aggressive behaviors: a develop- psychological perspective [J]. International journal of behavioral development, 2006, 30 (1): 12-19

VITARO F, FERLAND F, JACQUES C, et al. Gambling, substance use, and impulsivity during adolescence [J]. Psychology of addictive behaviors, 1998, 12 (3): 185-194.

VOGELEY K, BUSSFELD P, NEWEN A, et al. Mind reading: neural mechanisms of theory of mind and self-perspective [J]. Neuroimage, 2001, 14 (1): 170-181.

VÖLLM B A, TAYLOR A N, RICHARDSON P, et al. Neuronal correlates of theory of mind and empathy: a functional magnetic resonance imaging study in a nonverbal task [J]. Neuroimage, 2006, 29 (1): 90-98.

WALKER S. Gender differences in the relationship between young children's peer-related social competence and individual differences in theory of mind [J]. Journal of genetic psychology, 2005, 166 (3): 297-312.

WANG Q. Emotion situation knowledge in American and Chinese preschool children and adults [J]. Cognition, emotion, 2003, 17 (5): 725-746.

WANG Q. The cultural context of parent-child reminiscing: a functional analysis [M]// Pratt M W, Fiese B H. Family stories and the life course: across time and generations Mahwah. NJ: Lawrence Erlbaum, 2004: 279-301.

WANG Q. Relations of maternal style and child self-concept to autobiographical memories in Chinese, Chinese immigrant, and European American 3-year-olds [J]. Child development, 2006, 77 (6): 1794-1809.

WANG Q. "Remember when you got the big, big bulldozer?" mother-child reminiscing over time and across cultures [J]. Social cognition, 2007, 25 (4): 455-471.

WARDEN D, CHEYNE B, CHRISTIE D, et al. Assessing children's perceptions of prosocial and antisocial peer behaviour [J]. Educational psychology, 2003, 23 (5): 547-567.

WARMAN D M, COHEN R. Stability of aggressive behaviors and children's peer relationships [J]. Aggressive behavior, 2000, 26 (4): 277-290.

WATSON A C, NIXON C L, WILSON A, et al. Social interaction skills and theory of mind in young children [J]. Developmental psychology, 1999, 35 (2): 386-391.

WAYTZ A, CACIOPPO J, EPLEY N. Who sees human? The stability and importance of individual differences in anthropomorphism [J]. Perspectives on Psychological Science, 2010, 5 (3): 219-232.

WEED E, MCGREGOR W, NIELSEN J. et al. Theory of Mind in adults with right hemisphere damage: what's the story? [J]. Brain and language, 2010, 2 (113): 65-72.

WEISS R. The provisions of social relationships [M]// Rubin Z. Doing unto others englewood cliffs. NJ: Prentice-Hall, 1974: 17-26.

WELLMAN H M. First steps in the child's theorizing about the mind [M]// Astington J, Harris P, Olson D. Developing theories of mind New York: Cambridge University Press, 1988: 64-92.

WELLMAN H M, The child's theory of mind [M]. Cambridge, MA: MIT Press, 1990.

WELLMAN H M, BARON-COHEN S, CASWELL R, et al. Thought-bubbles help children with autism acquire an alternative to a theory of mind [J]. Autism the international journal of research, Practice, 2002, 6 (4): 343-363.

WELLMAN H M, CROSS D, WATSON J. Meta-analysis of theory-of-mind development: the truth about false belief [J]. Child development, 2001, 72 (3): 655-684.

WELLMAN H M, FANG F, PETERSON C C. Sequential progressions in a theory-of-mind scale: longitudinal perspectives [J]. Child development,2011,82 (3): 780-792.

WELLMAN H M, LOPEZDURAN S, LABOUNTY J, et al. Infant attention to intentional action predicts preschool theory of mind [J]. Developmental psychology, 2008, 44 (2): 618-623.

WENTZEL K R, ASHER S R. The academic lives of neglected, rejected, popular, and controversial children [J]. Child development, 1995, 66 (3): 754-763.

WEST H. Early peer-group interaction and role-taking skills: an investigation of Israeli children [J]. Child development, 1974, 45 (4): 1118-1121.

WHITE K J, KISTNER J. The influence of teacher feedback on young children's peer preferences and perceptions [J]. Developmental psychology, 1992, 28 (5): 933-940.

WHITING B B, POPE C P. A cross-cultural analysis of sex differences in the behavior of children aged three through eleven [J]. Journal of social psychology, 1973, 91 (2): 171-188.

WHITING B B, WHITING J W. Children of six cultures : a psycho-cultural analysis [M]. [s. l.]: Harvard University Press, 1975.

WHITING B, EDWARDS C P. A cross-cultural analysis of sex differences in the behavior of children aged 3 through 11 [M]// Handel G. Childhood socialization. Hawthorne, NY: Aldine de Gruyter, 1988: 281-297.

WIMMER H, HARD M. Against the Cartesian view on mind: young children's difficulty with own false beliefs [J]. British journal of developmental psychology, 1991, 9 (1): 125-138.

WIMMER H, PERNER J. Beliefs about beliefs: representation and constraining function of wrong beliefs in young children's understanding of deception [J]. Cognition, 1983, 13 (1): 103-128.

WOODBURY-SMITH M R, ROBINSON J, WHEELWRIGHT S, et al. Screening adults for Asperger syndrome using the AQ: a preliminary study of its diagnostic validity in clinical practice [J]. Journal of autism and developmental disorders, 2005, 35 (3): 331-335.

WOOLFE T, WANT S C, SIEGAL M. Signposts to development: theory of mind in deaf children [J]. Child development, 2002, 73 (3): 768-778.

XU Y Y, FARVER J M, SCHWARTZ D, et al. Social networks and aggressive behavior in Chinese children [J]. International journal of behavioral development, 2004, 28 (5): 401-410.

YANG K S. Chinese personality and its change [M]// Bond M H. The psychology of the Chinese people. Hong Kong: Oxford University Press, 1986, 141-154.

YOUNGBLADE L M, DUNN J. Individual differences in young children's pretend play with mother and sibling: links to relationships and understanding of other people's feelings and beliefs [J]. Child development, 1995, 66 (5): 1472-1492.

ZAHN-WAXLER C, RADKE-YARROW M, KING R A. Child rearing and children's prosocial initiations toward victims of distress [J]. Child development, 1979, 50 (2): 319-330.

ZAHN-WAXLER C, ROBINSON J A L, EMDE R N. The development of empathy in twins [J]. Developmental psychology, 1992, 28 (6): 1038-1047.

ZAKRISKI A L, COIE J D. A comparison of aggressive-rejected and non aggressice-rejected children's interpretations of self-directed and other-directed rejection [J]. Child development, 1996, 67, 1048-1070.

ZIMMER-GEMBECK M J, GEIGER T C, CRICK N R. Relational and physical aggression, prosocial behavior, and peer relations gender moderation and bidirectional associations [J]. The Journal of early adolescence, 2005, 25 (4): 421-452.

附录

同伴提名问卷

最喜欢同学提名

选出你在班上最喜欢的三个同学，把他们的名字的编号写在下面的"＿＿"上。

1.＿＿＿＿＿＿　　　2.＿＿＿＿＿＿　　　3.＿＿＿＿＿＿

最不喜欢同学提名

选出你在班上最不喜欢的三个同学，把他们的名字的编号写在下面的"＿＿"上。

1.＿＿＿＿＿＿　　　2.＿＿＿＿＿＿　　　3.＿＿＿＿＿＿

友谊质量问卷

这个问卷是想了解你与班上最要好的朋友的实际情况。下面每道题有 5 种选择答案，分别代表 5 种情况，请根据你和最好朋友之间的实际情况，选择一个最符合的答案，并在代表该答案的数字上画"○"。注意不要漏答或错行。

在做之前，请先写出你的编号_____，你最要好的朋友的编号_____。

题号	请记住下面评论的始终是你与你最好朋友的关系	完全不符	不太符合	有点符合	比较符合	完全符合
1	任何时候，只要有机会我们就坐在一起。	0	1	2	3	4
2	我们常常互相生气。	0	1	2	3	4
3	他/她告诉我，我很能干。	0	1	2	3	4
4	这个朋友和我使对方觉得自己很重要、很特别。	0	1	2	3	4
5	做事情时，我们总把对方当作同伴。	0	1	2	3	4
6	如果我们互相生气，会在一起商量如何使大家都消气。	0	1	2	3	4
7	我们总在一起讨论我们遇到的问题。	0	1	2	3	4
8	这个朋友让我觉得自己的一些想法很好。	0	1	2	3	4
9	当我遇到生气的事情时，我会告诉他/她。	0	1	2	3	4
10	我们常常争论。	0	1	2	3	4
11	这个朋友和我在课间总是一起玩。	0	1	2	3	4
12	这个朋友常给我一些解决问题的建议。	0	1	2	3	4
13	我们一起谈论使我们感到难过的事。	0	1	2	3	4
14	我们发生争执时，很容易和解。	0	1	2	3	4
15	我们常常打架。	0	1	2	3	4
16	他/她常常帮助我，所以我能够更快完成任务。	0	1	2	3	4
17	我们能够很快停止争吵。	0	1	2	3	4
18	我们做作业时常常互相帮助。	0	1	2	3	4

社交自我知觉问卷

我是什么样的

下面表格里有些句子反映了你们每个人是什么样的人，没有正确和错误之分。每个人都是不一样的，所以你们每个人所写的也就不一样。你首先要确定你是更像左边的那种孩子，还是更像右边的那种孩子。这时还不要写答案。然后再来考虑第二步：它是有一点符合你呢，还是完全符合你。在相对应的答案下面打"√"。对每个句子，你只能在一个方框里打"√"，它可能在这页纸的左边，也可能在右边。不能两边都选，只能在最像你的一边选择。

完全符合我	有点符合我				完全符合我	有点符合我
		一些孩子课余时间更喜欢到外面去玩，	而	另外一些孩子更喜欢看电视。		
		一些孩子觉得交朋友很困难，	而	另外一些孩子觉得交朋友很容易。		
		一些孩子有很多朋友，	而	另外一些孩子没什么朋友。		
		一些孩子希望朋友再多些就好了，	而	另外一些孩子觉得自己的朋友已经够了。		
		一些孩子希望要是更多的同龄人喜欢自己就好了，	而	另外一些孩子觉得自己很受大多数同龄人的喜爱。		
		一些孩子经常一大帮人一起做事，	而	另外一些孩子常常自己一个人做事。		
		一些孩子很招别的孩子喜欢，	而	另外一些孩子不怎么招别人喜欢。		

儿童孤独感问卷

请认真阅读下面的句子，并对照你自己的情况，在适合自己的数字上画"〇"。

		完全是这样	基本上是这样	不一定	很少这样	从来不这样
1	我常常锻炼身体。	1	2	3	4	5
2	在学校里需要帮助时我无人可找。	1	2	3	4	5
3	我很喜欢下棋。	1	2	3	4	5
4	我在学校很难交朋友。	1	2	3	4	5
5	我在学校里感到孤独。	1	2	3	4	5
6	我觉得在学校里被忽视了。	1	2	3	4	5
7	我常看电视。	1	2	3	4	5
8	我喜欢画画。	1	2	3	4	5
9	班上的同学很喜欢我。	1	2	3	4	5
10	我与同学相处得好。	1	2	3	4	5
11	我喜欢阅读。	1	2	3	4	5
12	对我来说在学校交新朋友很容易。	1	2	3	4	5
13	我喜欢学校。	1	2	3	4	5
14	我在班上没有任何朋友。	1	2	3	4	5

续表

		完全是这样	基本上是这样	不一定	很少这样	从来不这样
15	我很难让学校里的孩子喜欢我。	1	2	3	4	5
16	我在班上没有可以说话的人。	1	2	3	4	5
17	我在班上有许多朋友。	1	2	3	4	5
18	在学校里没有人跟我一块玩。	1	2	3	4	5
19	我在学校里与别的孩子相处得不好。	1	2	3	4	5
20	需要时我可以在班上找到朋友。	1	2	3	4	5
21	我在班上善于跟别的孩子合作。	1	2	3	4	5
22	我喜欢音乐。	1	2	3	4	5
23	我喜欢科学。	1	2	3	4	5
24	我在学校里感到孤单。	1	2	3	4	5

班级戏剧量表

现在请大家参加一个演戏剧的活动。假设你是该剧的编导，活动中最重要的事情是选择合适的人来担当不同的角色。以下是该剧中的 40 个角色，请你从本班中挑选出最适合扮演每一个角色的同学来。若有的同学适合几种角色，你可以选这个同学扮演几个角色。因为编导是很忙的，所以不能选择自己当演员，请把自己的编号写在编导一栏。请你从班级同学名单中选出一个或几个最适合扮演该角色的同学，并在该角色右边的方框中写上他们的编号（每题至少选一个，可以多于十个）。每一题请仔细浏览过全班同学的名字后再填编号，并不要互相讨论。

你是编导，你的编号是_____

题号	题目	能够扮演这些角色的同学（只写编号）							
1	别人在背后说他／她坏话的人。								
2	别人都喜欢和他／她在一起。								
3	一个和别人交朋友有困难的人。								
4	别人需要时乐于助人的人。								
5	容易与别人争吵的人。								
6	经常威胁别人的人。								
7	别人都听他／她的话。								
8	当他／她生气或想要报复别人时受到冷落的人。								
9	别人总是想让他／她感到不舒服。								
10	很霸道的人。								
11	具有幽默感的人。								

续表

题号	题目	能够扮演这些角色的同学（只写编号）						
12	生别人的气时，不理别人或停止与别人谈话的人。							
13	别人总是对他 / 她使坏。							
14	一个好的领导者。							
15	被别人造谣后，很多人不再喜欢他 / 她的人。							
16	被别人排斥在一边的人。							
17	有很多朋友的人。							
18	别人总是对他 / 她很挑剔。							
19	能使事情顺利进行的人。							
20	平时总是很伤心的人。							
21	别人总爱取笑他 / 她。							
22	经常挨别人骂的人。							
23	他 / 她总是挑剔别人的毛病。							
24	干事情有很多好主意的人。							
25	经常被他人攻击和欺负的人。							
26	容易交上新朋友的人。							
27	喜欢到处使坏心眼、开恶意玩笑的人。							
28	不愿意和别人一起玩，宁愿自己一个人玩的人。							
29	感情容易受到伤害的人。							
30	总是挑起争斗的人。							
31	在学校中阻止某些同学加入他们 / 她们活动的人。							
32	无法让别人听他 / 她的话的人。							
33	总是取笑别人的人。							

续表

题号	题目	能够扮演这些角色的同学（只写编号）							
34	值得信任的人。								
35	为了报复，不让别人加入他/她的朋友圈子的人。								
36	常常为一点小事或无缘无故与别人打架的人。								
37	为了使大家不喜欢某人，他/她会散布谣言或背后说别人坏话。								
38	非常害羞的人。								
39	常常挨打的人。								
40	他/她会跟别人说："如果你不按我说的办，我将不再喜欢你。"								

自编童年期儿童心理理论测量工具（节选）

1. 小明将手表放在枕头底下，然后出去玩了。他不在时，妈妈替他收拾房间，将手表放到了书桌抽屉里。问：

小明最初将手表放在了哪里？（记忆控制问题，不计分）

小明回来后，将到哪里去寻找手表？（正确回答：枕头下，1分）

3. 小明马上要过生日了，妈妈知道小明最想要的生日礼物是漫画书。为了给小明一个惊喜，妈妈故意告诉小明给他买的生日礼物是铅笔。但小明在妈妈不知道的情况下，发现了妈妈准备的真正的生日礼物是漫画书。问：

妈妈给小明准备的真正的生日礼物是什么？（记忆控制问题，不计分）

妈妈以为小明会认为他将获得什么样的生日礼物？（正确回答：铅笔，1分）

5. 小丽和小芳是好朋友。小芳快要过生日了，小丽买了个漂亮的玻璃小猪送给小芳作为生日礼物。小芳在生日那天收到很多礼物，所以她不记得玻璃小猪是谁送的了。后来小丽到小芳家去玩，不小心打碎了玻璃小猪，小丽对小芳说："对不起，我是不小心的。"小芳对小丽说："没关系，反正我一点都不喜欢这个玻璃小猪。"问：

小丽送给小芳的生日礼物是什么？（记忆控制问题，不计分）

这个故事里有没有人说了不应该说的话？为什么她不应该说这些话？（正确回答：小芳说了不该说的话，玻璃小猪是小丽送的，小丽听到小芳的话会不高兴，正确回答并做出合理解释得1分）

7. 小芳去小红家做客，为了招待小芳，小红特意和妈妈一起做了一道羊肉。当小红把羊肉端上饭桌时，小芳说道："太好了，我最喜欢吃肉了，除了羊肉，什么肉我都喜欢。"问：

小红为招待小芳，做了一道什么菜？（记忆控制问题，不计分）

这个故事里有没有人说了不应该说的话？为什么她不应该说这些话？（正确回答：小芳说了不该说的话，小红和妈妈特意为她做了羊肉，但她说自己不爱吃羊肉，小红和妈妈可能会不高兴，正确回答并做出合理解释得 1 分）

9. 小丽每天晚上看漫画书，很晚才睡觉，妈妈很生气，要没收她的漫画书。妈妈知道漫画书不在书柜里就在枕头底下，妈妈也知道小丽为了不让妈妈找到她的漫画书一定会说谎。小丽很聪明，她把漫画书藏在书柜里了，她也猜到了妈妈的想法。当妈妈问她漫画书藏哪里时，她回答说在书柜里。问：

小丽的漫画书放在哪里？（记忆控制问题，不计分）

为什么小丽说漫画书藏在书柜里？（正确回答：小丽知道妈妈以为自己会骗她，1 分）

11. 小偷偷了一家商店的东西后仓皇逃跑，在逃跑中不小心丢了自己的手套。正好一位警察看见他掉了手套，警察并不知道他是小偷，他只想告诉他他丢了手套，但当警察喊道"停下"时，小偷乖乖地举起双手，承认自己偷了东西。问：

小偷丢了什么？（记忆控制问题，不计分）

小偷为什么乖乖承认自己偷窃了？（正确回答：他以为警察知道了他的偷窃行为，1 分）

13. 小明一直期待自己的生日快点到，因为他知道，过生日时他可以向爸爸妈妈要自己最想得到的生日礼物——钢笔。生日那天，爸爸妈妈拿出为小明准备的生日礼物，小明迫不及待地拆开礼物，发现是自己并不喜欢的漫画书。站在身边的爸爸妈妈问道："喜欢吗？"小明回答："噢，谢谢，我太喜欢了，这正是我想要的。"问：

爸爸妈妈送给小明的生日礼物是什么?(记忆控制问题,不计分)

小明为什么这么说?(正确回答:善意的谎言,1分)

15.小强生病了,一直咳嗽。吃饭时,他不停地咳嗽,爸爸说:"可怜的小强,你的喉咙里一定是有一只青蛙。"问:

小强生什么病了?(记忆控制问题,不计分)

爸爸为什么这么说?(正确回答:比喻,1分)

17.小红看到邻居小芳新买的自行车,说:"噢,真是漂亮,这正是我想要的。"问:

小芳新买了什么?(记忆控制问题,不计分)

小红的话是什么意思?(正确回答:能从积极和消极两方面评价得1分,仅从单方面评价得0.5分。积极:会说话,夸奖;消极:想偷。引导被试尝试做多种解释)

自编童年期儿童心理理论训练工具（节选）

1. 小红将巧克力放在厨房的一个碗柜里，然后离开。她不在时，妈妈把巧克力转移到一个橱柜里。问：

小红最初将巧克力放在了哪里？（记忆控制问题，不计分）

小红回来后，将到哪里去寻找巧克力？（正确回答：碗柜，1分）

3. 小美和小丽在公园玩，她们看到一个人在卖冰淇淋。小美想买但没带钱，于是她回家拿钱。过了一会儿，小丽回家去吃午饭了。她走后，卖冰淇淋的人离开公园往学校走去。小美拿钱向公园走。她看见卖冰淇淋的人正向学校走，就跟着他一起到学校门口买冰淇淋。小丽吃完午饭到小美家，小美的妈妈说小美去买冰淇淋了。小丽离开小美家去找她。问：

小美回家拿钱买什么？（记忆控制问题，不计分）

小丽认为小美去哪里买冰淇淋了？（正确回答：公园，1分）

5. 小强买了个玩具飞机送给小明作生日礼物。几个月后，小强和小明一起玩玩具飞机，小强不小心把飞机摔破了，小明马上说道："没关系，我并不喜欢这个玩具，我不记得是谁送给我的生日礼物了。"问：

小强送给小明的生日礼物是什么？（记忆控制问题，不计分）

这个故事里有没有人说了不应该说的话？为什么他不应该说这些话？（正确回答：小明说了不该说的话，礼物是小强送的，他听到小明的话会不高兴，正确回答并做出合理解释得1分）

7. 小红刚搬了新家，她和妈妈一起逛街买了新的窗帘。她们刚挂上新窗帘，小红最好的朋友小丽来找她玩，小丽看到这些窗帘时说道："噢，天啊，这些窗帘太陈旧了，也过时了。你们应该换新窗帘。"问：

　　小红和妈妈逛街买了什么？（记忆控制问题，不计分）

　　这个故事里有没有人说了不应该说的话？为什么她不应该说这些话？（正确回答：小丽说了不该说的话，小红和妈妈听到她批评新买的窗帘时会不高兴，正确回答并做出合理解释得 1 分）

　　9. 战争中，甲军抓获了乙军的一名士兵，他们想让这名士兵说出乙军的坦克藏在哪儿。他们事先查明，坦克或在海边，或在山里。他们知道，这名士兵为了保护自己的部队，一定会说谎。这名士兵非常勇敢、聪明，他不能让敌人发现藏在山里的坦克。当甲军问这名士兵坦克在哪儿时，他回答："在山里。"问：

　　乙军的坦克藏在哪里？（记忆控制问题，不计分）

　　为什么这名士兵说坦克在山里？（正确回答：士兵知道敌人以为自己会骗他们，1 分）

　　11. 一名抢劫犯抢劫了一家商店后仓皇逃跑，在逃跑中不小心丢了自己的钱包。一位在街上巡逻的警察看见他丢了钱包，警察并不知道他是抢劫犯，他只想告诉他他丢了钱包，但当警察喊道"停下"时，抢劫犯乖乖地举起双手，承认自己抢劫了一家商店。问：

　　抢劫犯丢了什么？（记忆控制问题，不计分）

　　抢劫犯为什么乖乖承认自己抢劫了一家商店？（正确回答：他以为警察知道了他的抢劫行为，1 分）

　　13. 小明马上要过生日了，他的好朋友小强告诉他："我将亲手给你做个生日礼物，一定会让你非常惊讶的。"小明非常期待小强的礼物。生日那天，小强将自己亲手制作的礼物送给小明，小明打开礼物，原来是一张生日贺卡，他有点失望，站在身边的小强问道："喜欢吗？"小明回答："噢，谢谢，我太喜欢了。"问：

小强送给小明的生日礼物是什么？（记忆控制问题，不计分）

小明为什么这么说？（正确回答：善意的谎言，1分）

15. 小明打篮球时不小心扭伤了脚，脚肿得很大，走起路来很疼。爸爸说道："可怜的小强，你的脚里一定是有一个馒头。"问：

小强伤了哪？（记忆控制问题，不计分）

爸爸为什么这么说？（正确回答：比喻，1分）

17. 在美术课上，老师首先给大家提了几个绘画的要求，然后让大家自己画。最后，小燕画了一幅和老师的要求完全不一样的画。问：

小燕在干什么？（记忆控制问题，不计分）

如何评价小燕？（正确回答：能从积极和消极两方面评价得1分，从单方面评价得0.5分。积极：有创造性；消极：不听从指导。引导被试尝试做多种解释）

情境故事

我现在给你描述一个小故事，故事中有你，还有你的同伴。请仔细听我的讲述。听完后，你需要回答我的一个问题。准备好了吗？

讲述故事：课间休息时，××同学上完厕所回教室，正好这时你准备去上厕所，××和你在教室门口擦肩而过时，他撞了你一下。

提问：在这样的情况下，你如何看待这一行为？你会怎么想？你准备怎么做？

××同学为被试在同伴提名中选取的最喜欢的同伴或最不喜欢的同伴。